Plinius   HISTORIA NATURALIS

ZU DIESEM BUCH   Als Gaius Plinius Secundus
der Ältere (23/24–79 n. Chr.) aus zahllosen Quellen die
37 Bücher seiner *Historia Naturalis* kompilierte, schuf er
die erste enzyklopädische Darstellung des gesamten na-
turwissenschaftlichen Wissens der Antike. Bis weit in die
Neuzeit hinein behielt sein Werk den Rang eines vorzüglichen Auskunftsmittels auf den Gebieten der Kosmologie und Geographie, der Anthropologie, der Zoologie und der Botanik, der Medizin und der Pharmakologie, der Metallurgie und der Mineralogie. Von 1469 bis
1799 erschienen 222 vollständige und 281 Auswahlaus-
gaben, die ihre Wirkung auf das Naturverständnis der
Zeit und die Entwicklung der modernen Naturwissen-
schaften nicht verfehlten. Noch heute ist die *Historia
Naturalis* mehr als nur ein Quellenbuch zur antiken
Naturwissenschaft. In der Fülle ihrer disparaten Ansätze
zeigt sie Möglichkeiten eines Natur- und Menschenbil-
des, die bis in unsere Zeit aktuell geblieben sind.

Plinius der Ältere,

HISTORIA
NATURALIS.

Eine Auswahl
aus der »Naturgeschichte«
von Michael Bischoff.

Nach der
kommentierten Übersetzung
von G. C. Wittstein.

GRENO 10 20

Verlegt bei Franz Greno,
Nördlingen 1987.

Erste Auflage, April 1987.
Copyright © 1987
bei Greno Verlagsgesellschaft m.b.H., Nördlingen.
Gesamtherstellung Wagner GmbH, Nördlingen.
Printed in Germany. Alle Rechte vorbehalten.
ISBN 3-89190-817-2.

Inhaltsverzeichnis

VON DER WELT UND DEN ELEMENTEN.

VON DER LAGE UND GRÖSSE DER LÄNDER.

VON DER ENTSTEHUNG UND BESCHAFFENHEIT DES MENSCHEN.

VON DEN ELEFANTEN.

VON DEN INSEKTEN.

VON DER KULTUR DER BÄUME.

VON DER SÄEZEIT DER FELDFRÜCHTE UND DEM EINFLUSS DER GESTIRNE.

ARZNEIMITTEL VON DEN GARTENGEWÄCHSEN.

VON NEUEN KRANKHEITEN.

VON DER HEILKUNST.

VON DER MAGIE.

VON DER HEILWIRKUNG DES WASSERS.

VON GOLD UND EISEN.

VON DER MALEREI UND DEN FARBEN.

VOM MARMOR UND DER BILDHAUEREI.

VON DEN EDELSTEINEN.

SCHLUSS.

VON DER WELT
UND DEN ELEMENTEN.

*Ob die Welt Grenzen hat
und ob sie einzig ist.*

Wir haben Ursache zu glauben, daß die *Welt* und das, was wir mit einem andern Namen Himmel nennen, dessen Wölbung alles bedeckt, etwas Göttliches, Ewiges, Unermeßliches sei, welches weder erzeugt ist noch untergehen wird. Über dieses hinaus zu forschen nutzt weder dem Menschen, noch vermag sein Geist es deutend zu erfassen. Sie ist heilig, ewig, unermeßlich, ganz in dem Ganzen, ja sie ist selbst das Ganze; begrenzt und doch scheinbar unendlich, sicher in allen ihren Teilen und doch scheinbar unsicher; sie umfaßt alle Dinge in sich; sie ist zugleich ein Werk der Natur und die Natur selbst.

Es war töricht, daß einige über ihre Größe nachdachten und dieselbe auszusprechen wagten; andere wiederum, dies benutzend, von unzähligen Welten redeten, so daß man ebenso viele Naturen oder, wenn eine alle jene belebte, doch ebenso viele Sonnen, ebenso viele Monde und die übrigen unermeßlichen und unzähligen Gestirne in einer annehmen müßte; als wenn nicht, bei dem Wunsche nach einem Ziele, am Ende des Nachdenkens dieselbe Frage immer wiederkehrte oder, wenn diese Unendlichkeit der Natur dem Urheber aller Dinge zugeschrieben werden könnte, sich jenes nicht leichter an einem einzigen, so großen Werke erkennen ließe. Unsinn, wahrer Unsinn ist es, noch weiter zu gehen und nach Dingen zu forschen, welche außer ihr liegen, als wäre ihr ganzer Inhalt schon völlig bekannt, gerade wie wenn jemand das Maß von einem Gegenstande, den er noch nicht kennt, ausmitteln oder der menschliche Geist etwas erspähen wollte, was die Welt selbst nicht umfaßt.

Von ihrer Gestalt.

Daß ihre Gestalt die einer vollkommenen Kugel sei, lehrt besonders ihr Name und die Übereinstimmung aller Völker darin, daß sie sie Orbis[1] nennen, dann aber auch die in ihr selbst liegenden Beweise. Denn eine solche Figur neigt sich in allen ihren Teilen zu sich selbst, muß sich selbst tragen, schließt sich ein und hält sich ohne Beihilfe von Banden, hat kein Ende und keinen Anfang in allen ihren Teilen; sie ist ferner für die Bewegung, worin sie sich, wie wir bald zeigen werden, beständig drehen muß, die schicklichste Form. Endlich lehrt es auch der Augenschein, weil sie gewölbt ist und man überall in der Mitte sich befindet, was bei einer anderen Figur nicht möglich wäre.

[1] Hier in der Bedeutung von Himmel, Himmelsgewölbe, Weltall.

18

Von ihrer Bewegung. Warum sie Mundus genannt wird.

Der Auf- und Untergang der Sonne setzen es außer Zweifel, daß die so gestaltete Welt, im ewigen ununterbrochenen Umlaufe mit unbeschreiblicher Schnelligkeit, ihre Bahn in 24 Stunden vollendet. Ob durch den beständigen Umschwung einer solchen Last ein außerordentliches und über unsere Hörkraft hinausgehendes Geräusch entsteht, kann ich ebensowenig behaupten, als daß das Getön der umeinanderwandelnden und im Kreise sich drehenden Gestirne eine liebliche und von unglaublicher Anmut begleitete Harmonie sei. Für uns, die wir mitten darin leben, verfolgt die Welt Tag und Nacht ihren Lauf ruhig. Daß ihr unzählige Gestalten von Tieren und Gegenständen aller Art aufgedrückt sind und daß sie nicht, wie wir von den Eiern der Vögel wahrnehmen, ein völlig glatter Körper ist, wie doch sehr berühmte Schriftsteller behauptet haben, geht aus vielen Gründen hervor; denn aus den von dort herabgefallenen und meistens vermischten Samen aller Dinge entstehen besonders im Meere unzählige wunderbare Gestalten. Außerdem erblicken wir mitten in einem helleren Kreise[1] über uns, hier die Gestalt eines Wagens, dort eines Bären, dort eines Stieres, dort eines Buchstaben.[2] Ich werde hier noch an die einstimmige Meinung der Völker erinnert. Denn, was die Griechen κοσμος oder Schmuck nennen, das nennen auch wir wegen ihrer vollkommenen Schönheit *Mundus*. Den

---

[1] Die Milchstraße.

[2] Das in Form des griechischen Delta aus 3 Sternen bestehende hellleuchtende Sternbild in der Cassiopeja.

Himmel aber hat man nach der Erklärung M. Varros[1] von der getriebenen Arbeit *caelum* genannt. Dies beweist noch die Ordnung der Gegenstände an dem sogenannten Tierkreise, welcher in 12 Tierbilder geteilt ist, und die so viele Jahrhunderte lang durch jene Bilder gleichmäßig gehende Bahn der Sonne.

Von den Elementen und den Planeten.

Auch über die Existenz von vier Elementen[2] scheint kein Zweifel zu obwalten. Das höchste ist das *Feuer;* davon entstand jene gleich Augen schimmernde Menge von Sternen. Demnächst kommt die *Luft,* welche die Griechen und wir mit ein und demselben Worte *Aër* (ἀήρ) nennen. Sie ist das Belebende, alles Durchdringende und mit allem in Verbindung Stehende; durch ihre Kraft getragen schwebt die Erde in der Mitte der Welt, mit dem vierten Elemente, dem *Wasser.* So wird durch wechselseitige Verbindung Verschiedenartiges verknüpft, das Leichtere durch Gewichte verhindert zu entfliehen und das Schwere, damit es nicht herabstürze, in leichter Spannung in der Luft gehalten. Ein gleichmäßiges Streben nach verschiedenen Richtungen bewirkt, daß jedes der 4 Elemente durch seine eigene Kraft besteht und durch den ununterbrochenen Umschwung der Welt selbst zusammengehalten wird. Während diese nun beständig um sich schwingt, bildet die Erde den

---

[1] De lingua latina IV. 3. − M. Terentius Varro, der gelehrteste Römer seiner Zeit, wurde 116 v. Chr. geboren und starb 27 v. Chr.

[2] Nach der Lehre des sizilianischen Philosophen Empedokles (zu Agrigent um 400 v. Chr.).

innersten und mittelsten Teil in dem Weltall, in dessen Achse sie schwebt, und dem Medium, welches sie trägt, das Gleichgewicht haltend. Sie allein ist unbeweglich[1], während die übrigen Himmelskörper sich um sie wälzen, sie umschlingen und sich zu ihr neigen. Zwischen der Erde und dem Himmel schweben in derselben Luft, und durch bestimmte Räume getrennt, 7 Gestirne[2], welche wir wegen ihres Laufes Irrsterne (*Planeten*) nennen, obgleich sie doch nichts weniger als irren. Von ihnen befindet sich die Sonne, ein Gestirn umfassendster Größe und Macht, in der Mitte, unter deren Einfluß nicht nur die Zeiten und Länder, sondern auch die Sterne und der Himmel selbst stehen. Wohl ziemt es uns daher, in Anerkennung ihrer Wirkungen, sie für die Seele der ganzen Welt zu halten, ihr die höchste Herrschaft der Natur und göttliche Kraft beizulegen. Sie gibt den Gegenständen das Licht und verscheucht die Finsternis; sie verdunkelt durch ihren Schimmer die übrigen Gestirne; sie bestimmt den Wechsel der Jahreszeiten und das nach Naturgesetzen sich immer wieder erneuernde Jahr; sie zerstreuet die Düsterheit des Him-

[1] Eine im Altertum oft vorkommende, aber auch ebenso oft bestrittene Behauptung. Plato, Aristoteles und Ptolemæus stellten sich die Erde weder als rotierend noch fortschreitend, sondern als unbeweglich im Mittelpunkte stehend, vor. Nach dem Berichte des Philolaus aus Croton lehrten die Pythagoräer die fortschreitende Bewegung der nicht rotierenden Erde, ihren Kreislauf um den Weltherd (das Zentralfeuer, Hestia). Hicetes aus Syrakus, der mindestens älter als Theophrast ist, Heraclides aus Pontus und Ecphantus kannten die Achsendrehung der Erde; aber nur Aristarchus von Samos und besonders Seleucus der Babylonier, anderthalb Jahrh. nach Alexander, wußten, daß die Erde nicht bloß rotiere, sondern sich zugleich auch um die Sonne, als das Zentrum des ganzen Planetensystems, bewege.

[2] Saturn, Jupiter, Mars, Sonne, Venus, Merkur und Mond.

mels und erheitert selbst das traurige Gemüt des Menschen; sie gibt auch den übrigen Sternen ihr Licht. Sie ist herrlich, über alles erhaben, allsehend und allhörend wie Homer[1], der Vater der Gelehrsamkeit, an einer Stelle[2] so schön sagt.

Von Gott.

Ich halte es daher für ein Zeichen menschlicher Schwäche, das Bild und die Gestalt *Gottes* zu erforschen. Wer auch Gott ist, wenn es noch einen gibt und wo er sich befindet, so ist er ganz Sinn, Gesicht, Gehör, Seele, Geist und ganz er selbst. Aber an unzählige Götter glauben und sogar nach den Tugenden und Lastern der Menschen an einen Gott der Schamhaftigkeit, Eintracht, Klugheit, Hoffnung, Ehre, Milde, Treue, oder (wie Demokrit[3] sagt) an zwei, ein Wesen der Bestrafung und Belohnung, zeugt von einem noch größeren Unverstande. Die gebrechlichen und mühseligen Menschen haben, ihrer Schwachheit eingedenk, die Gottheit in Teile geteilt, damit ein jeder den Teil verehre, dessen er am meisten bedarf. Daher finden wir bei andern Völkern andere Namen von zahllosen Göttern; auch sind unterirdische Dinge, Krankheiten und viele böse Seuchen in Gattungen geteilt, weil wir sie in zagender Furcht besänftigt wissen möchten.

So hat man auf dem palatinischen Berge einen Tem-

---

[1] Der allbekannte griechische Dichter, über dessen Lebensverhältnisse wir nichts Näheres wissen.
[2] Iliade III. 277.
[3] Von Abdera, lebte 469–361 v. Chr.

pel des Fiebers, einen Tempel der Laren[1], einen Altar für die Orbona[2] und für das böse Geschick einen auf dem exquilinischen Hügel eingeweiht. Die Zahl der Götter muß größer als die der Menschen ausfallen, weil ein jeder für sich so viele Götter macht, indem er sich eine Juno[3] oder einen Genius[4] wählt. Gewisse Völker aber halten Tiere und sogar schmutzige, desgleichen viele Dinge, die ich mich zu nennen schäme, für Götter und schwören bei stinkenden Speisen und ähnlichen Sachen. Daß man aber glaubt, unter den Göttern fänden Ehen statt, aus welchen in langer Zeit keine Kinder geboren würden; ferner, einige von ihnen wären sehr alt und immer Greise, andere Jünglinge und Knaben, von schwarzer Farbe, geflügelt, lahm, aus einem Eie gekommen, abwechselnd einen Tag lebendig und tot, das grenzt an kindischen Wahnsinn. Allein alle Unverschämtheit übersteigt es, wenn man Ehebruch, Zank, Haß unter ihnen, ja sogar Gottheiten des Diebstahls und der Verbrechen annimmt.

Wer dem Sterblichen hilft, der ist ihm ein Gott, und das ist der Weg zum ewigen Ruhme. Ihn gingen die berühmtesten Römer, ihn wandelt jetzt im himmlischen Schritte mit seinen Kindern der größte Herrscher unsers Zeitalters, Vespasianus Augustus, als ein Retter in der Not. Das ist die älteste Sitte, daß man sehr verdiente Männer, um sich ihnen dankbar zu erweisen, unter die Götter versetzt. So sind auch die Namen aller übriger Götter und der obengenannten Gestirne von verdienstvollen Männern entstanden. Wer sollte es nicht natür-

---

[1] Hausgötter, sie wurden aber auch öffentlich verehrt.
[2] Göttin der Eltern, die ihrer Kinder beraubt sind.
[3] Junonen hießen die Schutzgeister des weiblichen Geschlechts.
[4] Genien waren die Schutzgeister des männlichen Geschlechts.

lich finden, daß es einen Jupiter oder Merkur oder andere, anders benannte gegeben habe und daß ein himmlisches Namenverzeichnis existiere? Lächerlich aber ist die Behauptung, daß ein höchstes Wesen sich um die Angelegenheiten der Menschen kümmere. Sollen wir nicht glauben, daß es durch ein so trauriges und vielseitiges Amt entehrt werde?[1] Es ist in der Tat zu bezweifeln und kaum zu entscheiden, ob es dem menschlichen Geschlechte dienlicher sein würde, wenn einige den Göttern keine oder andere ihnen nur eine Verehrung erzeigen, die ihnen zur Schande gereicht. Diese dienen auswärtigen heiligen Gebräuchen, tragen Götter an den Fingern, verdammen wohl gar die Ungeheuer, welche verehrt werden, ersinnen Speiseopfer und behandeln sie tyrannisch, indem sie ihnen nicht einmal ruhigen Schlaf gönnen. Keine Ehen werden eingegangen, keine Kinder gewählt und überhaupt nichts ohne heilige Gebräuche unternommen. Andere betrügen auf dem Capitolio und schwören Meineide beim donnernden Zeus; und ihnen nützen die Schlechtigkeiten, jenen aber bringt ihr heiliges Wesen Strafe.

Zwischen diesen beiden Meinungen erdachten sich jedoch die Sterblichen eine mittlere Gottheit, damit ja die Verwirrung recht vollständig wäre. In der ganzen Welt, an jedem Orte und zu jeder Stunde, wird nämlich von allen Stimmen die Fortuna allein angerufen und genannt; sie allein wird angeklagt, beschuldigt, nur an sie gedacht, nur sie gelobt und getadelt und mit Schimpfen verehrt. Man hält sie für veränderlich, größtenteils aber für blind, für unstet, unbeständig, unsicher, wankelhaft und für eine Gönnerin Unwürdiger. Ihr werden

[1] Dies war die Meinung Epikurs, zu dessen Lehren sich Plinius bekannte.

alle Ausgaben, ihr alle Einnahmen zugeschrieben, und in dem Rechnungsbuche der Sterblichen füllt sie allein beide Seiten aus. So sehr sind wir also dem Zufall unterworfen, daß dieser selbst für einen Gott gilt und dieser Gott daher für unzuverlässig gehalten wird.

Andere verwerfen auch diese Ansicht und schreiben alle Begebenheiten ihrem Gestirne und dessen Stande bei der Geburt zu; sie glauben, alles Zukünftige sei von Gott ein für allemal beschlossen, um das übrige kümmere er sich nicht. Diese Meinung fängt an, Eingang zu gewinnen, und die gelehrte sowie die rohe Menge läuft ihr zu. Daher entstanden die Warnungen durch Blitze, die Prophezeiungen der Orakel, die Weissagungen der Haruspices, und um auch das Geringste zu nennen, die Bedeutung des Niesens bei den Auguren und des Anstoßens mit den Füßen. Der göttliche Augustus[1] erzählt, daß ihm an dem Tage, wo ihm ein militärischer Aufstand gefährlich zu werden drohte, der linke Schuh verkehrt angezogen worden sei.[2] Alles dies beweist, daß die Menschen nichts vorher wissen; nur so viel ist gewiß, daß es nichts Gewisses gibt und daß nichts elender und stolzer ist als der Mensch. Denn die übrigen lebenden Geschöpfe sorgen nur für ihre Nahrung, welche ihnen die gütige Natur freiwillig in reichlicher Menge spendet; schon das eine ist allen Gütern vorzuziehen, daß sie über Ruhm, Geld, Ehrfurcht und den Tod nicht nachdenken.

Allein bei alledem dürfen wir aus dem täglichen Leben schließen, daß die Götter sich der menschlichen Angelegenheiten annehmen, daß die Strafen für die

[1] Der bekannte römische Kaiser, Sohn des C. Octavius und der Atia, Großneffe von mütterliche Seite des Jul. Cäsar, geb. 63 v. Chr., starb 13 n. Chr.
[2] Man vergleiche das Leben des Augustus bei Suetonius. XIV. 92.

Verbrechen von der so sehr beschäftigten Gottheit zwar
etwas aufgeschoben, nie aber unterbleiben werden und
daß der Mensch darum ihm am nächsten stehend geschaffen sei, um sich mit den Tieren nicht auf einer und
derselben Stufe der Niedrigkeit zu befinden. Für die
unvollkommene Natur des Menschen ist es hingegen
der größte Trost, daß selbst Gott nicht allmächtig ist,
denn er kann sich weder den Tod antun, wenn er auch
will, was er dem Menschen als das beste Mittel bei den
großen Mühseligkeiten des Lebens verliehen hat; noch
kann er den Sterblichen die Unsterblichkeit verschaffen
oder Tote ins Leben zurückrufen; noch machen, daß,
wer gelebt hat, nicht gelebt habe, wer Ehrenstellen
bekleidet hat, sie nicht bekleidet habe; noch hat er ein
anderes Recht über die Vergangenheit, als sie zu verges-
sen. Endlich, damit wir auch durch scherzhafte Beweise
die Unvollkommenheit Gottes zeigen, kann er nicht
machen, daß 2 mal 10 nicht 20 sind, und noch viele
ähnliche Dinge. Hieraus geht unleugbar die Macht der
Natur hervor, und daß sie das sei, wir Gott nennen.
Diese Abschweifung hielt ich für nicht unpassend, da
die unaufhörliche Frage über Gott so allgemein verbreitet ist.

Von den Gestirnen. Vom Laufe der Planeten.

Wir wollen nun zu den übrigen Gegenständen der
Natur zurückkehren. Die *Gestirne*, welche wir an-
geheftete[1] genannt haben, sind nicht, wie der gemeine

---

[1] Fixsterne.

Haufe glaubt, den einzelnen Menschen zugeteilt, die hellen den Reichen, die kleinen den Armen, die dunkeln den Gebrechlichen und leuchten nicht nach dem Schicksal eines jeden; denn sie entstehen und vergehen nicht mit dem Menschen, noch bedeutet ihr Fall, daß jemand sterbe. Wir haben keine so große Gemeinschaft mit dem Himmel, daß dort der Glanz der Gestirne mit uns sterblich ist. Jene geben, wenn sie zuviel Nahrung an Feuchtigkeit mit feuriger Kraft an sich gezogen haben, den Überfluß wieder von sich, und dann glaubt man, sie fallen; etwas Ähnliches nehmen wir an unsern brennenden Öl-Lampen wahr. Übrigens haben die himmlischen Körper eine einzige Dauer, denn sie halten die Welt zusammen und bilden durch dieses Zusammenhalten ein Ganzes. Ihre Gewalt erstreckt sich vorzüglich auf die Erde, und wir kennen sie wegen ihrer Wirkungen, Klarheit und Größe sehr genau, wie ich an seinem Orte zeigen werde.[1] Auch die Lehre von den Himmelskreisen werde ich schicklicher bei der Erde[2] vortragen, da sie ganz dahin paßt; nur von der Erfindung des *Tierkreises* muß hier das Nötige gesagt werden. Der erste, welcher seine Schiefe[3] erkannt und mithin die Tore dieses Gegenstandes geöffnet hat, soll Anaximander von Milet gewesen sein, zur Zeit der 58sten Olympiade.[4] Die Zeichen desselben, und zwar zuerst die des Widders und des Schützen, hat Kleostratus[5] entdeckt.

---

[1] Im 17. und 18. Buch, welche von der Landwirtschaft handeln.

[2] Im 6. Buch, Kap. 39.

[3] Richtiger die Schiefe der Ekliptik.

[4] Die Olympiade war bei den Griechen ein Zeitraum von 4 Jahren und die allgemeinste Zeitrechnung in Griechenland, welche 776 v. Chr. anfing. Die 58. Olympiade ist also gleich 548–544 Jahre v. Chr.

[5] Aus Tenedos, um 536 v. Chr.

Den Kreis selbst aber erkannte Atlas lange vorher. Nun verlassen wir den Himmelskörper selbst und wollen von den übrigen Erscheinungen zwischen Himmel und Erde handeln.

Daß das Gestirn, welches *Saturnus* heißt, am höchsten[1] steht und daher am kleinsten erscheint, auch den größten Kreis beschreibt und in 30 Jahren[2] seine Bahn vollendet, ist gewiß. Aber der Lauf aller Planeten, und unter ihnen der der Sonne und des Mondes, hat eine dem Umlaufe der Welt entgegengesetzte Richtung, das heißt, diese geht nach links, während jene immer der Rechten zueilen. Obgleich sie durch die beständige Drehung in ungeheuerer Geschwindigkeit von der Welt emporgehalten und gegen Abend hingerissen werden, so behauptet doch ein jeder in entgegengesetzter Richtung seine Bahn. Daher geschieht es, daß die durch die ewige Drehung der Welt an eine Stelle zusammengedrängte Luft nicht zu einem trägen Balle erstarrt, sondern durch den Gegenstoß der Gestirne zerteilt wird. Der Saturn ist von kalter und starrer Natur; weit tiefer liegt die Bahn des *Jupiter*, welcher daher auch in schnellerer Bewegung innerhalb 12 Jahren seinen Lauf vollendet.[3] Das dritte Gestirn, der *Mars*, auch Herkules genannt, ist feurig und brennend wegen der Nähe der

[1] Bis zum Jahre 1781, wo Herschel den Uranus entdeckte, war dieser der entfernteste Planet; seine mittlere Entfernung von der Sonne beträgt 2,87 Milliarden km, und er durchläuft seine Bahn in fast 84 Jahren. 1846 beobachtete aber Galle einen noch weiter entfernten, den er Neptun nannte und dessen Existenz von Leverrier schon vorausgesagt war.

[2] Vielmehr in 29 Jahren und 154 Tagen. Von der Sonne ist er 1,42 Milliarden km entfernt.

[3] Er vollendet seine Bahn in 11 Jahren und 312 Tagen und ist 778 Millionen km von der Sonne entfernt.

Sonne und bedarf beinahe 2 Jahre zu seinem Laufe.[1] Durch dessen allzu große Hitze und durch die Kälte des Saturnus erhält der zwischen beiden liegende Jupiter eine gewisse Mäßigung, die ihm wohltätig ist. Dann folgt die in 360 Teile geteilte *Sonnenbahn*; damit aber die durch sie bewirkten Schatten bei ihrer Rückkehr dieselben bleiben, wurden noch 5¼ Tage hinzugesetzt. Aus diesem Grunde bekommt jedesmal das 5. Jahr noch einen eingeschalteten Tag, um die Zeitrechnung mit dem Laufe der Sonne in Übereinstimmung zu bringen.

Unterhalb der Sonne läuft ein großer Stern, die *Venus*,[2] mit abwechselnder Bahn[3] und wetteifert durch ihre Beinamen mit der Sonne und dem Monde. Erscheint sie nämlich vor Tagesanbruch, so heißt sie Lucifer, weil sie als eine zweite Sonne den Tag früher bringt; leuchtet sie aber vom Sonnenuntergange an, so heißt sie Vesper, weil sie den Tag verlängert und die Stelle des Mondes vertritt. Pythagoras[4] von Samos erkannte zuerst das Verhältnis, ungefähr um die 32. Olympiade, das ist im 113. Jahre der Stadt Rom. Schon an Größe übertrifft sie alle anderen Gestirne,[5] und ihre Helligkeit ist so bedeutend, daß durch ihre Strahlen Schatten entstehen. Daher

---

[1] Er vollendet seinen Lauf in 1 Jahre 322 Tagen und ist 223 Millionen km von der Sonne entfernt. Zwischen dem Jupiter und dem Mars entdeckte man 1801–1807 4 kleine Planeten, Ceres (1801), Pallas (1802), Juno (1804), Vesta (1807), denen man den gemeinschaftlichen Namen Asteroiden gab. Seit 1845 haben sich die Entdeckungen von Asteroiden jedoch auf ein Vielfaches vermehrt.

[2] Sie ist etwa der Erde an Größe gleich; der größte Planet ist der Jupiter.

[3] D. h., sie geht bald vor der Sonne, bald folgt sie ihr nach.

[4] Schüler des Pherecydes, Sohn des Mnesarchus, geb. um 584 v. Chr., starb 79–80 Jahr alt zu Metapontum.

[5] Was natürlich ganz irrig ist; siehe die Anmerkung oben.

hat sie auch viele Namen. Einige haben sie Juno, andere Isis, andere die Mutter der Götter genannt. Durch sie wird alles auf der Erde erzeugt; denn indem sie bei ihrem zweifachen Aufgange einen belebenden Tau spendet, befruchtet sie nicht nur die Erde, sondern reizt auch alle lebenden Wesen in gleicher Weise an. Sie vollendet ihren Lauf in 348 Tagen und ist nach Timäus[1] nie weiter als 46 Grade von der Sonne entfernt.[2]

Auf ähnliche Weise, aber von weit geringerer Größe und Kraft befindet sich ihr zunächst das Gestirn des *Merkurs*, der von einigen auch Apollo genannt wird. Er vollendet seine niedrigere Bahn in einem um 9 Tagen kürzeren Zeitraume, leuchtet bald vor Sonnenaufgange, bald nach Sonnenuntergange und ist niemals weiter als 22 Grade[3] von der Sonne entfernt, nach dem Zeugnisse ebendesselben[4] und des Sosigenes.[5] Daher haben auch diese Gestirne eine eigentümliche, von den obengenannten Gestirnen verschiedene Beschaffenheit; denn sie sind um den vierten und den dritten Teil des Himmels von der Sonne entfernt, stehen ihr oft gegenüber und beschreiben sämtlich andere Bahnen bei vollkommener Umdrehung, von denen wir bei Betrachtung des großen Jahres reden wollen.

Aber alle Bewunderung übertrifft das letzte Gestirn, welches auf der Erde am bekanntesten ist und das die

[1] Pythagoräer aus Locri um 400 v. Chr., schrieb über Physik und Mathematik.

[2] Die Entfernung beträgt 108 Millionen km von der Sonne, und sie vollendet ihren Umlauf in 224 Tagen 16 Stunden.

[3] 98 Millionen km beträgt sein Abstand von der Sonne und seine Umlaufszeit 88 Tage.

[4] Timäus.

[5] Er lebte in Alexandrien und berichtigte auf Cäsars Veranlassung den Kalender.

Natur zur Verscheuchung der Finsternis erfand, der *Mond*. Durch seinen vielartigen Lauf setzte er den Geist der Beobachter und derjenigen, welche es unter ihrer Würde hielten, das nächste Gestirn nicht zu kennen, auf die Probe, indem er beständig zu- oder abnimmt. Denn bald ist er in zwei Hörner gekrümmt, bald gleich geteilt, bald ein ganzer Kreis; einmal fleckig und plötzlich wieder glänzend, bald bildet er eine außerordentlich große Scheibe, bald ist er unsichtbar; zuweilen scheint er die ganze Nacht hindurch zuweilen nur abends spät und unterstützt einen Teil des Tages das Licht der Sonne; bald ist er verfinstert und bleibt doch während der Verfinsterung sichtbar; gegen Ende des Monats ist er verborgen, und doch glaubt man nicht, daß er fehlt. Er ist bald hoch und bald niedrig, und dies nicht einmal immer auf dieselbe Weise, sondern einmal nähert er sich dem Himmel, ein andermal den Bergen, bald steigt er gegen Norden empor, bald senkt er sich gegen Süden. Endymion[1] war von allen Menschen der erste, welcher diese Erscheinungen einsah, und deshalb, sagt man, soll er sich in den Mond verliebt haben. Wir sind wahrlich nicht dankbar gegen die, welche sich bemühten, uns über dieses Licht aufzuklären; und eine wunderbare Krankheit des menschlichen Geistes ist es, daß wir lieber Blut und Kriege in den Jahrbüchern aufbewahren, damit die Schlechtigkeiten der Menschen denen, welche von der Welt nichts wissen, bekannt werden.

Der Mond ist also dem Mittelpunkte der Welt[2] am nächsten, daher vom geringsten Umlaufe, und durchläuft in 27⅓ Tagen denselben Raum, wozu das höchste

---

[1] Sohn des Aëthlios und der Kalyke, war Hirt und kam aus Thessalien mit einer Kolonie nach Elis.

[2] Worunter bekanntlich Plinius die Erde versteht.

Gestirn, der Saturn, wie gesagt, 30 Jahre braucht. Darauf verweilt er 2 Tage lang in Zusammenkunft[1] mit der Sonne und fängt spätestens am 30. Tage seinen Lauf wieder ebenso an. Ich weiß nicht, ob er nicht der Leiter für alles, was wir am Himmel erkennen konnten, war und veranlaßte, daß das Jahr in 12 Monate geteilt wurde, da er selbst ebensovielmal die zu dem Anfangspunkte ihres Laufes zurückkehrende Sonne erreicht. Von dem Schimmer der Sonne werden der Mond sowie alle übrigen Gestirne regiert, sie leuchten mit dem von ihr entlehnten Lichte ganz auf eben die Weise, wie wir ein Licht aus dem Wasser zurückspiegeln sehen; daher er mit seiner mildern und schwächern Kraft die Feuchtigkeit nur auflöst, ja wohl gar vermehrt, welche die Sonnenstrahlen verzehren. Er hat ein ungleiches Licht, weil er nur in der der Sonne entgegengesetzten Stellung voll ist, an den übrigen Tagen aber nur soviel von sich sehen läßt, als er selbst von der Sonne erhält. Bei der Zusammenkunft[2] sieht man ihn nicht, weil er alles auf der entgegengesetzten Seite empfangene Licht dahin zurückschickt, woher er es bekommen hat. Die Gestirne werden ohne Zweifel von der irdischen Feuchtigkeit ernährt; bei halber Scheibe erscheint er zuweilen fleckig, weil dann seine Kraft nicht hinreichend ist, um alles aufzunehmen, denn die Flecken sind nichts anderes als Unreinigkeiten, die er mit Hilfe der Feuchtigkeit von der Erde aufgenommen hat. Seine *Verfinsterungen und diejenigen der Sonne*, eine der bewunderungswürdigsten und wunderbarsten Erscheinungen in der Natur, zeigen durch die entstehenden Schatten die Größe dieser Weltkörper an.

[1] coitus, jetzt gewöhnlich Konjunktion genannt.

[2] D. h. bei Neumond oder Konjunktion.

Von den Mond- und Sonnenfinsternissen.
Von der Nacht.

Es ist nämlich klar, daß die *Sonne* durch die Zwischenkunft des Mondes und der Mond durch die Zwischenkunft der Erde uns unsichtbar werden, so daß dort die Sonnenstrahlen durch den Mond der Erde, hier aber durch die Erde dem Monde entzogen werden. Tritt letzterer vor die Sonne, so entsteht plötzlich Dunkelheit, und wiederum wird durch den Schatten der Erde jenes Gestirn verfinstert. Auch ist die *Nacht* nichts anderes als der Schatten der Erde. Die Gestalt dieses Schattens ist wie die Meta[1] oder ein umgekehrter Kreisel beschaffen; nur sein oberster Teil trifft in den Mond und geht nicht darüber hinaus, weil kein anderes Gestirn dadurch[2] verdunkelt wird und eine solche Figur keine Spitze hat. Die höchsten Flüge der Vögel bezeugen nämlich, daß der Schatten durch die Entfernung abnimmt und endlich ganz aufhört. Daher ist die Grenze des Schattens auch die der Luft und der Anfang des Äthers. Über den Mond hinaus herrscht durchaus reines und beständiges Licht.[3] Wir sehen des Nachts die Gestirne, gleichwie Lichter aus der Finsternis, und ebendeshalb wird der Mond nur des Nachts verfinstert. Beide Arten von Finsternissen treten aber, wegen der schiefen Lage des Tierkreises, wegen der schon besprochenen, sehr abweichenden Bahn des Mondes und der nicht immer auf

[1] Die am Ende des römischen Zirkus befindliche Spitzsäule, um welche die Wettfahrenden herumfuhren.
[2] Durch die Zwischenkunft der Erde.
[3] Man weiß jetzt, daß auch andere Planeten, z. B. Jupiter und Saturn, durch den Durchgang ihrer Trabanten zwischen ihnen und der Sonne verdunkelt werden.

die kleinsten Teilchen zusammentreffenden Bewegung der Gestirne, nicht zu bestimmten Zeiten und Monaten ein.

Von der Größe der Gestirne.

Diese Betrachtung erhebt die sterblichen Seelen in den Himmel und offenbart ihnen von da aus *die Größe der drei größten Naturkörper*. Es könnte nämlich die Sonne nicht ganz der Erde entzogen werden durch den Zwischentritt des Mondes, wenn die Erde größer wäre als der Mond. Der ungeheuere, die Erde sowohl als den Mond übertreffende Umfang der Sonne ergibt sich von selbst, und es ist daher unnötig, ihre Größe durch den Augenschein und durch Vermutungen zu erforschen. Sie ist unermeßlich groß, denn sie wirft die Schatten der an den Wegen auf mehrere 1 000 Schritte hin stehenden Bäume immer in gleichen Entfernungen voneinander, als wenn sie überall im Mittelpunkt wäre; ferner bei der Tag-und-Nachtgleiche allen Bewohnern der heißen Zone zugleich über dem Scheitel, und die Schatten der um die Wendekreise Wohnenden fallen mittags gegen Norden und morgens gegen Westen. Alles dies könnte nicht eintreten, wenn die Sonne nicht weit größer wäre als die Erde; auch würde sie bei ihrem Aufgange den Berg Ida nicht an Breite übertreffen, während sie bei so ungeheuerer Entfernung doch die rechte und linke Seite desselben bescheint.

Die Mondfinsternis ist ein unzweideutiger Beweis ihrer Größe, so wie sich aus der Verfinsterung der Sonne die Kleinheit der Erde ergibt. Denn da 3 verschiedene

Gestalten des Schattens entstehen können und es gewiß ist, daß, wenn der Körper, welcher den Schatten wirft, dem Lichte an Größe gleicht, ein säulenförmiger Schatten ohne Ende entsteht; daß aber, wenn der Körper größer als das Licht ist, der Schatten die Gestalt eines Kreisels hat, dessen unterster Teil am schmälsten, dessen Länge aber ebenfalls unendlich; und, ist der Körper kleiner als das Licht, der Schatten sich als eine nach der Spitze zu abnehmende Säule zeigt, wie z. B. bei der Mondfinsternis, so erhellt auf unzweideutige Weise, daß die Erde von der Sonne an Größe übertroffen wird. Auch in der Natur finden wir schweigende Beweise dafür; denn warum entfernt sich im Winter die Sonne von der Erde? Um durch das Dunkel der Nächte die Erde zu erquicken, welche sie sonst unfehlbar verbrennen würde, was auch in gewissen Teilen der Erde geschieht. So bedeutend ist ihre Größe.

Der Lauf der Sonne und die Ursache der Ungleichheit der Tage.

Die *Sonne* selbst aber bietet 4 Verschiedenheiten dar: zwei in der Tag-und-Nachtgleiche, im Frühling und Herbste, wenn sie senkrecht über der Erde im 8. Grade des Widders und der Waage steht; zwei in sehr verschiedenen Tageslängen, nämlich im Winter, wenn die Tage zunehmen, im 8. Grade des Steinbocks, und im Sommer, wenn sie abnehmen, im 8. Grade des Krebses. Die Ursache dieser Ungleichheiten ist die schiefe Lage des Tierkreises, da die eine Hälfte der Welt stets unter der Erde und die andere Hälfte über derselben sich befindet. Diejenigen Zeichen, welche bei ihrem Aufgange sich senkrecht erheben,[1] leuchten länger, aber die schief aufsteigenden ziehen schneller vorüber.

Warum dem Jupiter die Blitze zugeschrieben werden.

Die meisten Menschen wissen noch nicht, was die gelehrtesten Männer durch ihre großen Bemühungen und die Himmelserscheinungen entdeckt haben, daß nämlich dasjenige, was wir *Blitz* nennen, Feuer ist, welches von den 3 obern Planeten und vorzugsweise dem mittleren (Jupiter) auf die Erde herabfällt; vielleicht, weil er den zu großen Andrang von Feuchtigkeit aus der obern und von Hitze aus der untern Kreisbahn auf diese Weise fortschafft. Daher ist das Sprichwort entstanden, daß *Jupiter* Blitze schleudere. So wie sich aber von brennendem Holze eine Kohle mit Geräusch ablöst, ebenso von dem Gestirne das himmlische Feuer, und dieses ist dann bedeutungsvoll, damit auch nicht einmal der abgelöste Teil in seinem göttlichen Wirken aufhöre. Meistenteils ereignet sich dergleichen bei trüber Luft, weil die gesammelte Feuchtigkeit jenen Überfluß zur Entladung reizt oder weil die Luft durch die Geburt des gleichsam schwangeren Gestirnes getrübt wird.

---

[1] Krebs, Löwe, Jungfrau, Waage, Skorpion und Schütze.

Abstände der Gestirne voneinander.

Auch den *Abstand* der *Planeten* von der Erde haben viele zu ergründen gesucht und gesagt, die Sonne sei von dem Monde 19mal so weit entfernt als der Mond von der Erde. Pythagoras aber, ein sehr scharfsinniger Mann, gibt die Entfernung der Erde vom Monde zu 126 000 Stadien, des Mondes von der Sonne zum Doppelten und der Sonne von den 12 Zeichen zum Dreifachen an. Dieser Meinung ist auch unser Gallus Sulpicius[1] zugetan.

Musikalische Raumverhältnisse zwischen den Gestirnen.

Aber Pythagoras bestimmte diese Weiten zuweilen auch nach *musikalischen Gesetzen* und nannte die Entfernung von der Erde zum Monde einen Ton, vom Monde bis zum Mars einen halben, vom Mars bis zur Venus beinahe einen halben, von der Venus zur Sonne anderthalb, von der Sonne zum Mars, gleich wie von der erde zum Monde, einen, vom Mars zum Jupiter einen halben, vom Jupiter zum Saturn einen halben und vom Saturn zum Tierkreise anderthalb. So entstehen 7 Töne, welche man die vollständige Harmonie, d. h. den Inbegriff aller Tonverhältnisse, nennt. Saturn soll sich nun in der dorischen, Jupiter in der phrygischen Tonart bewegen, und von den übrigen Planeten handelt er in ähnlichem Sinne mit mehr unterhaltender als praktischer Genauigkeit.

[1] Über denselben siehe II. Buch, 9. Kap.

Ein Stadium beträgt 125 Schritte oder 625 Fuß. Posidonius[1] sagt, die Höhe, in welcher Nebel, Wind und Wolken sich befinden, sei von der Erde weniger als 40 Stadien entfernt; von da an sei die Luft rein, klar und von ungetrübter Helle. Von der Region der Wolken soll der Mond 2 000 000 und von da die Sonne 5 000 000 Stadien weit sein. Dieser ungeheuere Zwischenraum sei die Ursache, daß die Erde nicht verbrenne. Viele Wolken sollen jedoch bis zu 900 Stadien hinaufsteigen. Diese Behauptungen sind zwar ungewiß und unerweisbar, allein ich muß sie so vortragen, wie man sie uns überliefert hat. Dennoch ist hiebei eine auf untrüglichen Grundsätzen der Geometrie ruhende Berechnung nicht zu verwerfen, wenn man jene Dinge weiter verfolgen will. Nur sollte man damit niemals das Maß ergründen wollen (denn das wäre ein unsinniger Zeitvertreib), sondern dem forschenden Geiste nur eine ungefähre Schätzung darbieten.

Da nämlich die Sonnenbahn aus fast 366 Teilen von dem Umfange der Sonnenscheibe besteht und der Durchmesser stets den dritten Teil weniger beinahe einem Siebentel eines Drittels, vom Umfange[2] ausmacht, so erhellt, daß, wenn man die Hälfte davon nimmt (weil die Erde mitten in der Bahn liegt), beinahe der sechste Teil dieses unermeßlichen Raumes, den man sich als die Bahn der Sonne um die Erde denkt, der

[1] Von Apamea in Syrien, geb. 135 v. Chr., machte große Reisen, kam 100 nach Gallien, 86 nach Rom, wo er Ciceros und Pompejus' Freund war, und lebte nachher zu Rhodus; starb 51 v. Chr.

[2] Der Durchmesser des Kreises verhält sich zur Peripherie wie 7 : 22 oder wie 1 : 3,14.

Entfernung der Sonne von der Erde gleich sei; die Entfernung des Mondes aber den zwölften Teil betrage, weil er in so viel kürzerer Zeit als die Sonne seinen Umlauf hält. Der Mond schwebt daher mitten zwischen der Sonne und der Erde.

Man muß sich wundern, wie weit die Verwegenheit des menschlichen Geistes geht; durch einen kleinen Erfolg, wie wir ihn oben mitgeteilt haben, angereizt, übersteigt seine Unverschämtheit alle Grenzen. Die da wagten, die Entfernung der Sonne von der Erde zu erraten, wollten dies auch auf den Himmel anwenden, weil die Sonne sich in der Mitte befinde; ja es scheint fast, daß man die Größe der Welt nach Zollen berechnen will. Als wenn man das Maß des Himmels durch das Bleilot bestimmen könnte, weil der Durchmesser eines Kreises 7 und der Umfang 22 solche Teile hat! Nach einer ägyptischen Berechnung von Petosiris und Nechepsus[1] beträgt ein einzelner Grad in der Mondbahn (die, wie wir gesagt haben, die kleinste ist) etwas mehr als 33 Stadien; in der des Saturns, welche am größten ist, doppelt soviel; in derjenigen der Sonne, welche wir als die mittelste bezeichnet haben, die Hälfte von der Summe beider Größen. Dieses Räsonnement ist noch das bescheidenste, weil, wenn man zur Bahn des Saturns die Entfernung des Tierkreises fügt, eine unzählige Vervielfältigung entsteht.

---

[1] Sie lebten im 6. Jahrhundert v. Chr.; der letztere war König in Ägypten.

Von den plötzlich entstehenden Gestirnen oder den Kometen.

Von der Welt bleibt jetzt nur noch etwas weniges zu sagen übrig. Am Himmel entstehen nämlich plötzlich Sterne, und zwar verschiedener Art. Die Griechen nennen sie *Kometen*, wir Haarsterne, denn sie haben einen furchtbar blutroten Schweif und auf dem Scheitel gleichsam rauhe Haare. Auch nennen die Griechen dieselben Bartsterne, weil unten an ihnen eine einem langen Barte ähnliche Mähne herabhängt. Pfeilsterne heißen sie, weil sie gleich einem Geschosse dahineilen und ihre Vorbedeutungen sehr schnell eintreffen. Ein solcher war der, welchen der Kaiser Titus während seines 5. Konsulats in einem herrlichen Gedichte beschrieb und der bis auf diesen Tag der letzterschienene ist. Sind sie kürzer und endigen sie in eine Spitze, so heißen sie Schwertsterne. Diese sind unter allen Sternen die blassesten, glänzen wie ein Schwert und werfen keine Strahlen. Die Scheibensterne, welche, wie der Name schon sagt, scheibenförmig sind, haben eine hellgelbe Farbe und werfen nur wenige Strahlen. Der Faßstern hat die Gestalt eines Fasses und in der Höhlung ein rauchiges Licht. Der Hornstern gleicht einem Horne; ein solcher stand am Himmel, als die Griechen bei Salamis den Sieg erfochten.

Der Fackelstern sieht brennenden Fackeln ähnlich; der Roßstern Pferdemähnen, die sich in schnellster Bewegung im Kreise um ihn drehen. Es gibt auch einen weißen Komet mit silberfarbigem Schweife und so glänzend, daß man ihn kaum ansehen kann; dabei zeigt sich in ihm ein Bild der Gottheit in menschlicher Gestalt. Andere sind rauh wie Wolle und mit einer Wolke umgeben. Einmal nur verwandelte sich eine Mähne in einen Spieß, in der 109. Olympiade, dem 398. Jahre der Stadt.[1] Der kürzeste Zeitraum ihrer Sichtbarkeit wird zu 7, der längste zu 80 Tagen angegeben.

Ihre Beschaffenheit, Lage und Arten.

Einige *Kometen* bewegen sich nach Art der Planeten, andere sind unbeweglich. Gewiß ist, daß sie alle im Norden erscheinen, zwar nicht immer in einer bestimmten Region, meist aber doch in dem weißen Streif, welcher den Namen Milchstraße erhalten hat. Aristoteles[2] erzählt, es würden wohl auch mehrere zugleich gesehen; dies hat jedoch, soviel ich weiß, niemand weiter bemerkt. Sie zeigen starke Winde und Hitze an. Auch in den Wintermonaten sowie am Südpol sind sie sichtbar, dann aber ohne Mähne. Ein fürchterlicher Komet zeigte sich den Bewohnern Äthiopiens und Ägyptens, der von dem damaligen Könige Typhon genannt wurde; er hatte einen feurigen Schein, war wie eine Spirale gewunden, von gräßlichem Ansehn und eher ein feuriger Klumpen als ein Stern. Zuweilen sieht man auch an den Planeten und übrigen Sternen Haare. Niemals zeigt sich ein Komet am westlichen Teile des Himmels.

Meistenteils ist der Komet ein schreckenerregendes und nicht leicht zu versöhnendes Gestirn, wie der Bür-

---

[1] Dieses Jahr fällt aber in die 106. Olympiade.
[2] Der berühmteste Schüler des Plato, geb. 384 zu Stagira in Mazedonien, starb 322 zu Chalkis.

geraufstand unter dem Konsul Octavius[1] und der Krieg zwischen Pompejus und Cäsar[2] beweisen. Auch in unserer Zeit sah man, als der Kaiser Claudius vergiftet wurde[3], ferner unter der Regierung seines Nachfolgers Domitius Nero[4] lange Zeit einen schrecklichen Kometen. Man glaubt, ihr Einfluß hänge davon ab, nach welcher Gegend sie hineilen, welches Sternes Kräfte sie annehmen, welchen Dingen sie ähnlich sehen und an welchen Orten sie sich zeigen. Haben sie die Gestalt von Flöten, so sollen sie auf Tonkunst deuten; auf unzüchtige Sitten aber, wenn sie in den Schamteilen der Tierbilder stehen; auf Verstand und Gelehrsamkeit, wenn sie eine 3- oder 4seitige gleichwinklige Figur mit den naheliegenden Fixsternen bilden; auf Giftmischerei, wenn sie im Kopfe der nördlichen oder südlichen Schlange stehen.

Nur an einem einzigen Orte auf der Erde, nämlich zu Rom, wird ein Komet in einem Tempel verehrt, weil ihn der göttliche Augustus als ein sehr günstiges Zeichen für sich ansah. Dieser erschien nämlich zu Anfang seiner Regierung, während der Spiele, die er zu Ehren der Venus Genetrix[5], kurz nach dem Tode seines Vater

---

[1] 76 v. Chr.

[2] 49 v. Chr.

[3] Seine Gemahlin Agrippina vergiftete ihn 54 n. Chr. Er hieß mit seinem vollständigen Namen Tiberius Claudius Drusus Cäsar, war der jüngste Sohn des Claudius Drusus Nero des Älteren und der Schwestertochter des August, der jüngeren Antonia, Bruder des Germanicus Caligulas Vaterbruders, geb. 9 v. Chr. zu Lyon, und wurde 41 n. Chr. nach Caligulas Ermordung Kaiser.

[4] 64 n. Chr.

[5] Unter diesem Beinamen verehrte man die Venus als Stammutter des Julischen Geschlechts. Ihr Fest fiel in den Anfang des Oktobers.

Cäsar, in dem von letzterem gestifteten Collegium[1] hielt. Mit folgenden Worten bezeugte er seine Freude darüber: »In den Tagen meiner Spiele wurde ein Haarstern 7 Tage lang am nördlichen Teile des Himmels gesehen. Er entstand um die elfte Tagesstunde, war klar und in allen Ländern sichtbar. Das Volk glaubte, er bedeute die Aufnahme der Seele Cäsars unter die unsterblichen Götter, und aus dieser Veranlassung habe ich jenes Zeichen an dem Kopfe des Standbildes, welches ich bald nachher auf dem Forum einweihte, angebracht.« So legte er es öffentlich aus, aber im Herzen freute er sich und nahm an, der Stern sei seinetwegen erschienen und bedeute seine wachsende Größe; und wenn wir die Wahrheit gestehen sollen, so war dies auch wirklich eine der Erde heilsame Vorbedeutung.

Einige halten die Kometen für beständig dauernde Gestirne, die ihren Umlauf haben, aber nur, wenn sie von der Sonne entfernt sind, gesehen werden können. Andere meinen, sie seien zufällige Erzeugnisse von Feuchtigkeit und einer feurigen Kraft und lösten sich von selbst wieder auf.[2]

---

[1] Ein Priesterkollegium zur Feier jener Tage.

[2] Tycho Brahe und Mästlin, Keplers Lehrer, scheinen zuerst die Kometen als Himmelskörper erkannt zu haben; Kepler wies ihnen geradlinige Bahnen an. Der Danziger Astronom Hevelius nahm parabolische Bahnen an, ebenso Newton, dessen Methode von Halley ausgebildet wurde.

Eben jener Hipparchus, der nie genug gelobt werden kann, da niemand besser als er die Verwandtschaft der Gestirne mit dem Menschen, und daß unsere Seele ein Teil des Himmels sei, erwiesen hat, entdeckte einen neuen Stern von anderer Beschaffenheit, der zu seiner Zeit entstanden war. Durch dessen Bewegung an dem Tage, wo er leuchtete, kam er auf die Vermutung, daß dies öfter geschehe und daß sich auch diejenigen bewegten, welche wir für feststehend halten. Er wagte auch — ein frevelhaftes Unternehmen —, den Nachkommen Sterne zuzuzählen und sie nach ihren Namen zu ordnen. Er erdachte Instrumente, vermittelst welcher er den Standort und die Größe eines jeden bezeichnete, damit man hierdurch nicht nur ihr Verschwinden und Entstehen, sondern auch überhaupt, ob sie vorüberziehen und sich bewegen, ob sie größer oder kleiner werden, leicht unterscheiden könnte. So hinterließ er der Nachwelt den Himmel als eine Erbschaft, wenn jemand sich fände, der seine Berechnung begreifen würde.

Wunderbare Erscheinungen am Himmel: Fackeln, Lampen, Spieße.

Es leuchten auch *Fackeln* am Himmel, können aber nur gesehen werden, wenn sie herabfallen. Eine solche flog während eines von Germanicus Cäsar[1] gege-

---

[1] Neffe des Tiberius, Gemahl der älteren Agrippina, Vater des Caligula und der jüngeren Agrippina, Neros Großvater, geb. 15 v. Chr., starb 19 n. Chr. im Orient.

benen Fechterspiels vor den Augen des Volkes am Mittage vorüber. Man unterscheidet zwei Arten davon; die einen nennt man schlechthin Fackeln[1], die andern heißen Wurfspieße[2] ; eine solche erschien zur Zeit des Mutinensischen Krieges.[3] Sie unterscheiden sich dadurch voneinander, daß die Fackeln eine lange Spur hinterlassen, während ihr vorderer Teil brennt; die Spießfackel aber brennt ganz und nimmt einen größeren Raum ein.

Feurige Balken und vom geöffneten Himmel.

Auf ähnliche Weise entstehen auch *feurige Balken*, welche die Griechen δοκοι nennen; ein solcher zeigte sich, als die Lacedämonier, zur See besiegt[4], die Herrschaft über Griechenland verloren. Bisweilen spaltet sich auch der Himmel, was man Chasma nennt.

Von den Farben des Himmels und dem flammenden Himmel.

Auch erscheint zuweilen ein blutrotes Feuer (eine der schrecklichsten Erscheinungen für den furchtsamen Menschen), das dann vom Himmel zur Erde fällt;

---

[1] Lampades.
[2] Bolides.
[3] Mutina, jetzt Modena. Brutus wurde darin (44 v. Chr.) von Antonius belagert.
[4] Durch Conon, den Befehlshaber der Athenienser, 395 v. Chr.

z. B. im dritten Jahre der 107. Olympiade[1], als der Könige Philippus[2] Griechenland bedrängte. Ich glaube, daß diese sowie die übrigen Naturerscheinungen zu bestimmten Zeiten eintreten und nicht, wie die meisten annehmen, aus verschiedenen, von ihnen erst ergrübelten Ursachen entstehen. Zwar sind sie immer Vorboten großer Unglücksfälle gewesen, allein mich dünkt, daß letztere nicht eintrafen, weil jene geschehen waren; sondern daß diese vorausgingen, weil jene eintreffen sollten. Bei ihrer Seltenheit ist uns ihre nähere Beschaffenheit noch verborgen; daher kennen wir sie nicht so genau wie die oben beschriebenen Aufgänge, Finsternisse und viele andere Erscheinungen.

Von himmlischen Kränzen.

Man sieht auch Sterne bei der Sonne ganze Tage lang, welche meistens die Sonnenscheibe wie einen aus Ähren geflochtenen *Kranz* umgeben. Ferner buntfarbige Kreise bemerkte man; ein solcher erschien, als der Kaiser Augustus in früher Jugend nach Rom kam, um nach dem Tode seines Vaters dessen großen Namen auf sich zu übertragen. Auch um den Mond und andere vorzügliche Sterne, sogar um die Fixsterne zeigen sich Kränze.

---

[1] 350 v. Chr.

[2] Der II. oder der Große von Mazedonien, Vater Alexanders des Großen, war der jüngste Sohn des Königs Amyntas II., regierte bis 336 v. Chr. mit großem Ruhme; wurde von Pausanias ermordet.

Von plötzlich entstehenden Ringen.

Um die Sonne erschien ein Bogen unter den Konsuln L. Opimius und Q. Fabius[1]; eine Scheibe unter L. Porcius und M. Acilius[2]; ein Ring von roter Farbe unter L. Julius und P. Rutilius.[3]

Mehrere Sonnen.

Auch sieht man zuweilen *mehrere Sonnen* auf einmal, aber weder oberhalb noch unterhalb von ihr, sondern in schräger Richtung; niemals neben ihr noch zur Erde gekehrt, noch des Nachts; sondern entweder beim Auf- oder Untergange der Sonne. Einmal sollen auch solche Sonnen mittags am Bosporus gesehen worden sein und vom Morgen bis zum Abend gedauert haben. Drei Sonnen haben die Alten öfters gesehen, so unter Sp. Postumius und Q. Mucius[4]; Q. Martius und M. Porcius[5]; M. Antonius und P. Dolabella[6]; M. Lepidus und L. Plancus[7]. In unserer Zeit sah man dergleichen unter der Regierung des vergötterten Claudius, da derselbe mit Cornelius Orfitus[8] das Konsulat bekleidete. Mehr als drei sollen bis jetzt noch nicht gesehen worden sein.

---

[1] 683 nach Roms Erbauung oder 121 v. Chr.
[2] 640 nach R. E. oder 114 v. Chr.
[3] 664 nach R. E. oder 90 v. Chr.
[4] 580 nach R. E. oder 174 v. Chr.
[5] 636 nach R. E. oder 118 v. Chr.
[6] 710 nach R. E. oder 44 v. Chr.
[7] 712 nach R. E. oder 42 v. Chr.
[8] 51 n. Chr.

Mehrere Monde.

Auch drei *Monde* sind zugleich sichtbar geworden, und zwar unter den Konsuln Cn. Domitius und C. Fannius[1]. Viele nennen diese nächtliche Sonnen.

Ein nur einmal am Himmel bemerktes Zeichen.

Nur einmal, und zwar unter den Konsuln Cn. Octavius und C. Scribonius[2], soll ein Funken aus einem Stern gefallen, je mehr er sich der Erde genähert, immer größer geworden sein und, nachdem er die Größe des Mondes erreicht, eine Helligkeit gleichwie die eines nebligen Tages verbreitet haben; darauf wieder zum Himmel zurückgekehrt und zu einer Fackel geworden sein. Diese Erscheinung sah der Prokonsul Silanus und sein Gefolge.

Vom Hin- und Hergehen der Sterne.

Auch scheinen die Sterne *hin und her zu fahren*, jedoch nicht ohne Grund, denn die Entstehung heftiger Winde von derselben Seite her hängt damit zusammen.

[1] 632 nach R. E. oder 122 v. Chr.
[2] 678 nach R. E. oder 76 v. Chr.

Von den Sternen, welche auf der Erde und im Meere vorkommen.

Auch im *Meere und auf der Erde gibt es Sterne.* Ich selbst habe bei den nächtlichen Feldwachen einen leuchtenden Schein von derartiger Gestalt auf den Spießen der vor dem Walle stehenden Soldaten gesehen. Sie lassen sich auch auf die Segelstangen und andere Schiffsteile nieder, mit einem vernehmbaren Geräusch, wie wenn Vögel von einem Sitze zum andern fliegen. Wenn sie einzeln erscheinen, bringen sie Unheil, denn sie versenken dann die Schiffe; und wenn sie unten in den Kiel fallen, so verbrennen sie dieselben; zu zweien aber sind sie ein günstiges Zeichen und verkünden eine glückliche Fahrt. Durch ihre Ankunft soll jene schreckliche und unglückdrohende sogenannte Helena[1] verjagt werden. Deshalb schreibt man auch diese Kraft dem Castor und Pollux[2] zu und ruft sie auf dem Meere als Götter an. Auch die Häupter der Menschen leuchten ringsum in den Abendstunden, was von großer Vorbedeutung ist. Die Ursachen aller dieser Erscheinungen kennt man nicht genau; sie sind in der Hoheit der Natur verborgen.

---

[1] Nach Euripides wurde die spartanische Helena nach ihrer Ermordung von der Juno in den Himmel versetzt, wo ihr Gestirn aber den Schiffern Gefahr drohte.

[2] Die Zwillinge im Tierkreis.

So viel von der Welt selbst und den Gestirnen. Nun wollen wir zu den übrigen Merkwürdigkeiten des Himmels übergehen; denn auch das nannten die Alten Himmel, was wir jetzt mit einem anderen Namen *Luft* nennen. Dieser Lebenshauch nimmt allen scheinbar leeren Raum ein. Unterhalb des Mondes ist ihr Sitz, und noch viel tiefer (wie ich allgemein angenommen finde) wird sie, indem sich eine unendliche Menge der obern Luft mit einer unendlichen Menge irdischer Ausdünstungen mischt, mit beiden Anteilen erfüllt. Daraus entstehen Wolken, Donner und Blitz, Hagel, Reif, Regen, Stürme und Wirbel. Von da herab kommen die meisten Übel der Menschen, und dort ist der Schauplatz des Kampfes der Naturkräfte unter sich. Die Macht der Gestirne drückt die irdischen, zum Himmel strebenden Teile nieder und zieht die, welche nicht von selbst aufsteigen, zu sich empor. Regen fällt herab, Nebel steigen auf, Flüsse trocknen aus, Hagel stürzt nieder, die Sonnenstrahlen dörren die Erde aus, drängen sie von allen Seiten nach der Mitte hin, prallen ungeschwächt zurück und nehmen mit sich, was sie können. Die Hitze kommt von oben und steigt wieder dahin zurück. Leer stürzen die Winde herbei und kehren mit Raub beladen wieder zurück. Viele Tiere ziehen die Luft von der Höhe ein; allein diese strebt wieder empor, und die Erde ergießt ihren Hauch in die Leere des Himmels. So wird, indem alles in der Natur wie in einem Triebwerke hier- und dorthin strebt, die Zwietracht durch die schnelle Bewegung der Welt genährt. Der Kampf kann nicht ruhen, sondern dauert bei dem reißend schnellen Umschwunge fort und zeigt, indem er mittels der Wolken plötzlich den

Himmel anders überdeckt, die Ursachen der Erscheinungen in der die Erde umgebenden unermeßlichen Runde. Dies ist auch das Reich der Winde. Daher hat die Natur die vorzüglichsten Erscheinungen und fast alle übrigen Ursachen derselben dort vereinigt; denn die meisten schreiben auch den Donner und Blitz der Gewalt der Winde zu. Ja es hat sogar zuweilen Steine geregnet, die vom Winde emporgerissen waren, und vieles andere. Wir müssen daher ausführlicher über diesen Gegenstand sprechen.

Von den bestimmten Witterungen.

Es ist gewiß, daß die Ursachen der *Witterung* und andere Erscheinungen zum Teil fest bestimmt, zum Teil zufällig oder noch unerforscht sind; denn wer möchte zweifeln, daß Sommer und Winter und, was sonst im Laufe der Zeit einem jährlichen Wechsel unterliegt, von dem Laufe der Gestirne abhänge? So wie daher die Natur der Sonne an der Anordnung des Jahres erkannt wird, so haben auch alle übrigen Gestirne ihre eigentümlichen und ihrer besondern Natur nach in ihren Wirkungen fruchtbaren Kräfte. Einige sind ergiebig an Feuchtigkeit, die sich in Regen verwandelt, andere an solcher, die zu Reif oder zu Schnee oder zu Hagel wird; einige bringen Sturm, andere laue Luft, andere Hitze, andere Tau und andere Kälte. Man darf aber ja nicht glauben, daß sie nur so groß sind, wie wir sie sehen; denn die Berechnung einer so ungeheuren Höhe beweist, daß keiner von ihnen kleiner ist als der Mond. Ein jeder wirkt daher bei seiner Bewegung nach der ihm innewohnenden Kraft; wie bekanntlich das Vorüberziehen des Saturns sich durch Regen ankündigt. Diese Kraft ist nicht nur den wandelnden Gestirnen eigen, sondern auch vielen am Himmel festsitzenden, so oft sie durch die Annäherung der Planeten angetrieben oder durch die auf sie fallenden Strahlen gereizt werden. Dies nehmen wir am Regengestirn[1] wahr, welches die Griechen deshalb nach ihrer Bezeichnung des Regens »Hyaden« nennen. Ja, einige bringen von selbst und zu bestimmten Zeiten Regen, wie die Böcke[2] bei ihrem Aufgange; aber der Stern des Arcturus[3] geht fast niemals ohne stürmisches Hagelwetter auf.

Bestimmter Einfluß der Jahreszeiten.

Sogar einzelne Teile einiger Tierzeichen haben besondere Kraft, denn im Herbstäquinoktium und im Wintersolstitium sehen wir das Gestirn durch stürmisches Wetter getrübt. Allein dies läßt sich nicht bloß an Regengüssen und Stürmen wahrnehmen, sondern wird auch durch viele Erfahrungen an unserm Körper und auf dem Felde bestätigt. Einige Menschen werden davon angehaucht, andere spüren zu gewissen Zeiten eine Bewegung im Unterleibe, den Nerven, dem Kopfe und Geiste. Der Ölbaum, die weiße Pappel und die Weiden rollen im Sommersolstitium ihre Blätter zusammen. Selbst am kürzesten Tage blüht das an Häusern aufgehangene, trockne Poleikraut, und mit Luft gefüllte Bla-

---

[1] Suculae. Sie stehen im Kopfe des Stiers.
[2] Hädi, neben und in der linken Schulter des Fuhrmannes.
[3] Oberhalb des linken Knies des Bärenhüters (Bootes).

sen springen. Wundern wird sich der, welcher die tägliche Erfahrung nicht beachtet, daß ein Kraut, Heliotropium genannt, die Sonne stets ansieht und zu allen Stunden sich mit ihr dreht, selbst wenn jene mit Nebel bedeckt ist. So wachsen und schwinden selbst durch den Einfluß des Mondes die Körper aller Austern, Schnecken und Muscheln. Fleißige Beobachter haben auch gefunden, daß die Fibern der Spitzmäuse der Tagezahl des Mondes entsprechen und daß das so kleine Tier, die Ameise, die Gewalt des Gestirns empfindet und stets im Neumonde ruht. Dem Menschen gereicht seine Unwissenheit hierin um so mehr zur Schande, da er sieht, daß die Augenkrankheiten, besonders einiger Lasttiere, mit dem Monde zu- und abnehmen. Alles steht unter dem Schutze des weiten Himmels, dessen unermeßlicher Umfang in 72 Zeichen geteilt ist. Diese Zeichen sind Bilder von Gegenständen und lebenden Wesen, in welche die Gelehrten den Himmel geschieden haben. In ihnen haben sie noch 1600 durch Glanz und Größe ausgezeichnete Sterne bestimmt; z. B. im Schweife des Stiers 7, welche das Siebengestirn[1] heißen, an der Stirn desselben die Suculä und den Bootes, welcher dem großen Bären folgt.

Von den unbestimmten Witterungen.
Vom Platzregen.

Daß, abgesehen von den angeführten Ursachen, auch auf andere Weise Regen und Winde entstehen, will ich nicht in Abrede stellen; denn so viel ist

[1] Vergiliä.

53

gewiß, die Erde haucht einen feuchten, sonst aber durch Einflüsse der Hitze rauchigen Dunst aus. Auch die Wolken erzeugen sich aus der in die Höhe gestiegenen Feuchtigkeit oder aus den zu Feuchtigkeit verdichteten Dünsten. Daß sie eine gewiße Dichtigkeit haben und etwas Körperliches sind, geht unbezweifelt daraus hervor, daß sie die Sonne verdecken, welche doch sonst den Tauchern in jeder Tiefe unter dem Wasser sichtbar bleibt.

Von Donner und Blitz.

Auch ist nicht zu leugnen, daß oben aus den Sternen ein solches Feuer (wie wir es oft bei heiterem Himmel sehen) in die Wolken fallen kann, durch dessen Schlag die Luft erschüttert wird, da ja auch abgeschossene Pfeile ein Geräusch machen. Sobald nun das Feuer in die Wolke gelangt ist, entwickelt sich ein zischender Dampf, wie wenn glühendes Eisen ins Wasser getaucht wird, und ein Rauchwirbel steigt empor. Auf solche Weise entstehen die Sturmwinde. Kämpfen in den Wolken Wind oder Dampf sich drängend, so haben wir den *Donner*; durchbricht die Glut die Wolken, den *Blitz*; nimmt sie aber einen längeren Gang, das Wetterleuchten; dieses zerteilt die Wolken, jener durchbricht sie. Die Donner sind also Stöße des andringenden Feuers, daher gleich darauf feurige Risse in den Wolken schimmern.

Auch die von der Erde aufgestiegene, aber durch den Gegenstoß der Sterne niedergepreßte und von einer Wolke aufgehaltene Luft kann Donner erzeugen. Solange die Luft kämpft, erstickt die Natur jeden Laut;

bricht sie sich aber Bahn, so entsteht ein Knall wie beim Zerspringen einer mit Luft gefüllten Blase. Ferner kann sich die Luft, von welcher Beschaffenheit sie auch sein mag, beim Herabstürzen durch Reibung entzünden. Gleichfalls kann beim Zusammentreffen von Wolken, ähnlich wie aus zwei aneinandergeriebenen Steinen Feuer entsteht, woher das Funkeln der Blitze kommt. Aber alles dies gehört zu den zufälligen Erscheinungen; solche Blitze sind meist wild und unbedeutend und weichen von dem natürlichen Gange der Natur ab. Sie fahren in Berge und Meere; alle ihre anderen Schläge sind wirkungslos. Jene andern aber kommen nach festbestimmten Ursachen als Verkünder des Schicksals von oben herab aus ihren Gestirnen.

Entstehung der Winde.

Daß auf ähnliche Weise *Winde* oder vielmehr Luftströme aus der dünnen und trocknen Ausdünstung der Erde entstehen können, möchte ich nicht leugnen; auch aus der von den Gewässern ausgehauchten weder zu Nebel verdichteten noch zu Wolken verdickten Luft; sowie durch den Trieb der Sonne (denn der Wind wird für nichts anderes gehalten als für ein Strömen der Luft), endlich noch auf verschiedene andere Weise bilden sie sich. Denn auch aus Flüssen und aus dem selbst ruhigen Meere entwickeln sich Winde; andere, Atlanen genannt, steigen aus der Erde. Wenn diese vom Meere zurückkehren, nennt man sie Tropäen, und wenn sie über das Meer hinziehen, Apogeen.

Die Bergzüge aber, ihre zahlreichen Gipfel, ihre wie Ellbogen gekrümmten oder wie Schultern gebrochenen Rücken, die Aushöhlungen der Täler, welche durch ihre Ungleichheit die aus ihnen emporgestiegene Luft durchschneiden (daher auch die Stimme darin widerhallt), erzeugen fortwährend Winde. Ja selbst in Höhlen entstehen Winde; so befindet sich an der Küste von Dalmatien eine weite jähe Schlucht, in welcher durch Hineinwerfen eines leichten Körpers selbst an ruhigen Tagen ein einem Wirbelwinde ähnliches Brausen erfolgt. Der Ort führt den Namen Senta. So soll auch in der Landschaft Cyrene ein dem Südwinde geheiligter Fels liegen, welchen keine menschliche Hand berühren darf, ohne daß der Südwind sogleich den Sand aufwirbelt. Sogar in manchen Häusern haben viele durch Abhaltung des Lichts feucht gewordene Gemächer ihren Wind; an einer Ursache fehlt es daher niemals.

Von den Blitzen. In welchen Ländern es nicht blitzt und warum.

Im Winter und Sommer sind, aus entgegengesetzten Ursachen, die *Blitze* selten, denn im Winter wird die ohnehin dichte Luft durch die dickere Wolkenhülle noch mehr verdichtet; alle Ausdünstung der Erde ist starr und eisig, und was sie an Feuerstoff empfängt, erlöscht. Aus diesem Grunde ist Scythien samt den umliegenden kalten Ländern frei von Blitzen; dagegen hat in Ägypten die allzu große Hitze dieselben Folgen, denn die heißen und trocknen Dünste der Erde verdichten sich nur selten, und dann nur zu dünnen, lockern

Wolken. Allein im Frühlinge und im Herbste entstehen häufiger Blitze, weil die Ursachen, welche ihrem Entstehen im Winter und Sommer hinderlich sind, in jenen beiden Jahreszeiten wegfallen. Daher wird Italien oft von Blitzen heimgesucht, denn die bewegliche Luft des mildern Winters und feuchten Sommers gleicht gewissermaßen derjenigen im Frühlinge und Herbste. Auch in den mehr südlich gelegenen Gegenden Italiens, wie um Rom und in Campanien, blitzt es im Sommer sowohl wie im Winter, was in andern Ländern nicht geschieht.

Arten der Blitze und ihre wunderbaren Eigenschaften.

Man gibt von den *Blitzen* selbst mehrere Arten an. Die trocknen zünden nicht, sondern zerschmettern nur; die feuchten brennen nicht, sondern sengen nur. Eine dritte Art, der helle Blitz genannt, ist von wunderbarer Beschaffenheit; er leert die Fässer aus, ohne sie im geringsten zu beschädigen oder sonst eine Spur zu hinterlassen. Er schmelzt Gold, Silber und Kupfer in den Beuteln, ohne die letztern zu verbrennen, und nicht einmal das wächserne Siegel wird dadurch verletzt. Marcia, eine vornehme Römerin, wurde während ihrer Schwangerschaft vom Blitze getroffen und blieb selbst ohne anderweiten Unfall am Leben, während ihre Leibesfrucht getötet ward. Unter andern Wunderzeichen während der Catilinarischen Verschwörung ereignete es sich auch, daß der Dekurio[1] M. Herennius

[1] Ratsherr in einer Pflanzstadt (municipium).

aus der Pompejanischen Pflanzstadt[1] an einem heitern
Tage vom Blitze erschlagen wurde.

Beobachtungen der Etrusker und Römer über dieselben.

In den Schriften der *Thusker*[2] wird angegeben, daß
neun Götter die Blitze entsenden und daß es elf Arten
derselben gebe; Jupiter allein schleudere drei davon. Die
Römer haben nur zwei behalten und schreiben die am
Tage erfolgenden dem Jupiter, die des Nachts entstehenden dem Summanus[3] zu. Die letzteren sind wegen
des kältern Himmels seltener. In Etrurien glaubt man,
es brächen auch Blitze aus der Erde hervor, und nennt
sie unterirdische. Sie erfolgen im Winter und sind äußerst wütend und schrecklich, denn sie haben alle einen
irdischen Ursprung und gehören nicht zu den allgemeinen, welche von den Gestirnen herabkommen, sondern
erzeugen sich aus den nächsten und unreinern Stoffen
der Natur. Der auffallende Unterschied beider Arten
liegt darin, daß alle vom Himmel kommenden Blitze
schräg, die sogenannten irdischen aber gerade einschlagen. Da sie aber aus einem uns nähern Stoffe fallen, so
glaubt man, sie kommen aus der Erde, weil sie keine
Spur ihres Zurückprallens zeigen; allein dieses Verhalten spricht nicht für einen von unten kommenden
Schlag, sondern für einen diesem gerade entgegengesetzten. Diejenigen, welche die Sache genauer unter-

[1] Pompeji.
[2] Etrusker oder Hetrurier.
[3] Gott der Unterwelt (Summus manium).

58

sucht haben, glauben, sie kämen vom Saturn herab, so wie die zündenden vom Mars. Durch einen solchen Blitz ward Volsinii[1], die reichste Stadt der Thusker, ganz verbrannt.

Familienblitze nennt man die für das ganze Leben bedeutungsvollen, welche dem, welcher eine Familie begründet, zum ersten Male erscheinen. Übrigens glaubt man, daß die Vorbedeutungen der Blitze in Privatangelegenheiten sich nicht über zehn Jahre hinaus erstrecken, ausgenommen diejenigen, welche am Geburtstage und bei der ersten Heirat erscheinen; in öffentlichen Angelegenheiten weissagen sie nicht über 30 Jahre, ausgenommen bei der Anlegung neuer Städte.

Allgemeine Bemerkungen über die Blitze.

Daß der *Blitz* eher gesehen als der Donner gehört wird, obgleich beide zu gleicher Zeit entstehen, ist gewiß, aber auch kein Wunder, denn das Licht pflanzt sich weit schneller fort als der Schall. Die Natur hat es zwar so eingerichtet, daß Schlag und Schall in demselben Momente zusammenfallen; aber der Schall ist die Wirkung des ausfahrenden, nicht des einschlagenden Blitzes. Noch schneller als der Blitz ist die Luft, daher wird alles eher erschüttert und angeweht als vom Strahle getroffen, auch niemand vom Blitze erschlagen, der ihn zuvor gesehen oder den Donner gehört hat. Die Blitze, welche von der linken Seite herkommen, werden für glücklich gehalten, weil der Sonnenaufgang uns zur

[1] Volsena.

linken Seite der Welt liegt. Jedoch wird dabei nicht sowohl auf seine Ankunft als vielmehr auf seine Rückkehr Rücksicht genommen; ob nämlich sogleich nach dem Schlage Feuer abspringt oder ob nach vollendetem Schlage oder nach verlöschtem Feuer die Luft sogleich wiederkehrt. Die Thusker haben zu diesem Behufe den Himmel in 16 Teile geteilt. Der erste Teil erstreckt sich vom Norden bis zum Äquinoktialaufgange; der zweite von da bis Mittag; der dritte von hier bis zum Äquinoktialuntergange; der vierte enthält den übrigen Raum von da bis zum Norden. Jeder dieser Teile zerfällt wiederum in vier, von denen acht die dem Sonnenaufgange links und acht die demselben rechts liegenden genannt werden. Von allen Blitzen haben nun diejenigen die schrecklichste Bedeutung, welche von West nach Nord sich zeigen. Es kommt also sehr viel darauf an, von woher sie ziehen und wohin sie sich wenden. Am besten ist es, wenn sie da, wo sie entstanden sind, wieder hineilen. Kommen sie daher vom ersten Teile des Himmels her und kehren wieder dahin zurück, so verkünden sie das größte Glück, wie dergleichen dem Diktator Sulla[1] widerfahren sein soll. Die Blitze, welche von den übrigen Teilen kommen, sind weniger glückbringend oder unheilverkündend. Manche Blitze soll man weder nennen noch nennen hören dürfen, es sei denn, daß man einem Gastfreunde oder Verwandten davon erzählte. Wie unsicher diese Beobachtung ist, hat sich in Rom erwiesen, als unter dem Konsul Scaurus[2], welcher bald darauf der erste unter seinen Amtsgenossen wurde, der Blitz in den Tempel der Juno einschlug.

Blitz ohne Donner bemerkt man mehr bei Nacht als

[1] Geboren 147, gestorben 78. v. Chr.
[2] 115 v. Chr.

bei Tage. Das einzige lebende Wesen, welches er nicht immer tötet, ist der Mensch, die übrigen sterben auf der Stelle. Die Natur scheint ihm diesen Vorzug deshalb gegeben zu haben, weil ihn so viele Tiere an Stärke übertreffen. Alle Tiere liegen auf der dem Schlage entgegengesetzten Seite; der Mensch stirbt nicht, wenn er nicht auf die getroffene Stelle geworfen wird; die von oben Getroffenen werden sitzend, die wachend Getroffenen mit geschlossenen Augen und die schlafend Getroffenen mit offenen Augen gefunden. Nach religiösen Vorschriften soll ein vom Blitz erschlagener Mensch nicht verbrannt, sondern beerdigt werden. Kein Tier wird, wenn es nicht schon tot war, vom Blitz angezündet. Die vom Blitze herrührenden Wunden sind kälter als der übrige Körper.

Beschaffenheit der Erde.

Nun folgt die *Erde*, welcher wir, wegen ihrer großen Verdienste, allein von allen Teilen der Welt den Namen und die Verehrung einer Mutter verliehen haben. Sie ist dem Menschen das, was der Gottheit der Himmel ist; sie nimmt uns bei der Geburt auf, ernährt und erhält uns fortwährend, und zuletzt, wenn die übrige Natur sich von uns lossagt, empfängt sie uns in ihrem Schoß und bedeckt uns als eine liebende Mutter. Durch kein Verdienst ist sie uns heiliger, als daß sie uns selbst heilig macht; auch trägt sie unsere Monumente und Inschriften und pflanzt so unsere Namen und unser Andenken weit über das kurze Leben hinaus fort. Im Zorne rufen wir sogar ihre Gottheit gegen die Toten an, als wenn wir nicht wüßten, daß sie es allein ist, welche nie einem Menschen zürnt.

Die Wasser werden zu Regen, erstarren zu Hagel, schwellen zu Fluten an und stürzen als reißende Ströme daher; die Luft verdichtet sich zu Wolken und wütet in Stürmen. Aber diese gütige, milde, geduldige und dem Sterblichen stete Dienerin, was bringt sie nicht durch Anbau hervor! Was spendet sie nicht schon freiwillig! Welche Gerüche, Speisen, Säfte, dem Gefühle angenehme Dinge, welche Farben! Mit welcher Treue gibt sie das ihr anvertraute Gut verzinst zurück, und was ernährt sie nicht um unsertwillen! Denn die giftigen Tiere, an deren Dasein ihr belebender Geist schuld ist, muß sie, durch diesen befruchtet, aufnehmen und nach der Geburt erhalten. Aber die Schuld liegt an denen, welche das Übel erzeugen. Sie nimmt die Schlange, welche einen Menschen tötete, nicht wieder auf[1] und vollführt die Strafen im Namen der Trägen; sie spendet heilsame Kräuter und zeugt nur immer für den Menschen. Ja es ist wahrscheinlich, daß sie auch die Gifte aus Erbarmen mit uns hervorgebracht hat, damit nicht, beim Überdruß des Lebens, der Hunger, eine den Verdiensten der Erde ganz fremde Todesart, uns langsam verzehrend aufreibe oder Felsen den zerissenen Körper zerstreuen; ferner, damit nicht der Strick uns auf unnatürliche Weise martere und den Geist einschließe, der einen Ausweg sucht; damit nicht, wenn wir im Wasser den Tod suchen, unsere Leiche zum Fraße werde; damit endlich nicht das Eisen unsern Körper zerteile. So erzeugte sie aus Erbarmen etwas, durch dessen leichten Genuß wir mit unverletztem Körper und vollem Blute,

---

[1] XXIX. Buch, 23. Kap.

ohne Mühe, gleich Dürstenden das Leben aushauchen, damit die so Gestorbenen kein Vogel oder wildes Tier berühre und der in der Erde bewahrt werde, welcher sich selbst den Tod gab. Um die Wahrheit zu gestehen, so gab uns die Erde das Mittel wider die Übel, wir machen es aber zum Gifte für das Leben. Denn bedienen wir uns nicht des Eisens, welches wir nicht entbehren können, auf ähnliche Weise? Und dennoch haben wir unrecht zu klagen, wenn sie auch die Ursache irgendeines Übels wäre, und nur gegen diese eine Seite der Natur sind wir undankbar. Zu welchem Vergnügen und zu welchen Schandtaten ist sie nicht dem Menschen behilflich? Sie wird ins Meer geworfen oder, um Kanäle zu bauen, aus dem Wasser hervorgegraben; mit Eisen, Holz, Feuer, Steinen und Früchten wird sie stets gequält, mehr um des Vergnügens als der Nahrung willen. Das würde noch erträglich erscheinen, was man an ihrer Oberfläche vornimmt. Allein wir dringen auch in ihr Inneres, graben nach Gold und Silber, Erz und Blei; sogar edle und andere kleine Steine suchen wir in tief angelegten Schächten. Wir reißen ihre Eingeweide heraus, um den Stein, welchen wir suchen, am Finger zu tragen. Wie viele Hände sind bemüht, damit nur ein Glied glänzen kann! Wenn es unterirdische Menschen gäbe, wahrhaftig, durch jene habgierigen und schwelgerischen Gräber wären sie längst herausgescharrt. Sollen wir uns nun noch wundern, wenn sie etwas zu unserm Nachteil hervorgebracht hat! Denn die wilden Tiere, glaube ich, schützen sie noch und halten die räuberischen Hände ab. Graben wir nicht mitten unter Schlangen und suchen die Goldadern bei giftigen Wurzeln? Allein die Göttin ist deshalb versöhnt, weil alle diese Quellen des Reichtums zu Verbrechen, Mord und Krieg führen, weil wir sie mit unserm Blute benetzen und mit unsern unbegrabenen Gebeinen bedecken. Jedoch, nachdem sie uns gleichsam unsere Wut vorgeworfen hat, bedeckt sie endlich selbst jene Gebeine und verbirgt so die Schlechtigkeiten der Menschen. Unter die Verbrechen der Undankbarkeit möchte ich auch noch das zählen, daß wir mit ihrer Natur noch nicht gehörig vertraut sind.

Von ihrer Gestalt.

Ihre *Gestalt* aber ist das erste, worüber man einerlei Meinung hat. Mit Recht nennen wir sie Erdkreis und geben zu, daß ihre Kugelform von Spitzen umschlossen sei. Denn bei der ungeheuren Höhe der Berge und Fläche der Felder kann sie keine vollkommene Kugel darstellen; aber, wenn man die äußersten Endpunkte durch eine Umfangslinie verbindet, dann entsteht ein vollkommener Kreis. Die ganze Anordnung der Natur erheischt dies schon, nur nicht aus denselben Ursachen, welche wir bei dem Himmel angegeben haben. Denn dieser bildet eine in sich selbst geneigte Hohlkugel, die allenthalben in ihrer Angel, d. i. der Erde, ruht, Diese dagegen, fest und voll, erhebt sich gleichsam aufschwellend und strebt nach außen. Die Welt neigt sich zum Mittelpunkte, allein die Erde geht vom Zentrum aus, indem ihre ungeheure Masse durch den beständigen Umschwung der Welt um sie in der Kugelform erhalten wird.

Ob es Gegenfüßler gibt.

Bei den Gelehrten und dem gemeinen Volke herrscht ein großer Streit darüber, ob die Erde allenthalben von Menschen bewohnt sei, die einander die Füße entgegenkehren, ob sie alle denselben Scheitelpunkt am Himmel haben und auf gleiche Weise an jedem Orte in der Mitte stehen. Die Letzteren dagegen werfen die Frage auf, woher es denn käme, daß die *Gegenfüßler* nicht fielen? als ob die Gegenfüßler sich nicht ebensogut darüber wundern könnten, daß *wir* nicht fallen. Dazu gesellt sich noch eine andere, wenngleich nur dem dummen Volke wahrscheinliche Meinung, daß die Erde, da sie nur eine unvollkommne Kugel, etwa wie eine Pinienfrucht gestaltet sei, doch allenthalben bewohnt werde. Doch was bedeutet dies gegen ein anderes Wunder, das sich uns darbietet? Sie schwebt sogar frei und fällt nicht mit uns herab. Allein, läßt sich die Kraft der Luft, die außerdem noch von der Welt eingeschlossen ist, bezweifeln; und kann die Erde fallen, da die Natur ihr widerstrebt und ihr keinen Raum läßt, wohin sie falle? Denn so wie der Sitz des Feuers nur im Feuer, der des Wassers nur im Wasser und der Luft nur in der Luft selbst ist, so hat die Erde, allenthalben eingeschlossen, nur in sich selbst Platz. Wunderbar erscheint es aber doch, daß sie bei der ungeheuren Fläche des Meeres und der Ebene noch eine Kugel bildet. Dieser Meinung pflichtet auch Decäarchus[1], ein sehr gelehrter Mann, bei, der auf Befehl der Könige[2] die Berge ausmaß, unter denen er den Pelion[3] als den höchsten zu 1 250 Schritten nach der

---

[1] Von Messina um 330 v. Chr.; Schüler des Aristoteles.
2s [2] Die Nachfolger Alexanders des Großen.
[3] Jetzt Petras in Thessalien.

senkrechten Höhe angab und sagte, daß diese Höhe im Vergleich zu dem ganzen Umfange der Erde ganz verschwinde. Mir scheint diese Behauptung unzuverlässig, denn ich kenne Alpenspitzen, die sich in langem Zuge bis zu 50 000 Schritten[1] erheben. Aber am meisten widerstreitet der Pöbel, wenn er sich die Oberfläche des Meeres auch als gerundet denken soll. Und doch gibt es in der ganzen Natur nichts, was durch den bloßen Anblick begreiflicher wäre; denn auch herabhängende Tropfen bilden Kugeln, und bringt man sie auf Staub oder wollige Blätter, so erscheinen sie ebenfalls in vollkommener Kugelgestalt, und in gefüllten Bechern steht der mittlere Teil am höchsten. Alles dies läßt sich wegen der Zartheit und Weichheit des Wassers leichter durch Vernunftsschlüsse als durch den bloßen Anblick einsehen. Noch wunderbarer ist die Erscheinung, daß, wenn man in einen gefüllten Becher nur das Geringste von Flüssigkeit noch hinzugibt, derselbe sogleich überläuft, was hingegen nicht geschieht, wenn man Gewichte, selbst bis zu 20 Denarien schwer, hineinlegt. Der Grund davon beruht darauf, daß alles, was ins Innere der Flüssigkeit gelangt, diese in die Höhe treibt, aber, was auf die schon konvexe Fläche gegossen wird, herabläuft. Darum sieht man auch von den Schiffen aus das Land nicht, was man von Mastbäumen aus erblickt, und darum scheint bei einem wegsegelnden Schiffe etwas Glänzendes, was an der Spitze des Mastbaumes befestigt ist, allmählich hinabzusteigen und verschwindet zuletzt ganz. Unter welcher anderen Gestalt würde endlich der Ozean, den wir für das Äußerste halten, zusammenhalten und nicht herabfallen, da ihn kein Ufer einschließt?

[1] Eine viel zu hohe, offenbar durch Abschreiber entstellte Zahl.

Gleichwohl bleibt es bei der Kugelform wunderbar, daß der äußerste Teil des Meeres nicht abfließt. Daß dies aber nicht stattfinden könne, wenn auch das Meer so flach wäre, wie es uns scheint, beweisen mehrere griechische Forscher mit vieler Selbstgefälligkeit und Ruhmrederei durch folgende geometrische Spitzfindigkeit: »Da nach der einstimmigen Meinung das Wasser von der Höhe zur Tiefe hinabgezogen würde, auch niemand daran zweifle, daß dasselbe so weit sich zum Ufer erstrecke, als seine Abschüssigkeit es nur immerhin zugibt; da es ferner bekannt sei, daß, je tiefer etwas liege, es dem Mittelpunkte der Erde um so näher sei und alle Linien, welche von diesem Mittelpunkte aus zum nächstliegenden Wasser gezogen würden, kürzer wären als diejenigen, welche von da bis zur äußersten Wasserfläche gehen; also strebe die ganze Wassermasse nach dem Mittelpunkt und könne nicht herabfallen, weil sie nach Innen drücke.«

Wie das Wasser mit der Erde verbunden ist.

Man muß annehmen, daß die kunstreiche Natur deshalb diese Einrichtung getroffen hat, damit, weil die trockne und dürre Erde für sich nicht ohne Wasser, und wiederum das Wasser nicht ohne die Stütze der Erde sich halten kann, beide Elemente durch gegenseitige Verschlingung verbunden würden. Die Erde breitet ihren Schoß aus, das Wasser durchströmt sie von innen, außen und oben, und seine Adern kreuzen sich wie Bande durcheinander, ja selbst auf den höchsten Bergen bricht es hervor. Durch Dünste getrieben und durch die Last der Erde gepreßt, springt es wie aus Röhren hervor und ist so weit entfernt von der Gefahr des Herabfallens, daß es sogar sehr weit in die Höhe treibt. Daraus erklärt es sich denn, warum das Meer durch den täglichen Zufluß so vieler Ströme nicht größer wird. Die Erdkugel ist daher in ihrem mittleren Umfange ganz vom Meere umgürtet. Dies braucht nicht erst durch Beweisgründe erforscht zu werden, sondern ist längst durch die Erfahrung bekannt.

Welcher Teil der Erde bewohnt ist.

Schon früh scheint man das feste Land als die Hälfte der Erde betrachtet zu haben, als wenn dadurch der Ozean nicht zu kurz käme, da er doch das Ganze rings umgibt, alle andern Gewässer ausströmt und wiederum in sich aufnimmt, indem alles, was in die Wolken steigt, von ihm ausgeht und er selbst so viele Gestirne ernährt; welchen ungeheuren Raum muß er also einnehmen? Übermäßig und unendlich muß der Umfang dieser ungeheuren Masse sein. Nun denke man hinzu, was von dem übriggebliebenen Teile der Himmel weggenommen hat. Die Erde wird nämlich in 5 Teile geteilt, welche Zonen heißen. Alles, was an den beiden äußersten liegt, wird von heftiger Kälte und ewigem Eise eingeschlossen und grenzt an die beiden Pole, von denen der eine Nordpol und der andere ihm entgegengesetzte Südpol heißt. In beiden herrscht ewige Finsternis, der Anblick der milden Gestirne ist ihnen fremd, und nur ein kärgliches, durch den Reif weißliches Licht ist ihnen verliehen. Der mittlere Erdgürtel aber, den die

Sonne umkreist, ist von der Hitze verbrannt und gänzlich ausgedörrt. Nur die beiden Zonen, zwischen der heißen und kalten, sind gemäßigt, stehen aber wegen des Brandes der Sonne nicht miteinander in Verbindung. So hat also der Himmel der Erde drei Teile entrissen; was der Ozean weggenommen, ist unbestimmt.

Aber ich weiß nicht, ob der uns noch übriggebliebene Teil sich nicht in größerer Gefahr befindet; denn der Ozean, welcher, (wie ich noch zeigen werde) so viele Busen bildet, tobt mit solcher Wut auf die benachbarten innern Meere ein, daß z. B. der arabische Meerbusen nur noch 115 000 Schritte vom ägyptischen und der kaspische See nur noch 375 000 Schritte vom pontischen Meere entfernt ist. Ferner dringt er in so viele Meere, durch welche er Afrika, Europa und Asien voneinander trennt; wie viel Land nimmt er also ein? Hierzu rechne man die Größe so vieler Flüße, so großer Seen, Sümpfe und stehenden Gewässer und ziehe noch ab die zum Himmel emporstrebenden, steilen Bergrücken, jähe Wälder und Schluchten, einsame und aus tausend Ursachen wüste Gegenden! Dieser Teil der Erde, dieser, wie einige sie genannt haben, Punkt der Welt (denn im Vergleich mit dem Weltall ist die Erde nichts anderes) ist der Gegenstand und Sitz unseres Ruhmes. Hier bekleiden wir Ehrenstellen, beherrschen Länder, streben nach Schätzen, beunruhigen das menschliche Geschlecht, erregen sogar Bürgerkriege und machen uns durch gegenseitigen Mord die Erde geräumiger. Und, um die öffentlichen Volksaufstände zu übergehen, hier ist es, wo wir unsere Grenznachbarn vertreiben, ihre Raine stehlen und zu unserm Acker pflügen; allein, den wievielsten Teil der Erde hat der wohl, welcher die

Grenzen seiner Felder erweiterte und seine Nachbarn vertrieb? Oder wenn er auch sein Besitztum nach Maßgabe seiner Habsucht vergrößert hat, wie viel wird er bei seinem Tode davon behalten?

Daß die Erde der Mittelpunkt der Welt ist.

Daß die *Erde in der Mitte der Welt* liegt, ergibt sich aus mehreren unbezweifelten Gründen, am deutlichsten aber aus der Gleichheit der Stunden im Äquinoktium. Denn daß, wäre sie nicht in der Mitte, auch keine gleichen Tage und Nächte stattfinden könnten, beweisen schon die Dioptern[1], nach welchen zur Äquinoktialzeit Aufgang und Untergang in ein und derselben Linie, sowie der Solstitialaufgang und Brumaluntergang in einer Linie liegen. Alles dies könnte auf keine Weise stattfinden, wenn die Erde nicht in der Mitte läge.

Verschiedenheit der Völker nach ihrem Wohnsitz.

Mit den bisherigen Ursachen der himmlischen Erscheinungen wollen wir nun noch die davon abhängigen verknüpfen; denn es ist keinem Zweifel unterworfen, daß die Äthiopier durch die Hitze der nahen Sonne geschwärzt, und Verbrannten gleich, mit krau-

---

[1] Wörtlich: Durchsichten, auch Sonnenquartanten genannt, ein Instrument, an welchem die Sonne durch eine Öffnung auf eine Fläche fällt und die Zeit angibt.

sem Bart und Haupthaar geboren werden. Dagegen haben die *Völker* der entgegengesetzten, kalten Himmelsstriche eine weiße Haut und blondes herabhängendes Haar; diese macht die Kälte rauh, jene aber die Milde des Himmels schlaff. Selbst an den Beinen kann man den Unterschied wahrnehmen; denn bei jenen werden die Säfte durch die Hitze in die obern Teile des Körpers gezogen, bei diesen senkt sich die Feuchtigkeit nach den untern Gliedmaßen herab. Hier bringt das Klima große wilde Tiere, dort sehr mannigfache Tierbildungen, besonders unter den Vögeln hervor. Aber in beiden Zonen werden die Körper groß, dort durch die Kraft der Hitze, hier durch die nährende Feuchtigkeit. Allein mitten zwischen diesen Zonen findet eine wohltätige, in jeder Hinsicht fruchtbare Mischung aus beiden statt. Alles trägt hier das Gepräge der gehörigen Gleichmäßigkeit, selbst in den Farben, der Körper hat eine mäßige Größe, die Sitten sind sanft, die Sinne scharf, der Geist fruchtbar und fähig, die ganze Natur zu erfassen. Hier gibt es auch Staatseinrichtungen, die unter den entferntern Völkern unbekannt sind, daher diese wegen ihrer Entfernung und ihrer, durch die Strenge des Klimas bedingten abgeschiedenen Lebensweise jenen nie gehorcht haben.

Von Erdbeben.

Die Erde wird auf mannigfaltige Weise erschüttert, und wunderbar sind die daraus folgenden Wirkungen. Hier werden Mauern umgestürzt, dort verschlungen, hier brechen gewaltige Wasser hervor, dort ganze

Ströme, zuweilen auch Feuer und heiße Quellen, dort wird der Lauf der Flüsse verändert. Vor und während des Erdbebens hört man ein furchtbares Getöse, das bald einem dumpfen Brüllen, bald einem menschlichen Hilferufe, bald einem Waffengeklirre gleicht, je nach der Beschaffenheit der die Luft einschließenden Stoffe, der Gestalt der Höhlen oder Gänge, durch den sie geht. Das Toben ist heller in engen Räumen, dumpfer in Krümmungen, wiederhallend in hartem Gestein, brausend in feuchten, wogend in sumpfigen Schluchten und krachend, wenn es an harte Körper stößt. Doch wird auch oft ein Getöse ohne Erdbeben vernommen. – Die Erde wird nie auf einfache Weise erschüttert, sondern sie zittert und schwankt. Zuweilen bleibt der Riss offen und läßt das, was er verschlungen hat, sehen, zuweilen schließt er sich und verbirgt so das Verschlungene, und hierbei ist der Boden oft wiederum so geebnet, daß er keine Spuren z. B. von versunkenen Städten oder Äckern hinterläßt.

Die Küstenländer sind dem Erdbeben am meisten ausgesetzt; doch auch bergige Gegenden bleiben nicht davon befreit. So ist mir unter andern bekannt, daß die Alpen und Apenninen oft erschüttert werden. Im Herbste und Frühling finden sie, gleich den Blitzen, öfter statt. Daher spüren sie Gallien und Ägypten am wenigsten, denn hier steht ihnen die Hitze, dort die Kälte entgegen. Häufiger ereignen sie sich bei Nacht als am Tage, am heftigsten aber Morgens und Abends; meistenteils aber vor Tagesanbruch und am Tage um die Mittagszeit; auch bei Sonnen- und Mondfinsternissen, weil dann keine Stürme sind; vorzüglich aber dann, wenn auf Regen Hitze, oder auf Hitze Regen folgt.

Merkmale eines bevorstehenden Erdbebens.

Auch die Schiffer können sicher auf ein *bevorstehendes Erdbeben* schließen, wenn die Wogen ohne Wind anschwellen und sie von der Erschütterung Stöße verspüren. Alles, was sich auf den Schiffen befindet, wankt ebenso wie in Gebäuden und verkündet durch das dadurch entstehende Geräusch das Erdbeben. Sogar die Vögel bleiben furchtsam sitzen. Es gibt auch am Himmel ein Zeichen, das einem nahen Erdbeben vorhergeht; dasselbe erscheint, entweder am Tage oder kurz nach Sonnenuntergange bei heiterm Wetter, als ein langer schmaler Wolkenstreif. Das Wasser in den Brunnen ist dann trübe und von widerlichem Geruch.

Von der Natur der Ebbe und Flut.

Auch über die Beschaffenheit des Wassers ist bereits mehreres gesagt worden, aber das Wunderbarste dabei bleibt, *daß die Fluten des Meeres anschwellen und wieder zurücktreten*, und zwar auf mehrfache Weise. Die Ursache davon liegt in der Sonne und dem Monde. Zwischen zwei Mondaufgängen oder innerhalb 24 Stunden schwillt das Meer zweimal an und tritt zweimal wieder zurück. Sowie nämlich der Mond am Himmel aufsteigt, tritt die erste Flut ein, senkt er sich aber vom höchsten Mittagspunkte nieder nach dem Untergange hin, so fällt auch das Wasser wieder; von seinem Untergange an bis zum tiefsten Punkte unter dem Horizonte, dem Mittagspunkte gerade entgegen, schwillt das Meer abermals an, und von da an bis zu seinem Aufgange ist wieder Ebbe. Niemals tritt zu derselben Zeit, wie am Tage zuvor, die Flut ein, weil das sie beherrschende und das Meer begierig nach sich ziehende Gestirn stets an einem andern Orte wie Tags zuvor aufgeht; jedoch wiederholt sich diese Erscheinung in gleichen Zeiträumen, und zwar alle sechs Stunden, unter welchen letztern aber nicht die Stunden eines jeden Tages oder jeder Nacht oder jeden Ortes, sondern die Äquinoktialstunden zu verstehen sind. Daher werden nach der gewöhnlichen Stundeneinteilung diese Zeiträume ungleich, weil nach derselben die Tage oder Nächte bald kürzer, bald länger, und nur im Äquinoktium allenthalben von gleicher Dauer sind. Dies ist ein ungemein klarer und täglich sprechender Beweis von der Stumpfheit aller derer, welche leugnen, daß Gestirne unter unserem Horizonte weggehen und wieder aufsteigen und daß, bei demselben Vorgange des Auf- und Untergangs auf beiden Seiten die Erde, ja sogar die ganze Welt, dort wie bei uns die nämliche Gestalt zeige, da doch der Mond unter der Erde offenbar keinen andern Lauf und keine andere Wirkung hat, als wenn er vor unsern Augen hinläuft.

Mannigfach ist außerdem auch noch der Mondwechsel, und zwar hauptsächlich von 7 zu 7 Tagen. Vom Neumonde nämlich bis zum ersten Viertel ist die Flut mäßig, von da an nimmt sie zu, und beim Vollmonde steigt sie am höchsten. Dann wird sie wieder schwächer, am 7. Tage gleicht sie der ersten wieder, und im letzten Viertel wird sie abermals stärker. Beim Zusammentritt des Mondes mit der Sonne ist sie ebenso stark wie beim Vollmonde. Wenn er im Nordost und von der Erde weiter entfernt steht, ist die Flut schwächer, als wenn er nach Süden gewandt mit größerer Kraft auf die dann nähere Erde einwirkt. Nach Verlauf von acht Jahren kehrt mit dem hundertsten Umlaufe des Mondes, der jene Anschwellung veranlaßt, die anfängliche Bewegung und gleiches Steigen des Meeres wieder. Der jährliche Umlauf der Sonne ist auch nicht ohne Wirkung auf die Flut, denn diese nimmt in den Äquinoktien bedeutend zu, und zwar mehr im Herbst- als im Frühlingsäquinoktium; am kürzesten Tage ist sie schwach und noch schwächer im Sommersolstitium. Jedoch treten diese Veränderungen nicht genau in den genannten Zeitpunkten ein, sondern wenige Tage später. Die beim Monde erwähnten Veränderungen erfolgen auch nicht gerade beim Voll- oder Neumonde, sondern kurz danach; ferner nicht sogleich, beim Aufgange oder Untergange des Mondes oder wenn er sich von seiner mittleren Bahn abwärts neigt, sondern fast um zwei Äquinoktialstunden später. Überhaupt zeigt sich die Wirkung eines jeden Ereignisses am Himmel auf der Erde immer später, als wir es erblicken, wie z. B. Donner und Blitz erweisen.

Vom Ozean gehen aber alle Fluten weiter ins Land als von den übrigen Meeren; sei es nun, weil ein großes Ganzes mächtiger ist als ein Teil davon oder weil die Kraft des weit um sich greifenden Gestirnes auf jene große Fläche stärker einwirkt als auf einen engen Raum. Daher werden auch weder Seen noch Flüsse auf ähnliche Art bewegt. Pytheas von Massilien sagt, oberhalb Britannien steige die Flut bis zu acht Ellen empor. Die inneren Meere aber werden wie Häfen vom Lande eingeschlossen. An einigen Orten jedoch, wo die Ufer mehr voneinander entfernt sind, gehorcht das Meer doch dem Einfluß des Mondes. So gibt es mehrere Beispiele, daß Schiffer ohne Hilfe der Segel bei starker Flut in drei

Tagen von Italien nach Utika[1] übersetzten. An den Küsten wird diese Bewegung des Meeres mehr als auf hoher See wahrgenommen, gleichwie wir an den äußersten Teilen unseres Körpers den Schlag der Adern, d. i. der Luft, mehr empfinden.[2] In den meisten Buchten sind aber wegen des für jede Lage ungleichen Aufganges der Gestirne die Fluten der Zeit, nicht aber ihrer Natur nach verschieden; dasselbe ist auf den Syrten[3] der Fall.

Vereinigte Wunder des Feuers und Wassers.

Nun müssen wir auch vom *Feuer*, dem vierten Elemente, einige wunderbare Eigenschaften berichten, und zwar zuerst von den flüssigen Körpern mit feuriger Natur.

Von der Maltha.

In der Stadt Samosata in Commagene[4] ist ein Sumpf, der einen brennenden Schlamm, *Maltha* genannt, auswirft. Wenn er an einen festen Körper kommt, so hängt er sich daran fest; berührt man ihn, so folgt er nach, auch wenn man flieht. So verteidigten die dortigen

[1] Stadt in Afrika.
[2] Die Alten hatten die sonderbare Meinung, daß die Pulsadern mit Luft erfüllt wären.
[3] Die Buchten von Sydra und Cabes an der nordafrikanischen Küste.
[4] Eine an Cilicien grenzende Provinz von Syrien.

76

Einwohner ihre Stadt, welche von Lucullus belagert wurde[1], und die Soldaten verbrannten mit ihren Waffen. Auch im Wasser brennt er fort; nur durch Erde kann man ihn löschen, wie die Erfahrung gelehrt hat.

Von der Naphta.

Von ähnlicher Beschaffenheit ist die *Naphta*; so heißt nämlich eine bei Babylon, im astacenischen Gebiete in Parthien, aus der Erde wie flüssiges Harz hervorquellende Materie. Sie hat große Verwandtschaft zum Feuer, denn dies springt ihr, sobald es sich nur irgendwo blicken läßt, zu. So soll Medea ihre Nebenbuhlerin[2], als diese, um zu opfern, vor den Altar trat, verbrannt haben, indem das Feuer ihren Kranz ergriff.

Welche Orte stets brennen.

Aber auch die Berge zeigen wunderbare Erscheinungen. Der Ätna *brennt* immer des Nachts, und sein Feuerstoff reicht nach so unendlicher Zeit noch aus. Im Winter ist er mit Schnee bedeckt, und seine ausgeworfene Asche überzieht sich mit Reif. Aber nicht in ihm allein wütet die Natur und bedroht die Erde mit Verbrennung. Auch in Phaselis[3] brennt der Berg Chimära

[1] 68 v. Chr.
[2] Kreusa, die Tochter Kreons von Korinth, mit der Jason sich vermählen wollte.
[3] Eine Hafenstadt in Lycien, jetzt Igeder.

Tag und Nacht beständig fort. Ctesias von Gnidus[1] erzählt, daß sein Feuer auch im Wasser fortbrenne, durch Erde oder Heu aber gelöscht werden könne. In demselben Lycien brennen die vulkanischen Berge, wenn man sich ihnen mit einer brennenden Fackel nähert, so heftig, daß selbst Steine und Sand im Wasser glühen; dieses Feuer wird auch durch Regenwasser unterhalten. Wenn jemand einen Stock an diesem Feuer anzündet und damit Furchen zieht, so sollen ihm Feuerströme folgen. In Baktrien brennt die Spitze des Kophantus alle Nächte, in Medien und Sittacene, an der Grenze von Persien, gibt es ebenfalls brennende Berge. Zu Susa, beim weißen Turme, brennen des Nachts 15 Krater, von denen der größte auch am Tage Feuer speit. Bei Babylon brennt eine Strecke Landes von der Größe eines Fischteichs. Auch in Äthiopien, in der Nähe des Berges Hesperius, glänzen die Felder des Nachts wie Sterne, ebenso im megalopolitanischen Gebiete, wo der leuchtende Platz in einem angenehmen Walde, dessen überhängende Zweige jedoch nicht entzündet werden, verborgen liegt. Auch neben einer kalten Quelle brennt unaufhörlich der Krater des Nymphäus, welcher, wie Theopompus[2] berichtet, den Apolloniaten schreckliche Ereignisse vorher anzeigt.[3] Durch Regen wird seine Glut vermehrt, und er wirft dabei ein Erdharz aus, welches nur durch jene untrinkbare Quelle gelöscht werden

[1] Lebte im 4. Jahrh. v. Chr. war Leibarzt des jüngeren Cyrus und dann, bei Kunaxa gefangen, des Artaxerxes Mnemon.

[2] Aus Chios um 360 v. Chr.

[3] Es gab im Altertum 9 verschiedene Orte, die den Namen Apollonia führten. Der, welchen Plinius hier meint, ist derselbe, den er im III. B. 26 Kap. anführt, nämlich eine Kolonie der Korinther (oder Corcyräer) am strymonischen Meerbusen.

kann; übrigens ist es flüssiger als alles andere Harz. Doch wen kann dies alles noch in Verwunderung setzen? Brannte doch mitten im Meere die Insel Hiera[1] in der Nähe von Italien samt dem Meere mehrere Tage hindurch zur Zeit des Bundesgenossenkrieges[2], bis eine Gesandtschaft des Senats es versöhnte. Mit der größten Flamme jedoch brennt ein Bergrücken in Äthiopien, der Götterwagen genannt, und speit während der Sonnenhitze ganze Ströme von Feuer aus. An so vielen Orten und mit so vielen Flammen brennt die Erde.

Wunder des Feuers an sich.

Da nun dieses Element allein die Eigenschaft hat, sich von selbst zu erzeugen und zu vermehren, indem es aus dem kleinsten Funken erwächst, was wird am Ende bei so vielen Scheiterhaufen auf der Erde zu erwarten sein? Was ist die Natur, welche in der ganzen Welt die habgierigste Gefräßigkeit nährt, ohne selbst Schaden zu leiden? Hierzu denke man sich noch die unzähligen Sterne und die große Sonne; ferner das Feuer, dessen sich die Menschen bedienen, das in den Steinen ruht, das durch aneinandergeriebenes Holz erzeugt wird, das aus den Wolken als Blitze hervorbricht! Es übersteigt wahrlich alle Wunder, daß nur ein Tag vergehen kann, an dem nicht alles verbrennt, da noch überdies Hohlspiegel, welche man den Strahlen der Sonne entgegenhält, leichter zünden als jedes andere Feuer. Und welche unzähligen kleinen, aber natürlichen

[1] Vulcano.
[2] Der 91 v. Chr. begann.

Arten von Feuer sind nicht überall? In Nymphäum bricht aus dem Felsen eine Flamme hervor, die sich durch Regen entzündet. Dieses geschieht auch bei den scomtischen Gewässern[1]; allein letztere Flamme verliert ihre Kraft, wenn sie auf andere Gegenstände übergeht, und hält in einem anderen Stoffe nicht lange an. Seit undenklichen Zeiten beschattet eine lebende Esche diese feurige Quelle. Im mutinenischen Gebiete bricht an bestimmten, dem Vulkan geheiligten Tagen[2] Feuer hervor. Man findet bei den Schriftstellern angeführt, daß auf den aricischen[3] Feldern die Erde in Brand gerate, wenn eine Kohle darauffällt. Im Lande der Sabiner und Sicidiner[4] gibt es einen Stein, der, mit Fett bestrichen, zu brennen beginnt. In der salentinischen Stadt Egnatia entsteht, wenn man Holz auf einen daselbst für heilig gehaltenen Felsen legt, sogleich eine Flamme. Auf einem unter freiem Himmel befindlichen Altare der Juno Lacinia[5] soll die Asche selbst durch die heftigsten Stürme nicht weggeführt werden.

Sogar im Wasser und am menschlichen Körper entstehen plötzlich Flammen. So soll einmal der ganze trasimenische See in Feuer gestanden haben. Dem Servius Tullius[6] brach in seiner Kindheit während des

---

[1] In Kampanien.

[2] Im August.

[3] Aricia, eine alte Stadt in Latium, unweit von Rom an der Via Appia am albanischen Berge.

[4] Ein Volk in Kampanien; ihre Hauptstadt hieß Trauma, jetzt Tiano.

[5] Unter diesem Beinamen wurde Juno in einem Tempel unweit Crotona in Italien verehrt. Dieser Tempel soll vom König Lacinus, oder vom Herkules, der den Straßenräuber Lacinius in dieser Gegend erlegte, erbaut sein.

[6] Sechster röm. König, regierte 576–534 v. Chr.

Schlafes eine Flamme aus dem Kopfe hervor. Valerius Antias[1] erzählt dasselbe von L. Marcius, als dieser nach dem Tode der Scipionen[2] eine Rede hielt und die Soldaten zur Rache aufforderte. Bald werde ich mehr und ausführlicher davon handeln; gegenwärtig können diese Wunder nur vermischt mit den übrigen Gegenständen der Natur erwähnt werden. Da ich nun aber die Erklärung der Natur beendigt habe, so beeile ich mich, den Geist der Leser gleichsam an der Hand über den ganzen Erdkreis zu führen.

Bestimmung der Größe der ganzen Erde.

Unser Erdteil, von dem ich jetzt rede, und der (wie schon gesagt) auf dem ihn umgebenden Ozean gleichsam schwimmt, hat seine größte Ausdehnung von Morgen nach Abend, d. h. von Indien bis zu den von den Gaditanern verehrten Säulen des Herkules, welche Entfernung nach Artemidorus[3] 8 568 000, nach Isidorus[4] aber 9 818 000 Schritte beträgt. Artemidorus fügt noch 891 000 Schritte hinzu, nämlich von Gades um das heilige Vorgebirge[5] herum bis an das Vorgebirge Artabrum[6], welches der äußerste Punkt der vordern Seite von Spanien ist. Dieses Maß erhält man auf doppeltem Wege. Die Entfernung vom Fluße Ganges und seiner

---

[1] Lebte im letzten Jahr. v. Chr.
[2] Im 2. punischen Kriege. Vergl. XXV. Buch 32.–36. Kap.
[3] Von Ephesus im 2. Jahrh. v. Chr.
[4] Von Charax im 1. Jahrh. n. Chr.
[5] Dap St. Vincent.
[6] Cap Finisterre.

Mündung im östlichen Ozean über Indien und Par-
thyene bis zur Stadt Myriandrus in Syrien, am issischen
Meerbusen[1], beträgt nämlich 5 215 000 Schritte; von da,
auf dem kürzesten Seewege, über Zypern, Patara in
Lycien, Rhodus, Astypaläa[2], die Inseln im karpathischen
Meere[3], Tänarum[4] in Lakonien[5], Lilybäum[6] in Sizilien,
Kalaris[7] in Sardinien: 2 103 000 Schritte; von hier bis
Gades 1 250 000 Schritte. Das Gesamtmaß vom östli-
chen Meere an beträgt also 8 568 000 Schritte.
Die andere, zuverlässigere Bestimmung gibt der Land-
weg, und zwar beträgt die Entfernung:

Vom Ganges bis zum Euphrat	5 169 000 Schritte
von da bis Mazaka[8] in Kappadocien	319 000 Schritte
von da durch Phrygien, Karien und	
Ephesus	415 000 Schritte
von da durchs ägeische Meer	
bis Delos	200 000 Schritte
von da bis zum Isthmus[9]	212 500 Schritte
von da erst zu Lande, dann durchs	
lechäische Meer[10] und den korin-	
thischen Meerbusen nach Patras	
im Peloponnes	90 000 Schritte
von da bis Leukas[11]	87 500 Schritte

[1] Scanderum.
[2] Stampalia.
[3] Von der Insel Carpathus, jetzt Sarpento benannt.
[4] Kaino.
[5] Maina.
[6] Marsala.
[7] Cagliari.
[8] Kaisarie.
[9] Von Korinth.
[10] Der bei Korinth liegende Teil des Golfs von Lepanto.
[11] Hauptstadt der Insel Leukadia, jetzt St. Maura.

von da bis Korcyra[1]	87 500 Schritte
von da bis Akroceraunia[2]	132 500 Schritte
von da bis Brundisium	87 500 Schritte
von da bis Rom	360 000 Schritte
von da über die Alpen bis zum Dorfe Scingomagus[3]	519 000 Schritte
von da durch Gallien an die Pyrenäen bis Illiberis[4]	927 000 Schritte
von da bis zum Ozean und der Küste Spaniens	331 000 Schritte
von da bis zur Überfahrt nach Gades	7 500 Schritte

Alle diese Entfernungen betragen nach Artemidorus Berechnung zusammen: 8 945 000 Schritte.

Die Breite der Erde von Mittag zu Mitternacht wird etwa um die Hälfte geringer angenommen, oder zu 4 490 000 Schritten. Hieraus ergibt sich deutlich, wie viel uns auf der einen Seite die Hitze und auf der andern die Kälte entrissen hat. Allein ich glaube nicht, daß dies der Erde geradezu fehlt oder daß sie deshalb keine Kugelgestalt hat, sondern nehme bloß an, daß beide Teile unbewohnt und uns noch unbekannt sind. Die Entfernung der südlichen Grenze von der nördlichen beträgt:

von der Küste des äthiopischen Meeres, soweit sie bewohnt ist, bis Meroë	1 000 000 Schritte
von da bis Alexandrien	1 250 000 Schritte
von da bis Rhodus	563 000 Schritte

[1] Korfu.
[2] Chimera.
[3] Am Fuße der Alpen an der ital. Grenze, jetzt Sezanne.
[4] Elne.

von da bis Gnidus[1]	87 500 Schritte
von da bis Kos[2]	25 000 Schritte
von da bis Samos	100 000 Schritte
von da bis Chios	94 000 Schritte
von da bis Mitylene	65 000 Schritte
von da bis Tenedos	44 000 Schritte
von da bis zum Vorgebirge Sigeum	12 500 Schritte
von da bis zum Ausfluß des Pontus	312 500 Schritte
von da bis zum Vorgebirge Karambis[3]	350 000 Schritte
von da bis zum Ausfluß des mäotischen Sees[4]	312 000 Schritte
von da bis zum Ausfluß des Tanais[5]	275 000 Schritte

Dieser letztere Weg kann aber zu Wasser um 89 000 Schritte abgekürzt werden.

Von den Ländern, welche über die Mündung des Tanais hinaus liegen, haben selbst die genauesten Schriftsteller nichts Zuverlässiges aufgezeichnet. Artemidorus hält jene entlegenen Gegenden für unbekannt, doch sagt er, daß am Tanais gegen Norden die sarmatischen Völker wohnen. Isidorus fügt zu dem angegebenen Maße noch 1 250 000 Schritte bis nach der Insel Thule hinzu: doch diese Angabe gehört zu den Ausgeburten der Phantasie. Ich wenigstens weiß, daß die Grenzen der Sarmaten nicht weniger weit, als der eben angegebene Raum beträgt, bekannt sind. Und wie groß muß nicht das Land sein, welches so unzählige Völker, die noch obendrein ihren Wohnsitz oft verändern, bewohnen? Daher glaube ich, daß jene unbewohnten Län-

---

[1] Messi am Kap Krio.
[2] Stancho.
[3] Kerempe.
[4] Asowsches Meer.
[5] Don.

der einen viel größeren Raum einnehmen. Auch habe ich erfahren, daß unlängst hinter Germanien sehr viele Inseln entdeckt worden sind.

Dies ist es, was ich von der Länge und Breite zu erwähnen für wert halte. Den ganzen Umfang der Erde aber hat Eratosthenes, ein Mann, der in allen Wissenschaften und namentlich in dieser alle andern an Scharfsinn und Kenntnis übertrifft, dessen Meinungen auch fast von allen angenommen sind, zu 252 000 Stadien, welche 31 500 000 römischen Schritten gleich sind, angegeben.

Dies ist eine kühne, aber so genau begründete Behauptung, daß man sich schämen müßte, ihr keinen Glauben zu schenken. Hipparchus, der sowohl wegen seiner gründlichen Beurteilung des Eratosthenes als auch wegen seines übrigen Fleißes Bewunderung verdient, fügt noch etwas weniger als 26 000 Stadien hinzu. Anders verhält es sich mit der Glaubwürdigkeit des Dionysiodorus, und ich will dies auffallende Beispiel griechischer Eitelkeit dem Leser nicht vorenthalten. Er war aus Melus[1] und zeichnete sich in der Geometrie sehr aus. Er starb als Greis in seinem Vaterlande, und diejenigen Verwandten, denen seine Erbschaft zufiel, besorgten sein Begräbnis. Als diese am folgenden Tage die herkömmlichen Gebräuche verrichteten, sollen sie in seinem Grabe einen Brief, von Dionysiodorus an die Oberwelt geschrieben, gefunden haben, worin es heißt, »er sei von seinem Grabe aus in das Innerste der Erde gelangt, und die Entfernung bis dahin betrage 42 000 Stadien«. Es fehlte nicht an Geometern, welche erklärten, der Brief sei vom Mittelpunkt der Erde aus ge-

---

[1] Milo.

schickt, bis dahin sei von der äußersten Oberfläche die weiteste Strecke, und letztere also die Hälfte des Erddurchmessers. Hieraus hat man nun berechnet, daß der Umfang der Erde 252 000 Stadien betrage.

Harmonische Berechnung der ganzen Welt.

Eine *harmonische Berechnung*, welche eine gleichförmige Übereinstimmung der Natur voraussetzt, fügt zu obengenanntem Maße noch 12 000 Stadien hinzu, und hiernach ist somit die Erde der 96. Teil der ganzen Welt.

VON DER LAGE UND GRÖSSE
DER LÄNDER.

Bisher haben wir von der Lage und den Wundern der Erde, Gewässer und Gestirne sowie von der Beschaffenheit und Größe des ganzen Weltalls gehandelt. Nun wollen wir ihre einzelnen Teile in Betracht ziehen, wenngleich ein solches Unternehmen für unendlich gehalten und nicht leicht ohne einigen Tadel durchgeführt werden kann. In keiner andern Sache verdient man wohl mit mehr Recht Nachsicht; denn es ist begreiflich, wenn ein Mensch nicht alles, was ihn überhaupt betrifft, weiß. Ich werde daher keinem Schriftsteller ausschließlich folgen, sondern in jedem Abschnitte stets dem, welchen ich für den glaubwürdigsten halte; denn fast alle haben das miteinander gemein, daß ein jeder von ihnen die Gegend, wo er seine Schrift verfaßte, am genauesten beschrieben hat; und deshalb will ich keinen tadeln oder widerlegen. Die bloßen Namen der Orte sollen in möglichster Kürze angegeben, ihre Merkwürdigkeiten und sonstige Nachrichten von ihnen aber für eigene dazu bestimmte Kapitel verspart werden; denn jetzt rede ich noch immer von dem Ganzen. Ich möchte daher mich in der Weise verstanden wissen, als wenn hier ihre Namen, so ruhmlos, wie sie zur Zeit ihrer Entstehung und vor dem Beginn ihrer Geschichte waren, aufgezählt würden; sie sollen also nur ein Namenverzeichnis von der Welt und der Natur sein.

Der ganze Erdkreis wird in drei Teile geteilt: Europa,

Asien und Afrika. Wir fangen im Westen bei der Meerenge von Gades[1] an, wo der atlantische Ozean einbricht und sich in die innern Meere ergießt. Kommt man hier herein, so liegt Afrika zur Rechten, Europa zur Linken und Asien zwischen beiden; die Grenzen zwischen diesen drei Erdteilen bilden der Tanais[2] und Nil. Die obengenannte Meerenge ist 15 000 Schritte lang und vom Flecken Mellaria[3] in Spanien bis zum weißen Vorgebirge[4] in Afrika 5 000 Schritte breit, wie Turranius Gracilis[5], der daher gebürtig ist, angibt. Nach T. Livius und Corn. Nepos beträgt die Breite an der schmalsten Stelle 7 000 und an der breitesten 10 000 Schritte. Durch eine so unbedeutende Mündung ergießt sich eine so ungeheure Wassermasse, und keineswegs erklärt sich dieses Wunder durch eine sehr große Tiefe des Meeres, denn zahlreiche weißschimmernde Sandbänke machen daselbst die Fahrt gefährlich. Daher haben viele diesen Ort die Schwelle des mittelländischen Meeres genannt. Da, wo der Paß am engsten ist, schließen ihn von beiden Seiten Berge ein, nämlich der Abila[6] in Afrika und der Calpe[7] in Europa, die letzten Werke des Herkules. Daher nennen die Eingebornen diese Berge auch die Säulen dieses Gottes und glauben, daß er durch die Durchstechung derselben dem vorher ausgeschlossenen Ozean einen Zugang verschafft und dadurch der ganzen Natur ein anderes Ansehn gegeben habe.

[1] Jetzt Meerenge von Gibraltar genannt.
[2] Don.
[3] Fuente Ovejuna.
[4] Kap Spartel, auch Ampelusia.
[5] Ein nicht näher bekannter Schriftsteller.
[6] Dschibbel el Zatute.
[7] Gibraltar.

Die Inseln im nördlichen Ozean.

(...) Wir wollen jetzt die äußern Teile von Europa ken-
nenlernen und wenden uns, nachdem wir die riphä-
ischen Gebirge überstiegen haben, zu der Küste des
nördlichen Ozeans linksherum, bis wir wieder nach Gades gelangen. Auf dieser Strecke werden mehrere Inseln
ohne Namen angeführt. Unter ihnen liegt eine vor Scythien, welche auch Raunonia heißt, eine Tagereise von
der Küste entfernt, auf welche, nach Timäus' Berichte,
die Fluten zur Frühlingszeit Bernstein auswerfen[1]. Die
übrigen Küsten kennt man nur aus zweifelhaften Ge-
rüchten. Hier befindet sich der nördliche Ozean; Heca-
täus[2] nennt ihn von dem Flusse Paropamisus[3] an, soweit er Scythien bespült, den amalchischen, welches
Wort in der dortigen Volkssprache »zugefroren« bedeutet. Philemon[4] sagt, es werde bis zum Vorgebirge Ru-
beas[5] von den Cimbern[6] Morimarusa, d. h. totes Meer
genannt; weiterhin heiße es Cronium. Nach Xenophon
von Lampsacus liegt in einer Entfernung dreier Seetagereisen von der scythischen Küste eine Insel Baltia[7],
von ungeheurer Größe; Pytheas nennt sie Basilia. Auch
ist von oonischen Inseln die Rede, deren Bewohner von
Vogeleiern und Hafer leben. Andere, auf denen die

---

[1] Wohl nichts anderes als die Nehrungen des frischen und kuri-
schen Haffs an den Küsten von Preußen.
[2] Von Milet im 6. Jahrh. v. Chr.
[3] Die Oder?
[4] Welcher läßt sich nicht bestimmen.
[5] Nach einigen die nördliche Spitze von Kurland, wahrscheinlicher
ein Vorgebirge in Schweden.
[6] Sie bewohnten Jütland, Schleswig und Holstein.
[7] Skandinavien.

Menschen mit Pferdefüßen geboren werden sollen, heißen die Hippopoden; noch andere, die panotischen Inseln[1], wo die Menschen nackend gehen und ihren Körper mit ihren eigenen sehr großen Ohren ganz bedekken.

Bestimmtere Nachrichten haben wir von den Ingävonen[2], dem ersten Volke in diesem Teile von Germanien. Hier erhebt sich das ungeheuere Gebirge Sevo[3], das den Riphäen nichts nachgibt und bis zum cimbrischen Vorgebirge[4] hin einen inselreichen Busen, Codanus[5], bildet. Die berühmteste dieser Inseln ist Skandinavien[6], deren Größe man nicht kennt; nur einen Teil davon bewohnt, soviel man weiß, in 500 Gauen das Volk der Hillevionen, welche ihr Land den andern Erdkreis nennen. Für nicht kleiner hält man Eningia[7], welches Land nach der Behauptung mancher bis zum Flusse Vistula[8] von den Sarmaten, Venedern, Sciren und Hirren bewohnt wird. Dieser Busen heißt Cylipenus[9] und die an seiner Mün-

---

[1] Soll Wollin an der Mündung der Oder sein.
[2] Dieser Name begreift fast alle in Norddeutschland von den Rheinmündungen bis nach Preußen hin und zum Teil in Skandinavien wohnenden Völker, als: die Friesen, Sturier, Marsacier zwischen der Schelde und Eider; die Cauchen, Angivarier an der Nordsee, die Sachsen mit den Nord-Albingern (oder Dänen), die Esten und Wenden in Preußen, die Schweden und Finnen etc.
[3] Höchstwahrscheinlich der Kjölen zwischen Norwegen und Schweden. Plinius scheint also zu irren, wenn er dieses Gebirge an die Grenzen Germaniens versetzt.
[4] Kap Skagen in Jütland.
[5] Die Südwestseite der Ostsee.
[6] Das südliche Schweden.
[7] Auch Epigia, wahrscheinlich Finnland.
[8] Weichsel.
[9] Die ganze Südseite der Ostsee.

90

dung liegende Insel Latris[1]. Nicht weit davon ist ein zweiter Busen, Lagnus[2], der an Cimbrien grenzt. Das weit ins Meer auslaufende cimbrische Vorgebirge bildet die Halbinsel Cartris[3]. Dann folgen 23 Inseln, welche durch die Kriege der Römer bekannt geworden sind. Unter diesen verdienen bemerkt zu werden: Burchana[4], wegen einer daselbst wildwachsenden bohnenartigen Frucht von den Römern Fabaria genannt; ferner Glessaria[5], welchen Namen ihr die Soldaten wegen des Bernsteins (Glessum) gaben; bei den Barbaren heißt sie Austrantia, außerdem auch Actania.

Germanien.

An diesem ganzen Meere hin aber bis zum Flusse Scaldis[6] wohnen die *germanischen Völker*. Die Größe dieser Länder läßt sich jedoch, wegen der so außerordentlich widersprechenden Angaben, nicht wohl feststellen. Die Griechen und einige Römer bestimmen die Länge der germanischen Küste zu 2 500 000 Schritten. Agrippa gibt die Länge mit Rhätien und Noricum zu 686 000, die Breite zu 148 000 Schritten an. Aber die Breite von Rhätien allein betrug schon mehr, als es um

---

[1] Wahrscheinlich Seeland. Andere halten den Meerbusen Cylipenus für den rigaischen und Latris für die Insel Ösel.
[2] Vermutlich das Kattegat.
[3] Jütland.
[4] Borkum am Ausflusse der Ems.
[5] Ameland über Westfriesland.
[6] Schelde.

die Zeit seines Todes[1] unterjocht wurde, und Germanien wurde erst viele Jahre später und da noch nicht völlig bekannt. Wenn hier eine Vermutung erlaubt ist, so dürfte die Küste nicht viel kürzer sein, als die Griechen sie annehmen, und nicht viel länger, als Agrippa angibt. Die Germanen bilden 5 Hauptstämme: Die Vandiler[2], zu denen die Burgundionen[3], die Variner[4], Cariner[5] und Guttoner[6] gehören. Einen andern Hauptstamm bilden die Ingävonen[7], deren Zweige die Cimbern[7], Teutonen[8] und Chaucer[9] sind. Zunächst am Rheine wohnen die

---

[1] 12 Jahre n. Chr.

[2] Vandalen, der Name mehrerer engverbundener Völker, die anfänglich zwischen der Elbe, Oder und Weichsel wohnten, sich dann nach Böhmen, Dacien, Pannonien und endlich zur Zeit der Völkerwanderung nach Frankreich, Spanien und Afrika wandten.

[3] Ihr erster Wohnsitz war an der Weichsel. Um 275 n. Chr. kamen sie nach Frankreich, wo sie sich aber erst im 5. Jahrhunderte festsetzten und ein großes Reich stifteten.

[4] An der Warne.

[5] Am rechten Oderufer.

[6] Gutä, Gythones, Gothones. Sie scheinen scythischen Ursprungs und mit den Geten verwandt zu sein. Sie wohnten anfänglich an der Weichsel, gingen im 4. Jahrh. nach Dacien, wo sie von der Theis bis zur Donau ein Reich stifteten. Sie teilten sich in 2 große Abteilungen, die Ostgothen am schwarzen Meere und die Westgothen in Dacien. Jene wurden den Hunnen unterwürfig, diese drangen ins römische Reich und setzten sich in Thracien und Mösien fest. Unter Alarich und Athaulf zogen sie durch Griechenland nach Italien und Spanien. Nach Attilas Tode drangen die Ostgothen unter Theoderich in Italien ein und stifteten ein mächtiges Reich, das unter Justinian zerstört wurde.

[7] Siehe das vorige Kapitel.

[8] Eigentlich der gemeinsame Name aller deutschen Stämme; hier besonders die in Lauenburg und Mecklenburg.

[9] Am Meere von der Ems bis zur Elbe, also in Ostfriesland, Oldenburg und Bremen.

Istävoner[1], wozu die Cimbern[2]; ferner die mitten im Lande wohnenden Hermionen[3], wozu die Sueven[4], Hermundurer[5], Chatter[6] und Cherusker[7]. Der fünfte Hauptstamm endlich enthält die Peuciner und Basterner[8], welche an die obengenannten[9] Dacier grenzen. Bedeutende, in den Ozean sich ergießende Flüsse sind: der Guttalus[10], Vistillus oder Vistula, Albis[11], Visurgis[12], Amisius[13], Rhenus[14] und Mosa[15]. Im Innern des Landes aber breitet sich das keinem andern an Größe nachstehende hercynische Gebirge[16] aus.

---

[1] Von der östl. Mündung des Rheins rückwärts bis zum Main.

[2] Niederrhein.

[3] Einer der 5 Hauptstämme, die zwischen der Weichsel und Elbe wohnten. Nach Mannert waren sie das eigentliche Stammvolk der Deutschen, von dem alle übrigen auswanderten.

[4] Anfangs an der Elbe, zuletzt in Schwaben nördlich vom Schwarzwalde.

[5] Im Meissnerlande bis an die Quellen der Elbe; später breiteten sie sich vom Main bis zur Donau aus.

[6] Catten, von der Vereinigung der Werra und Fulda bis zum Spessart, westlich bis zur fränkischen Saale.

[7] Im jetzigen Lüneburg, Braunschweig, Magdeburg, Halberstadt und Thüringen. Sie standen lange Zeit an der Spitze eines mächtigen Völkerbundes.

[8] Sie wohnten im östlichen Teile der Karpathen, in Galizien und Podolien. Die Peuciner waren nur ein Teil von ihnen.

[9] IV. Buch, Kap. 25.

[10] Pregel.

[11] Elbe.

[12] Weser.

[13] Ems.

[14] Rhein.

[15] Maas.

[16] Vom Thüringer Walde bis nach Ungarn.

Im Rheine selbst liegt die fast 100 000 Schritte lange hochberühmte *Insel* der Bataver[1] und Commenefatier[2] sowie die übrigen Inseln der Friesen, Chaucer, Frisiaboner, Sturier und Marsacier, welche zwischen dem Helius[3] und Flevus[4] zerstreut sind. So heißen nämlich die Mündungen, durch welche sich der Rhein nördlich in Seen[5] und östlich in die Mosa ergießt, indem nur ein mäßiger Arm zwischen diesen beiden seinen Namen behält.

Britannien.

Dieser Gegend gegenüber liegt zwischen Norden und Westen die durch die Werke der Griechen und Römer berühmte Insel *Britannien*, welche von Germanien, Gallien und Spanien, den größten Ländern Europas, durch einen großen Zwischenraum getrennt ist. Sie selbst hieß sonst Albion, denn unter dem Namen Britannien begriff man alle übrigen Inseln, von denen wir bald sprechen werden. Von Gessoriacus[6] an der Küste der Moriner bis zu ihr beträgt die kürzeste Entfernung 50 000 Schritte, und ihren Umfang geben Pytheas und

---

[1] Ein Teil von Holland.
[2] In Westfriesland.
[3] Waal.
[4] Flie.
[5] Zuydersee.
[6] Boulogne-sur-mer.

Isidorus auf 4 875 000 Schritte an. Innerhalb 30 Jahren ist sie durch die römischen Waffen noch nicht bis über den kaledonischen Wald[1] bekannt geworden. Agrippa schätzt ihre Länge auf 800 000, ihre Breite aber auf 300 000 Schritte. Dieselbe Breite soll Hibernien[2] haben, aber dessen Länge um 200 000 Schritte weniger betragen. Letztere Insel liegt über jener, und zwar auf dem kürzesten Wege von dem Distrikte der Silurer[3] an, in einer Entfernung von 30 000 Schritten. Keine der übrigen Inseln soll mehr als 125 000 Schritte im Umfange haben. Es gibt 40 orcadische[4], in mäßiger Entfernung voneinander liegende Inseln; 7 Acmoden[5] und 30 Häbuden[6]. Zwischen Hibernien und Britannien liegen: Mona[7], Monapia[8], Ricina, Vectis[9], Limnus[10] und Andros[11]; unterhalb derselben aber: Samnis und Axantos. Gegenüber nach dem germanischen Meere hin sind die glessarischen Inseln[12] zerstreut, welche von den neueren Griechen Electriden genannt werden, weil auf ihnen Bernstein vorkommen soll. Die letzte aller bekannten Inseln heißt Thule[13], auf welcher, wie schon erwähnt

---

[1] Grampiangebirge in Schottland.

[2] Irland.

[3] Diese wohnten im südlichen Teile von Wales, in Herfordshire und Worcestershire.

[4] Die Orkney-Inseln; es sind ihrer 67, aber bloß 29 davon bewohnt.

[5] Die Shetlandsinseln, 86 an der Zahl, aber nur 17 bewohnt.

[6] Die Hebriden, über 200, aber nur 87 bewohnt.

[7] Anglesea.

[8] Man.

[9] Wight.

[10] Dalkey.

[11] Arran.

[12] Siehe IV. Buch, 27. Kap.

[13] Island?

wurde[1] zur Zeit des Sommersolstitii, wenn die Sonne in das Zeichen des Krebses tritt, keine Nacht, dagegen im Wintersolstitium kein Tag ist, und zwar soll dies abwechselnd 6 Monate lang dauern. Der Geschichtsschreiber Timäus sagt, daß man innerhalb 6 Seetagereisen von Britannien nach der Insel Mictis[2] gelange, auf welcher sich weißes Blei vorfinde, und daß die Britannier in aus Ruten geflochtenen und mit Leder beschlagenen Schiffen dahin führen. Einige Schriftsteller erwähnen noch andere Inseln, als: Scandia[3], Dumna[4], Bergi[5] und Nerigos[6], die größte unter ihnen, von wo aus man nach Thule schifft. Eine Seetagereise von Thule liegt ein starres Meer, welches von einigen Cronium genannt wird.

---

[1] Vergl. II. Buch, 77. Kap.
[2] Ist bisher nicht ermittelt worden.
[3] Vermutlich ein Teil der skandinavischen Küste.
[4] Hay; sie gehört zu den shetländischen Inseln.
[5] Wahrscheinlich ein Teil der norwegischen Küste, etwa da, wo Bergen liegt?
[6] Norwegen. Man sieht aus diesen und anderen Angaben, daß Plinius manche Länder für Inseln ausgibt, welche entweder nur Halbinseln oder auch dies nicht einmal sind.

VON DER ENTSTEHUNG UND BESCHAFFENHEIT DES MENSCHEN.

Vom Menschen.

So verhält es sich mit der Welt und mit den Ländern, Völkern, Meeren, Städten usw. in derselben. Die auf ihr lebenden Geschöpfe sind aber nicht weniger der Betrachtung wert als irgendein anderer Teil derselben, wenn nur der menschliche Geist alles erfassen könnte. Mit Recht müssen wir mit dem *Menschen* den Anfang machen, um dessentwillen die Natur alles andere erschaffen zu haben scheint, wenn sie gleich für ihre großen Gaben einen so hohen und strengen Preis setzt, daß man nicht genau entscheiden kann, ob sie gegen den Menschen eine gute Mutter oder eine böse Stiefmutter gewesen sei. Von allen lebenden Wesen ist er das einzige, das sie mit fremder Hilfe bekleidet; den übrigen hat sie mancherlei Bedeckungen verliehen, als: Schalen, Rinden, Häute, Stacheln, Zotten, Borsten, Haare, Federn, Flaum, Schuppen und Wolle. Sogar die Stämme der Bäume hat sie mit einer zuweilen doppelten Rinde vor Kälte und Hitze verwahrt. Nur den Menschen wirft sie bei der Geburt sogleich zum Jammern und Klagen nackt auf die bloße Erde und kein anderes Tier sonst zum Vergießen von Tränen, und zwar gleich von der Geburt an. Aber wahrlich! des Lachens, jenes voreiligen, zu schnellen Lachens ist er vor dem 40. Tage nicht fähig.

Von diesem ersten Anfange des Lebens an kommt er, was nicht einmal mit den bei uns erzeugten wilden Tieren geschieht, an allen Gliedern in Fesseln und Bande, und so liegt der glücklich Geborene da mit gebundenen Händen und Füßen, als ein weinendes Geschöpf, welches die übrigen beherrschen soll, und beginnt sein Leben mit Strafen für die einzige Schuld, daß er geboren ward. O über den Unsinn derer, welche nach einem solchen Anfange glauben, sie seien zum Stolze geboren!

Die erste Ahnung von Kraft, das erste Geschenk der Zeit, macht ihn zu einem vierfüßigen Tiere. Wann aber lernt der Mensch gehen? Wann sprechen? Wann ist sein Mund fest genug, um Speisen zu genießen? Wie lange klopft sein Scheitel, ein Beweis, daß er das schwächste aller Geschöpfe ist? Nun kommen Krankheiten und ebenso viele dagegen ersonnene Heilmittel, und auch diese werden oft durch Zufälle zuschanden. Die übrigen Tiere erlangen bald ihre Ausbildung; einige machen Gebrauch von der Schnelligkeit ihrer Füße, andere von ihrem schnellen Fluge, andere vom Schwimmen. Aber der Mensch kann nichts, ohne daß er es gelehrt wird, weder sprechen noch gehen, noch essen; kurz, er kann von Natur nichts als weinen. Daher hat es viele gegeben, welche für das beste hielten, nicht geboren zu sein oder doch bald wieder zu sterben.

Unter allen lebenden Wesen ist nur ihm allein der Kummer, der Luxus, und zwar in unzähliger Weise und in bezug auf jedes einzelne Glied, ihm allein die Ehrsucht, der Geiz, die unbegrenzteste Lebenssucht, der Aberglaube, die Sorge für das Begräbnis, ja sogar für die Zukunft nach seinem Tode eigen. Kein Geschöpf hat ein hinfälligeres Leben, eine größere Begierde nach allem, eine verwirrtere Furcht und eine heftigere Wut. Endlich leben die übrigen Tiere mit ihrer Art friedlich zusammen; wir sehen sie scharenweise vereinigt und nur gegen fremde Arten feindselig auftreten. Die wilden Löwen kämpfen nicht unter sich; der Biß der Schlangen ist nicht auf Schlangen gerichtet; nicht einmal die Ungeheuer des Meeres und die Fische wüten anders als gegen ihnen verschiedene Gattungen. Aber wahrlich! der Mensch verdankt seine meisten Übel den Menschen selbst.

Von dem menschlichen Geschlechte im allgemeinen haben wir bereits größtenteils bei Aufzählung der Völkerschaften gesprochen. Auch wollen wir jetzt nicht die unzähligen Sitten und Gebräuche, deren es fast ebensoviele als Gesellschaften unter den Menschen gibt, abhandeln; einiges glaube ich jedoch nicht ganz übergehen zu dürfen, besonders was die weiter vom Meere entfernten Völker betrifft, wobei manches so Wunderbare vorkommt, daß es ohne Zweifel vielen unglaublich erscheinen wird. Denn wer hat wohl an die Äthiopier geglaubt, bevor er sie sah? Oder was kommt einem nicht wunderbar vor, was man zum ersten Male erfährt? Wie vieles hält man nicht für unmöglich, bevor es geschehen ist? Aber die Macht und Erhabenheit der Dinge in der Natur wird stets unsern Glauben übersteigen, wenn man sie auch nur teilweise, nicht einmal in ihrer Ganzheit, im Geiste erfaßt. Um nicht von den Pfauen, den Flecken der Tiger oder Panther und dem zahlreichen Farbenschmuck der Tiere zu reden, so ist es leicht gesagt, aber bei gehörigem Nachdenken etwas unendlich Großes, daß unter den Völkern so viele Dialekte und Sprachen, so große Verschiedenheiten im Ausdrucke stattfinden, daß ein Fremder einem andern kaum als Mensch erscheint. Schon hinsichtlich des Äußeren und des Gesichts, welches doch nur aus 10 oder einigen Gliedern mehr besteht, gibt es unter so vielen tausend Menschen nicht zwei vollkommen gleiche Bildungen, was keine Kunst bei einer noch weit geringeren Anzahl nachzuahmen im Stande sein möchte. Jedoch will ich bei den meisten der folgenden Erzählungen die Wahrheit nicht verbürgen, sondern ich werde vielmehr auf die Schriftsteller verweisen und sie bei allen zweifelhaften Umständen anführen; nur muß man es nicht verschmähen, den Griechen zu folgen, da ihr Fleiß in dieser Beziehung sehr groß und ihre Überlieferungen die ältesten sind.

Wunderbare Gestalten der Völker.

Daß es scythische Stämme, und zwar viele gibt, die Menschenfleisch essen, haben wir bereits angeführt. Dies würde uns vielleicht selbst unglaublich dünken, wenn wir nicht bedächten, daß es mitten auf dem Erdkreise, sogar in Sizilien und Italien, solche Ungeheuer von Menschen, nämlich die Zyklopen und Lästrygoner, gegeben und daß noch kürzlich bei den jenseits der Alpen wohnenden Völkern[1] die Sitte geherrscht habe, Menschen zu opfern, was sich nicht viel vom Fressen derselben unterscheidet. Neben den Scythen, welche gegen Norden wohnen, nicht weit von dem Ausgangspunkte und der sogenannten Höhle des Aquilo, welcher Ort Erdschloß (γῆσκλειϑϱον) heißt, sollen die

---

[1] Die Druiden der Gallier, siehe XXX. Buch, 4. Kap.

Arimasper wohnen, welche, wie wir gesagt haben[1], sich durch ein Auge mitten auf der Stirn auszeichnen. Diese sollen wegen der Erze in beständigem Kriege mit den Greifen, der Sage nach einer Art wilden Vögel, sein, welche mit einer außerordentlichen Gier das Gold in Gruben scharren und bewahren, die Arimasper es ihnen aber wieder rauben. So berichten viele und selbst berühmte Schriftsteller wie Herodot[2] und Aristeas[3] von Proconnesus.

Hinter andern menschenfressenden Scythen liegt in einem großen Tale des Berges Imaus eine Gegend namens Abarimon, in der wilde Menschen wohnen, deren Fußsohlen nach hinten gekehrt sind; sie besitzen aber eine außerordentliche Schnelligkeit und ziehen mit den wilden Tieren umher. Sie sollen in einem andern Himmelsstriche nicht leben, daher auch zu den benachbarten Königen nicht gebracht werden können und aus derselben Ursache nicht vor Alexander den Großen geführt worden sein, wie Bäton, dessen Wegevermesser, erzählt.

Die zuerst erwähnten Menschenfresser, welche, wie wir gesagt haben[4], gegen Norden, 10 Tagesreisen jenseits des Flusses Borysthenes[5], wohnen, trinken aus Menschenschädeln und binden sich haarige Felle statt Servietten vor die Brust, wie Isigonus[6] von Nicäa berichtet. Ebenderselbe sagt, in Albanien[7] würden Menschen

[1] IV! Buch, 26. Kap.; VI. Buch, 19. Kap.
[2] III. Buch, 106. Kap.; er erzählt es aber als Sage, der er selbst keinen Glauben beimißt.
[3] Lebte im 6. Jahrh. v. Chr. Aus einem epischen Gedichte von ihm schöpfte Herodot obiges Märchen.
[4] IV. Buch, 26. Kap.
[5] Dniepr.
[6] Unbekannt.
[7] Einem Teile des heutigen Georgien. VI. Buch, 10. Kap.

mit meergrünen Augäpfeln geboren, die schon in der Kindheit graue Haare hätten und bei Nacht besser als bei Tage sehen könnten. Nach ihm nehmen die 10 Tagesreisen hinter dem Borysthenes wohnenden Sauromater nur alle 3 Tage Nahrung zu sich.

Crates[1] aus Pergamus erzählt, bei Parium[2] am Hellespont habe es eine Gattung von Menschen gegeben, die er Ophiogenen[3] nennt, welche Schlangenbisse durch bloße Berührung zu heilen und durch Auflegen der Hand das Gift aus dem Körper herauszuziehen pflegten. Auch Varro gibt an, es gebe dort noch einige Menschen, deren Speichel den Schlangenbiß heilt. In Afrika lebte, nach Agatharchides[4], ein ähnliches Volk, die Psyller, so genannt von ihrem Könige Psyllus, dessen Grabmal sich an der Seite der größeren Syrte befindet. Ihr Körper enthielt ein für die Schlangen tödliches Gift, durch dessen Geruch diese in Schlaf versetzt würden. Bei ihnen herrschte die Sitte, die neugeborenen Kinder den gefährlichsten Schlangen vorzuwerfen und auf diese Weise die Keuschheit ihrer Gattinnen zu prüfen; wenn nämlich die Schlangen nicht vor den Kindern flohen, so waren diese im Ehebruch erzeugt. Dies Volk ist aber von den Nasamonen, welche jetzt ihre Wohnsitze innehaben, fast gänzlich vertilgt worden, jedoch hat sich noch ein geringer Teil derselben von denen, welche entflohen oder während des Kampfes abwesend waren, bis jetzt erhalten. Ein ähnliches Volk sind die Marser in Italien, welche von einem Sohne[5] der Circe abzustammen be-

---

[1] Nicht näher bekannter Schriftsteller.
[2] Kemares.
[3] Von Schlangen Abstammende.
[4] Von Knidos, Geograph des 2. Jahrh. v. Chr.
[5] Telegonus, den die Zauberin dem Ulysses auf der Insel Aca gebar.

haupten und denen von Natur jene Kraft innewohnen soll. Allein alle Menschen haben ein Gift gegen Schlangen in sich, und man sagt, daß diese Tiere, vom Speichel getroffen, ebenso fliehen wie vor dem Übergießen mit kochendem Wasser. Wenn ihnen der Speichel in den Rachen dringt, sollen sie sogar sterben, und besonders wenn er aus dem Munde eines nüchternen Menschen kommt[1].

Hinter den Nasamonen[2] und ihren Nachbarn, den Machlyern, wohnen, wie Calliphanes[3] erzählt, die Androgynen, Menschen beiderlei Geschlechts, die sich wechselweise untereinander begatten. Aristoteles fügt noch hinzu, ihre rechte Brust sei von männlicher, ihre linke von weiblicher Bildung.

In demselben Afrika soll es, nach Isigonus und Nymphodorus[4], gewisse Familien von Beschreiern geben, durch deren Lobsprüche alles verdirbt, Bäume vertrocknen und Kinder sterben. Derartige Menschen sollen sich nach Isigonus auch unter den Triballern und Illyriern finden, welche sogar durch den Blick bezaubern und diejenigen töten, welche sie, besonders mit zornigen Augen, längere Zeit ansehen; ihre Beschwörungen hätten namentlich auf Erwachsene Einfluß. Noch merkwürdiger ist es, daß sie in jedem Auge 2 Pupillen haben. Daß Weiber dieser Art auch in Scythien leben, welche Bithyer heißen, erzählt Appollonides[5]. Nach Phylarchus[6]

---

[1] Weiteres darüber im XXVIII. Buch, 7. Kap.

[2] Im heutigen Tripolis.

[3] Nicht näher bekannter Schriftsteller.

[4] Von Syrakus, dessen Zeitalter ungewiß ist.

[5] Von Nicaea, lebte wahrscheinlich in der ersten Hälfte des 1. Jahrh. n. Chr.

[6] Aus Athen oder Naucratis, Historiker um 190 v. Chr.

soll es auch am Pontus einen Stamm, welche Thibier heißen, und noch viele andere der Art geben; diese hätten in dem einen Auge 2 Pupillen und in dem andern das Bild eines Pferdes, auch könnten sie nicht untersinken, selbst wenn sie mit Kleidern beschwert wären. Ein ihnen nicht unähnliches Geschlecht sind, nach Damon[1], die Pharnacer in Äthiopien, durch deren Schweiß alle damit berührten Körper die Abzehrung bekommen.

Daß aber alle Weiber, welche doppelte Pupillen haben, durch ihren Blick schaden können, hat bei uns selbst Cicero behauptet. So gefiel es also der Natur, als sie in dem Menschen, nach Art der wilden Tiere, den Trieb, menschliche Eingeweide zu verzehren, gelegt hatte, auch in dem ganzen Körper und selbst in den Augen mancher Gift zu erzeugen, damit es ja nichts Übles gäbe, was nicht auch im Menschen wäre.

Nicht weit von der Stadt Rom, im Gebiete der Faliscer, leben einige Familien, welche Hirper heißen; diese gehen bei dem jährlichen Opfer, welches am Berge Soracte[2] dem Apollo dargebracht wird, über einen angezündeten Haufen Holz, ohne sich zu verbrennen; und deshalb sind sie durch einen unwiderruflichen Senatsbeschluß vom Kriegsdienst und allen andern bürgerlichen Lasten frei.

Am Körper mancher Personen sind gewisse Teile mit besonderer Wunderkraft begabt; so heilte der König Pyrrhus durch bloße Berührung der großen Zehe seines rechten Fußes die Milzsüchtigen. Auch soll dieselbe mit dem übrigen Körper nicht haben verbrannt werden können und sei deshalb in einem Kästchen im Tempel aufbewahrt worden.

[1] Von Cyrene, nicht näher bekannt.
[2] St. Oreste.

Namentlich ist Indien und das Land der Äthiopier voll von wunderbaren Begebenheiten. In Indien leben die größten Tiere, so z. B. sind die Hunde dort weit größer als anderswo[1]. Auch die Bäume sollen von solcher Höhe sein, daß die Pfeile nicht über sie hinausfliegen. Die Fruchtbarkeit des Bodens, das milde Klima und der Überfluß an Wasser wirken so bedeutend ein, daß, wenn man es glauben will, ganze Reiterabteilungen sich unter einem einzigen Feigenbaume[2] verbergen können. Das Rohr aber erreicht eine solche Höhe, daß ein Schuß zwischen 2 Knoten einen Kahn abgibt, der 3 Menschen tragen kann.

Viele Menschen werden dort über 5 Cubitus groß, spucken nicht aus, leiden weder an Kopf-, Zahnweh noch an Augenübeln und fühlen selten Schmerzen an den übrigen Teilen des Körpers; sie erlangen diese Dauerhaftigkeit durch die so milde Wärme der Sonne. Ihre Philosophen, welche Gymnosophisten heißen, schauen vom frühen Morgen bis zum Abend unverwandten Blicks die Sonne an und stehen den ganzen Tag über in dem heißen Sande abwechselnd auf einem Fuße. Auf einem Berge, der Nulo heißt, soll es, nach Megasthenes, Menschen mit verkehrten Fußsohlen und 8 Zehen an jedem Fuße geben.

Auf vielen Bergen aber soll ein Stamm von Menschen wohnen, welche Hundsköpfe haben, sich in Felle wilder Tiere hüllen, deren Stimme ein Bellen ist, die mit Klauen bewaffnet sind und von der Jagd und dem Vogel-

[1] Siehe VIII. Buch, 61. Kap.

[2] Ficus religiosa ist hier genannt; die Äste senken sich nämlich zur Erde, wurzeln, treiben neue Bäume, die alle zusammenhängen, sich auf diese Weise immer weiter fortpflanzen und einen kleinen Wald bilden.

fange leben. Ctesias schreibt, daß zu seiner Zeit ihre Zahl über 120 000 betragen habe; ferner, daß bei einem gewissen indischen Volke die Frauen nur einmal in ihrem Leben gebären und die Neugebornen sogleich grau würden. Auch soll eine Art Menschen unter dem Namen Monocoler existieren, welche nur 1 Bein haben, aber eine außerordentliche Gewandtheit im Springen besitzen; sie sollen auch Sciapoden heißen, weil sie bei großer Hitze rückwärts auf der Erde liegen und sich durch den Schatten des Fußes schützen; sie sollen nicht weit von den Troglodyten entfernt wohnen und wiederum westlich von diesen andere, die keinen Kopf und die Augen auf den Schultern hätten, leben.

Auch Satyrn gibt es auf den subsolanischen (östlichen) Bergen Indiens (die Gegend heißt die catharcludische); sie sind äußerst schnelle Geschöpfe, gehen sowohl auf allen vieren als aufrecht, haben menschliche Gestalt und können wegen ihrer Behendigkeit nur dann, wenn sie alt oder krank sind, gefangen werden. Tauron[1] erwähnt der Choromander, eines Volkes, welches in Wäldern lebt, keine ordentliche Stimme, sondern nur ein gräßliches Gekreisch hören läßt, rauh am Körper ist, meergrüne Augen und Hundszähne hat. Nach Eudoxus wohnen in den südlichen Teilen Indiens Männer, deren Füße 1 Cubitus lang und Weiber, bei denen sie so klein sind, daß sie Struthopoden[2] genannt werden.

Nach Megasthenus haben die Scyriten, ein indisches Nomadenvolk, statt der Nase nur Löcher und schlangenartig gewundene Füße. An der äußersten östlichen Grenze von Indien, um die Quelle des Ganges, wohnen die Astomer, welche keinen Mund haben, am ganzen

[1] Unbekannter Schriftsteller.
[2] Sperlingsfüßige.

106

Körper rauh sind, sich in Seide kleiden und nur vom Atmen und dem Dufte, welchen sie mit der Nase einziehen, leben. Sie genießen weder Speise noch Trank, sondern nähren sich bloß von den verschiedenen Gerüchen der Wurzeln, Blumen und wilden Früchte, die sie auf größern Reisen bei sich führen, damit sie immer etwas zu riechen haben; ein etwas starker Geruch soll sie aber leicht töten.

Hinter diesen, am äußersten Ende der Berge, sollen die Trispithamer und Pygmäer, welche nicht länger als 3 Spannen, d. h. 2¼ Fuß groß werden, in einer sehr gesunden, stets grünenden und durch Berge gegen Norden geschützten Gegend wohnen. Nach Homer[1] leben sie mit den Kranichen fortwährend im Kriege. Man sagt, sie ritten auf Widdern und Ziegen, zögen im Frühlinge in großer Anzahl mit Pfeilen bewaffnet ans Meer und vertilgten die Eier und Jungen dieser Vögel; diesen Feldzug vollbrächten sie in 3 Monaten, und im Unterlassungsfalle würden sie den daraus entstehenden Vogelscharen auf keine andere Weise Widerstand leisten können. Ihre Wohnungen bereiten sie aus Lehm, Federn und Eierschalen. Nach Aristoteles leben die Pygmäer in Höhlen; im übrigen stimmt seine Erzählung mit denen der andern Schriftsteller überein.

Die Cyrner, ein indischer Stamm, werden nach Isigonus 140 Jahre alt. Dasselbe behauptet er von den äthiopischen Macrobiern, Serern und den Bewohnern des Berges Athos, von letzteren aus dem Grunde, weil sie das Fleisch der Vipern essen, weshalb sie auch weder auf ihrem Kopfe noch in ihren Kleidern Ungeziefer haben sollen.

---

[1] Iliade III. 3.

Onesicritus erzählt, an den Orten Indiens, wo kein Schatten ist[1], gäbe es Menschen von 5 Cubitus und 2 Palmen Länge, welche 130 Jahre lebten, aber keine Greise würden, sondern in ihren besten Jahren stürben. Crates von Pergamus nennt diejenigen Indier, welche über 100 Jahre alt werden, Gymneter, andere nennen sie Macrobier. Nach Ctesias lebt unter diesen ein Stamm, der Pandarä heißt, in einem Tale, deren Glieder 200 Jahre lang leben, in der Jugend weiße und im Alter schwarze Haare haben. Dahingegen sollen andere, die an die Macrobier grenzen, das vierzigste Jahr nicht überschreiten und deren Frauen nur einmal gebären; dasselbe erzählt auch Agatharchides. Übrigens leben sie von Heuschrecken und sind sehr behende. Clitarchus und Megasthenes nennen sie Mander, und letzterer gibt die Anzahl ihrer Dörfer auf 300 an. Die Weiber gebären im siebenten Jahre und treten mit dem 40. ins Greisenalter.

Artemidorus erzählt, daß die Bewohner der Insel Taprobane ohne irgendeine Schwäche des Körpers sehr lange lebten. Nach Duris[2] begatten sich einige Indier mit wilden Tieren, und die aus dieser Vermischung Erzeugten wären halbwild. Unter den Calingern, ebenfalls einem indischen Volke, empfingen die Weiber schon im 5. Jahre und würden nicht über 8 Jahre alt. An andern Orten gäbe es Menschen mit haarigen Schwänzen und von außerordentlicher Schnelligkeit; andere könnten sich mit ihren Ohren ganz bedecken. Der Fluß Arbis trennt die Oriten von den Indiern. Diese kennen keine andere Speise als Fische, welche sie mit den Nägeln zerreißen und an der Sonne trocknen; nach Clitarchus

[1] II. Buch, 75. Kap.
[2] Aus Samos, Historiker, lebte im 3. Jahrh. v. Chr.

sollen sie auch eine Art Brot aus denselben machen. Crates aus Pergamus schreibt, die Troglodyten hinter Äthiopien wären schneller als die Pferde; ferner, die Äthiopier würden über 8 Cubitus groß, und dieses Volk hieße die Syrboten.

Unter den äthiopischen Nomaden, die am Flusse Astragus gegen Norden hin wohnen, heißt ein Stamm die Menisminer, diese wohnen 20 Tagereisen vom Meere entfernt und leben von der Milch der Tiere, welche wir Cynocephalen genannt haben, von denen sie ganze Herden haben, die männlichen aber, mit Ausnahme der zur Fortpflanzung nötigen, töten. In den Einöden Afrikas sieht man zuweilen Menschengestalten vor sich, die augenblicklich wieder verschwinden. Diese und ähnliche Gestalten von Menschen erschuf die erfinderische Natur sich zum Scherze, uns aber zum Wunder. Und wer vermöchte wohl alles das, was sie täglich, ja stündlich hervorbringt, einzeln aufzuzählen? Um ihre Macht zu zeigen, mag es genügen, ganze Völker unter den wunderbaren Erscheinungen angeführt zu haben. Wir gehen nun zu dem wenigen Zuverlässigen, was wir über den Menschen wissen, über.

Seltsame Geburten.

Daß es Drillingsgeburten gibt, ist durch das Beispiel der Horatier und Curiatier[1] erwiesen; eine größere Anzahl wird für ein Wunderzeichen gehalten, außer in Ägypten, wo das Trinken des Nilwassers fruchtbar

---

[1] Siehe Livius I. 24.

macht. In der neuesten Zeit, gegen Ende der Regierung des Kaisers Augustus, gebar Fausta, eine Plebejerin zu Ostia, 2 Knaben und 2 Mädchen auf einmal, was ohne Zweifel die darauffolgende Hungersnot bedeutete. Im Peloponnes ist sogar eine Frau 4mal mit Fünflingen niedergekommen, von denen der größere Teil am Leben blieb; und nach Trogus[1] sollen in Ägypten 7 Kinder von einer Mutter auf einmal zur Welt gekommen sein. Es werden auch Menschen beiderlei Geschlechts geboren, welche wir Hermaphroditen (Zwitter) nennen; sonst hießen sie Androgynen und wurden für Wunder gehalten, jetzt aber dienen sie zum Vergnügen.

Pompejus der Große vermehrte die Verzierung des Theaters durch Bilder berühmt gewordener Personen, die zu diesem Behufe von ausgezeichneten Künstlern sorgfältig ausgeführt waren. Unter diesen befindet sich auch Eutychis, die von 20 Kindern auf den Scheiterhaufen gelegt wurde und zu Tralles 30mal geboren hatte. Ferner Alcippe, die einen Elefanten gebar, was jedoch mehr unter die Wunder gehört. Auch zu Anfang des marsischen Krieges[2] kam eine Magd mit einer Schlange nieder. Unter den Mißgeburten kommen mannigfaltige Bildungen vor. Der Kaiser Claudius schreibt, daß in Thessalien ein Hippocentaur[3] geboren, an demselben Tage jedoch wieder gestorben sei. Wir selbst haben einen solchen gesehen, der ihm während seiner Regierung aus Ägypten in Honig gebracht wurde. Man kennt

[1] Trogus Pompejus, lebte zur Zeit Augusts.
[2] Die Marser waren ein beträchtliches Volk in Mittelitalien. Im Bundesgenossenkriege standen sie an der Spitze der feindlichen Partei, daher dieser Krieg, 91 v. Chr. begonnen, auch, wie hier, der marsische genannt wurde.
[3] Halb Pferd und halb Mensch.

ein Beispiel, daß ein neugebornes Kind zu Sagunt sogleich wieder in den Mutterleib zurückkehrte, und zwar in demselben Jahre, wo diese Stadt von Hannibal zerstört wurde[1].

Daß Weiber in Männer verwandelt werden, ist keine Fabel. Wir finden in den Annalen, daß unter den Konsuln P. Licinius Crassus und C. Cassius Longinus[2] aus einem Mädchen zu Casinum[3] im Beisein der Eltern ein Knabe geworden und auf Befehl der Wahrsager auf eine wüste Insel gebracht ist. Licinius Mucianus erzählt, er habe zu Argos einen gewissen Arescon gesehen, der früher Arescusa geheißen und als solche sogar geheiratet hätte; bald darauf sei bei ihr der Bart und die Mannheit zum Vorschein gekommen, und sie habe nun eine Frau genommen. Einen Knaben ähnlicher Art will er in Smyrna gesehen haben. Ich selbst sah in Afrika den L. Cossicius, einen thysdritanischen[4] Bürger, der an seinem Hochzeitstage in einen Mann verwandelt worden war.

Bei Zwillingsgeburten geschieht es selten, daß entweder die Mutter oder beide Kinder am Leben bleiben. Sind aber die Zwillinge verschiedenen Geschlechts, so ist die Rettung beider, der Mutter und der Kinder, noch seltener. Die Geburt der Mädchen geht schneller vonstatten als die der Knaben; auch altern jene schneller. Die Knaben regen sich öfter im Mutterleibe und liegen bekanntlich mehr auf der rechten, die Mädchen mehr auf der linken Seite.

[1] 219 vor Chr.
[2] 171 v. Chr.
[3] Casino.
[4] El Dschemme.

Von der Erzeugung des Menschen.

Die übrigen lebenden Geschöpfe haben eine bestimmte Zeit des *Gebärens* und der Schwangerschaft; der Mensch aber wird zu allen Zeiten des Jahres und nach einem unbestimmten Zeitraume der Empfängnis, der eine im 7., der andere im 8., ja bis zu Anfang des 10. und 11. Monats geboren. Vor dem 7. Monate ist kein Kind lebensfähig. Im 7. Monate findet eine Geburt nicht anders als am Tage vor oder nach dem Vollmonde oder auch im Neumonde statt. Bekanntlich erfolgen in Ägypten die Geburten im 8. Monate, und selbst in Italien sind solche Kinder lebensfähig, obgleich die Alten das Gegenteil behaupteten. Übrigens gestalten sich dergleichen Ereignisse auf mannigfache Weise. Vestilia, die Gattin des C. Herdicius, nachher des Pomponius und dann des Orfitus, dreier berühmter Bürger, kam von diesen 4mal im 7. Monate nieder; darauf gebar sie im elften den Suilius Rufus, im siebenten den Corbulo, welche beide Konsuln waren, später im achten Caesonia, die Gemahlin des Kaisers Cajus. Alle in einem dieser Zeiträume Geborene schweben bis zum 40. Tage in der größten Gefahr, die Schwangern aber im 4. und 8. Monate, in welchen unzeitige Geburten tödlich sind. Masurius[1] erzählt, der Prätor C. Papirius habe, als ein Erbe zweiten Grades seine Forderung geltend machen wollte, den Besitz der Güter dennoch einem andern, mit welchem die Mutter 13 Monate lang schwanger gewesen zu sein behauptete, zugesprochen, weil ihm keine bestimmte Zeit der Niederkunft festzustehen schien.

[1] Masurius oder Masurius Sabinus, Rechtsgelehrter aus der Zeit des Kaisers Tiberius.

Anzeichen bei Schwangeren
in bezug auf die Erkennung
des Geschlechtes der Leibesfrucht.

Am zehnten Tage nach der Empfängnis sind Kopf-schmerzen, Schwindel, Dunkelheit vor den Augen, Ekel vor Speisen und Aufstoßen aus dem Magen *Anzeichen vom Entstehen eines Menschen.* Die mit einem Knaben Schwangere hat eine bessere Gesichtsfarbe und gebärt leichter. Am 40. Tage fängt das Kind an, sich zu rühren. Das Gegenteil von allem findet statt, wenn das Kind weiblichen Geschlechts ist; dann ist die Bürde unerträglich, an den Schenkeln und Schamteilen zeigt sich eine leichte Geschwulst, die erste Bewegung aber erfolgt erst am 90. Tage. Allein die größte Mattigkeit fühlt die Schwangere bei beiden Geschlechtern, wenn dem Kinde das Haar wächst und zur Zeit des Vollmon-des, der auch auf bereits Geborene einen nachteiligen Einfluß ausübt. Ja sogar das Gehen und alles, was man nur nennen kann, wirkt auf Schwangere; wenn sie z. B. zu stark gesalzene Speisen essen, so gebären sie Kinder ohne Nägel, und wenn sie Atem geholt haben, so gebä-ren sie schwieriger. Das Gähnen während der Geburt ist tödlich, so wie das Niesen nach dem Beischlafe einen Abortus bewirkt.

Man wird mit Bedauern und Scham erfüllt, wenn man bedenkt, von welch unbedeutenden Zufällen die Entstehung des stolzesten unter den Geschöpfen ab-hängt, da sehr oft schon der Geruch ausgelöschter Lam-pen die Ursache unzeitiger Geburten ist. Einen solchen Anfang hat der Tyrann, einen solchen das blutdürstige Gemüt. Du, der du auf die Kräfte deines Körpers pochst, der du nach den Gaben des Glücks haschest und dich nicht einmal für den Pflegling, sondern für das Kind desselben hältst; du, dessen Geist stets mit Siegen umgeht, der du, aufgeblasen durch irgendein glückliches Ereignis, dich für einen Gott hältst, dich konnte ein so unbedeutender Umstand umbringen! Ja noch jetzt kann dies ein noch geringerer, denn wie klein ist der Biß vom Zahne einer Schlange! Starb doch schon der Dichter Anakreon[1] an dem Kerne einer Weinbeere; erstickte schon der Senator und Prätor Fabius an einem Haar, welches er beim Trinken der Milch mit verschluckte! Der nur wird das Leben seinem wahren Werte nach schätzen, welcher der menschlichen Hinfälligkeit stets eingedenk ist.

Monströse Geburten.

Daß bei der *Geburt* die Füße zuerst kommen, ist wider die Natur, und daher hat man solche Kinder Agrippen, d. h. Schwergeborene[2] genannt. Auf diese Weise soll M. Agrippa[3] zur Welt gekommen und er fast das einzige Beispiel einer solchen glücklich abgelaufenen Geburt sein. Allein auch er hatte kranke Füße, eine

[1] Geb. 559 v. Chr. zu Teos in Jonien, starb 474.

[2] Aegre parti.

[3] Der berühmte Schwiegersohn des Kaisers Augustus. Mit seiner Gattin Julia der ausschweifenden Tochter des Kaisers Augustus, zeugte er 3 Söhne und 2 Töchter, nämlich: C. Caesar, L. Caesar, Agr. Postumus, Julia und die ältere Agrippina, die nachherige Gemahlin des Germanicus und Mutter des Cajus (Caligula) und der jüngeren Agrippina, die sich mit dem Senator Cn. Domitius Ahenobarbus verheiratete, diesem den Domitius Nero gebar und später die vierte Gemahlin des Kaisers Claudius wurde. Er starb 12 n. Chr.

114

elende Jugend, brachte sein Leben in Krieg und Todes-
gefahren hin, alle seine Handlungen waren ihm schädlich, sein Stamm gereichte der Welt zum Unheil, vorzüglich durch die beiden Agrippinen, welche den Cajus
und Domitius Nero, diese zwei Geißeln des menschlichen Geschlechts, gebaren. Übrigens lebte er nicht
lange, denn schon im 51. Jahre starb er, und durch die
Betrübnis, welche ihm die Untreue seiner Gemahlin
sowie das sklavische Verhältnis zu seinem Schwiegervater bereitete, hat er die Bedeutung seiner verkehrten
Geburt büßen müssen. Daß auch selbst Nero, der noch
vor kurzem Kaiser und während seiner ganzen Herrschaft ein Feind des menschlichen Geschlechts war, mit
den Füßen zuerst geboren wurde, gibt seine Mutter
Agrippina an. Naturgemäß ist, daß der Mensch mit dem
Kopfe zuerst auf die Welt kommt und mit den Füßen
voran aus derselben zu Grabe getragen wird.

Kinder, die aus der Mutter Leibe
geschnitten sind.

Glücklicher kommen die zur Welt, deren Mutter bei
der Geburt stirbt, wie Scipio Africanus der Ältere
und der erste der Cäsaren, der diesen Namen erhielt,
weil er aus dem *aufgeschnittenen Leibe der Mutter* kam;
daher auch solche Kinder Cäsonen[1] heißen. Auf ähnliche Weise wurde auch Manilius geboren, der mit einem
Kriegsheere nach Karthago ging.

[1] Z. B. der Konsul Caeso Fabius im Jahre 481 v. Chr.

Von der Empfängnis und Zeugung.

Außer dem Weibe dulden nur wenige Tiere, während sie trächtig sind, die *Begattung*. Eins oder das andere wird höchstens überfruchtet. Man findet in den Schriften der Ärzte und anderer, die sich die Erforschung solcher Dinge angelegen sein ließen, daß durch eine Fehlgeburt schon 12 Leibesfrüchte abgingen. Wenn aber zwischen zwei Empfängnissen einige Zeit verflossen ist, dann kommen sie beide zur Reife, wie dies beim Herkules und seinem Bruder Iphicles der Fall war; desgleichen bei einer Frau, die Zwillinge gebar, von denen der eine ihrem Manne, der andere aber dem Ehebrecher ähnlich sah. Dasselbe geschah mit einer proconnesischen Magd, die nach einem doppelten Beischlafe an ein und demselben Tage mit einem Kinde, was ihrem Herrn, und mit einem zweiten, was dessen Verwalter ähnlich sah, niederkam. Eine andere gebar ein rechtzeitiges Kind und ein 5 Monate altes zugleich; noch eine andere gebar nach 7 Monaten und bekam 2 Monate nachher noch Zwillinge.

Wunderbare Bemerkungen
über den Monatsfluß
der Weiber.

Das einzige Geschöpf, welches einen *monatlichen Blutabgang* hat, ist das Weib; daher kommen nur in ihrer Gebärmutter die sogenannten Mondkälber[1] vor.

[1] Molae.

Dies ist ein unförmliches Stück Fleisch, ohne Leben, das dem Stiche und Schnitte des Eisens widersteht. Es bewegt sich und hemmt den Monatsfluß, gleich wie eine Leibesfrucht; bisweilen wird es den Weibern tödlich, bisweilen behalten sie es bis in ihr Alter, oder es geht bei schneller Eröffnung des Leibes ab. Etwas Ähnliches erzeugt sich auch im Leibe der Männer, und dies nennt man Blutgeschwulst[1], wie beim Prätor Oppius Capito der Fall war. Aber nicht leicht wird man etwas finden, was wunderbarere Wirkungen hervorbringt als der Blutfluß der Weiber. Kommen sie in diesem Zustande in die Nähe von Most, so wird er sauer, die Feldfrüchte werden durch ihre Berührung unfruchtbar, Pfropfreiser sterben ab, die Keime in den Gärten verdorren, und die Früchte der Bäume, unter denen sie gesessen haben, fallen ab. Der Glanz der Spiegel wird durch ihren bloßen Blick matt, die Schneide eiserner Geräte wird stumpf, das Elfenbein verliert seinen Glanz, ja sogar Erz und Eisen rosten und bekommen einen üblen Geruch; Hunde, die davon lecken, werden wütend, und ihr Biß wird dadurch zum unheilbaren Gifte. Selbst das sonst so zähe und klebrige Harz, welches zu einer gewissen Zeit auf dem Asphaltsee in Judäa herumschwimmt, das sich nicht ablösen läßt und an alles, was damit in Berührung kommt, sich fest aufhängt, haftet nicht an einem Faden, der mit diesem Gifte benetzt ist. Sogar die Ameise, dieses so kleine Tier, soll eine Empfindung davon haben, denn sie wirft die zusammengetragenen Körner, welche davon berührt sind, weg und sucht sie niemals wieder auf. Und diese große Beschwerde tritt bei den Weibern alle 30 Tage und jedesmal nach 3 Monaten

---

[1] Scirrhus.

117

noch stärker ein, bei einigen öfter als jeden Monat, bei andern niemals. Allein letztere gebären auch nicht, denn dies ist der Stoff zur Erzeugung des Menschen, mit welchem sich der Same des Mannes wie eine geronnene Masse vereinigt und mit der Zeit Leben und Form bekommt. Wenn daher Schwangere diesen Fluß noch haben, so kommen schwache, nicht lebensfähige oder eiterige Kinder zur Welt, wie Nigidius behauptet. Ebenderselbe ist auch der Meinung, daß die Milch einer das Kind säugenden Frau nicht verdorben werde, wenn sie von demselben Manne wiederum empfängt.

Von der Zeugungsfähigkeit.

Zu Anfang oder gegen Ende dieses Zustandes soll die Empfängnis am leichtesten erfolgen. Ein Beweis der Fruchtbarkeit einer Frau soll, wie ich erfahren habe, sein, wenn ein Arzneimittel, womit man ihre Augen bestreicht, sich dem Speichel mitteilt.

Geschichtliche Bemerkungen von den Zähnen, desgleichen von den Kindern.

Ferner ist es keinem Zweifel unterworfen, daß die *Kinder* im 7. Monate nach der Geburt die ersten *Zähne*, und zwar vorn und zuerst gewöhnlich in der obern Kinnlade bekommen. Im 7. Jahre fallen diese wieder aus, und andere wachsen nach. Manche Kinder werden auch gleich mit den Zähnen geboren, wie M.

Curius[1], der deshalb den Beinamen Dentatus erhielt, und Cn. Papirius Carbo[2], beide berühmte Männer. Bei den Mädchen galt dies zu den Zeiten der Könige für ein sehr unglückliches Zeichen. Als Valeria so geboren war, verkündete der Ausspruch der Wahrsager derjenigen Stadt den Untergang, in welche sie gebracht würde; man führte sie in das damals blühende Suessa Pometia[3],und der Erfolg zeigte die Wahrheit der Weissagung. Manche Mädchen werden mit zusammengewachsenen Geschlechtsteilen geboren; dies ist eine unglückliche Vorbedeutung, wie sich an der Cornelia[4], der Mutter der Gracchen, erwies. Andere bringen statt Zähne einen zusammenhängenden Knochen mit zur Welt, wie der Sohn des bithynischen Königs Prusias in der obern Kinnlade hatte.

Nur allein die Zähne werden beim Verbrennen des Körpers vom Feuer nicht zerstört. Obgleich sie nun den Flammen widerstehen, so werden sie doch durch den fressenden Schleim ausgehöhlt. Ein schönes weißes Ansehen erhalten sie durch ein gewisses Mittel. Durch den Gebrauch reiben sie sich ab, und bei manchen Menschen sind sie das erste, was zu Grunde geht. Sie sind nicht nur notwendig zur Nahrung und Speise, sondern die Vorderzähne tragen das meiste zur richtigen Stimme und Aussprache bei, indem sie den Stoß der Zunge mit einer gewissen Gleichförmigkeit auffangen, durch ihre

[1] Z.B. der Konsul Caeso Fabius im Jahre 481 v. Chr.

[2] War 113 vor Chr. Konsul.

[3] Eine alte Stadt in Latium (wahrscheinlich an der Stelle des heutigen Torre Petrara), welche nach Livius I. von Tarquinius Superbus erobert ward.

[4] Denn ihre beiden Söhne Tiberius u. Cajus Gracchus starben eines gewaltsamen Todes.

Stellung und Größe die Töne brechen, mildern oder schwächen; sind sie aber nicht mehr vorhanden, so fehlt alle Deutlichkeit in der Rede.

Auch in den Zähnen glaubt man Vorbedeutungen zu finden. Die Männer bekommen 32, mit Ausnahme der Turduler; die, welche mehrere haben, glauben sich ein längeres Leben versprechen zu dürfen. Die Weiber haben eine geringere Anzahl. Diejenigen, welche auf der rechten Seite oben 2 sogenannte Hundszähne haben, rechnen fest auf die Gunst des Glücks, wie z. B. Agrippina, die Mutter des Domitius Nero; das Gegenteil findet statt, wenn jene Zähne auf der linken Seite stehen. Einen Menschen zu verbrennen, bevor er die Zähne bekommen hat, ist bei keinem Volke gebräuchlich. Wir werden bald mehr über diesen Gegenstand sagen, wenn die Beschreibung von Glied zu Glied geht[1].

Ich weiß nur von einem Menschen, dem Zoroaster[2], der am Tage seiner Geburt gelacht hat; bei ihm soll sich das Gehirn so stark bewegt haben, daß es eine aufgelegte Hand zurückstieß — eine Vorbedeutung seiner nachherigen Gelehrsamkeit.

Beispiele auffallender Größe.

Daß der Mensch im 3. Jahre die Hälfte seiner zukünftigen *Größe* erreicht, ist gewiß. Im allgemeinen kann man aber die sichere Beobachtung machen, daß die Menschheit von Tage zu Tage kleiner wird, indem die Söhne selten größer als die Väter sind, da die

[1] Im XXVIII. Buch, 9. u. 11. Kap.
[2] Mehr über ihn im XXX. Buch, 2. Kap.

Verbrennungsperiode, zu welcher unser Zeitalter sich hinneigt[1], die Fruchtbarkeit des Samens vermindert. In Kreta fand man in einem durch ein Erdbeben zerrissenen Berge einen stehenden Körper von 46 Cubitus Länge, den einige für den Orion, andere für den Otis[2] halten. Der Körper des Orests, der auf Befehl des Orakels wieder aufgegraben wurde[3], war nach dem Zeugnis alter Überlieferungen 7 Cubitus lang. Ja schon vor beinahe 1 000 Jahren klagte der große Dichter Homer wiederholt, daß die Menschen seiner Zeit kleiner wären als die Alten. Die Größe des Nävius Pollio ist in den Jahrbüchern nicht bemerkt, da er aber durch den Zusammenlauf des Volks[4] beinahe erdrückt wäre, so muß sie an das Wunderbare gegrenzt haben. Den größten Menschen sah unser Zeitalter unter der Regierung des Kaisers Claudius; er hieß Gabbara, war aus Arabien und maß 9 Fuß und ebensoviele Zoll. Unter der Regierung des Augustus lebten zwei Leute namens Posio und Secundilla, welche noch einen halben Fuß höher waren und deren Körper der Merkwürdigkeit wegen in dem Grabe der sallustianischen Gärten aufbewahrt wurden.

Unter demselben Kaiser war der kleinste Mensch 2 Fuß und 1 Palme hoch; er hieß Conopas und wurde der Julia, der Enkelin Augusts, zum Vergnügen gehalten; ferner eine Zwergin, Andromeda, eine Freigelassene der Julia Augusta. M. Varro berichtet, daß Manius Maximus und M. Tullius, 2 römische Ritter, nur zwei Ellen groß gewesen wären, und ich selbst habe sie in ihren

---

[1] Nach der Ansicht alter Gelehrten wird die Erde durch Feuer zerstört. Plinius hält diese Zeit für nicht sehr fern.

[2] Fabelhafte Riesen.

[3] Siehe Herodot I. 68. A. Gellius, N. A. III. 40.

[4] Seiner Größe wegen nämlich.

Särgen gesehen. Daß Kinder von anderthalb Fuß, mitunter noch größer geboren werde, die aber schon im 3. Jahre ihr Leben beschließen, ist bekannt.

Ausgezeichnete Merkmale am menschlichen Körper.

Die Männer sind schwerer an Gewicht[1] und bei allen Tieren die toten Körper schwerer als die lebenden, die schlafenden schwerer als die wachenden. Männliche Leichname schwimmen auf dem Rücken, weibliche auf dem Bauche, gleichsam als wollte die Natur ihre Schamhaftigkeit noch nach dem Tode achten.

Ich habe erfahren, daß Menschen mit durchaus festen Knochen ohne Mark leben; solche Personen sollen keinen Durst fühlen und nicht schwitzen, obgleich wir auch wissen, daß sich der Durst durch den Willen bezwingen läßt. So soll dem römischen Ritter Julius Viator, von dem mit Rom verbündeten Volke der Vecontier, dem in seiner Jugend wegen Hautwassersucht von den Ärzten alles Nasse verboten war, diese Gewohnheit so zur Natur geworden sein, daß er im Alter gar nicht getrunken hat. Auch andere haben sich in vielen Dingen beherrscht.

Man erzählt, daß Crassus, der Großvater des in Parthien getöteten Crassus[2], niemals gelacht habe und deshalb Agelastus genannt sei. Auch sollen viele nie geweint haben. Sokrates, der berühmte Weise, wurde im-

---

[1] Als die Weiber.

[2] 53 vor Chr., als er aus Geldgier einen Feldzug gegen die Parther unternommen hatte.

mer mit derselben Miene, nie freundlicher und nie trauriger, gesehen. Diese strenge Haltung der Seele artet zuweilen in eine gewisse Kälte, in ein rauhes, hartes und unbeugsames Wesen aus und benimmt dem Menschen die Gemütsbewegungen. Solche heißen bei den Griechen ἀπαθεῖς; es gab deren viele unter ihnen, und merkwürdigerweise gehörten dazu die größten Weisen, wie Diogenes der Zyniker, Pyrrhon, Heraclitus, Timon, welcher letztere sogar das ganze menschliche Geschlecht haßte. Aber auch verschiedene geringfügige Eigenheiten bemerkt man bei vielen; so soll Antonia, die Tochter des Drusus, nie ausgespuckt, der Konsul und Dichter Pomponius nie das Aufstoßen gehabt haben. Menschen mit durchaus festen Knochen sind sehr selten und heißen hörnerne.

Sehr scharfes Gesicht.

Von der *Schärfe der Augen* findet man Beispiele, die allen Glauben überschreiten. Cicero erzählt, daß Homers Iliade, auf Pergament geschrieben, in einer Nuß eingeschlossen gewesen sei; ferner, daß ein Mensch 135 000 Schritte weit gesehen habe. Von diesem hat uns M. Varro auch seinen Namen aufbewahrt, er hieß nämlich Strabo. Im punischen Kriege soll er sogar gewöhnlich vom Vorgebirge Lilybäum in Sizilien aus beim Auslaufen der Flotte aus dem Hafen von Karthago die Anzahl der Schiffe angegeben haben. Callicrates schnitt aus Elfenbein Ameisen und andere so kleine Tiere, daß deren einzelne Teile von andern nicht bemerkt wurden. Ein gewisser Myrmecides machte sich gleichfalls in dieser Hinsicht berühmt; er soll aus demselben Material einen 4spännigen Wagen, den eine Fliege mit ihren Flügeln bedecken, und ein Schiff, das eine kleine Biene unter ihren Flügeln verbergen konnte, verfertigt haben.

Sehr feines Gehör.

E in einziges merkwürdiges Beispiel vom *Gehör* gibt die Schlacht, in welcher Sybaris zerstört wurde, und die an demselben Tage, wo sie vorfiel, in Olympia gehört wurde. Denn die Nachricht von dem Siege über die Cimbern[1] sowie die römischen Castoren, welche den perseischen Sieg[2] an demselben Tage, wo er sich ereignete, verkündigten, waren Zeichen und Wunder der Götter.

Beispiele von Ausdauer.

V on der *Ausdauer* des Körpers gibt es, da unglückliche Schicksale sehr häufig sind, unzählige Beispiele. Das berühmteste bei dem weiblichen Geschlechte ist das der öffentlichen Dirne Leäna, die selbst unter Martern die Tyrannenmörder Harmodius und Aristogiton[3] nicht

[1] Den Marius erfocht.
[2] Sieg des Aemilius Paullus Macedonicus über den letzten König von Macedonien Perseus. Über diese Begebenheit vergl. man Cic. de nat. Deor. II. 2.
[3] Sie töteten den Tyrannen von Athen, Hipparch, den Sohn des

nannte; unter den Männern verdient das des Anaxar-
chus genannt zu werden, der aus einem ähnlichen
Grunde gefoltert, sich mit den Zähnen die Zunge abbiß
und diese einzige Hoffnung des Verrats dem Tyrannen[1]
ins Gesicht spie.

Beispiele von starkem Gedächtnis.

Wem das *Gedächtnis*, dieses so höchst notwendige
Gut des Lebens, im vorzüglichsten Grade zuteil
ward, läßt sich nicht leicht angeben, da sich so viele
dadurch berühmt gemacht haben. Der König Cyrus
wußte die Namen aller Soldaten seines Heeres; L. Scipio
die aller Römer; Cineas, der Gesandte des Königs Pyrrhus, die aller Senatoren und Ritter zu Rom, und zwar
am Tage nach seiner Ankunft. Mithridates, König über
22 Völker, sprach in ebenso vielen Sprachen Recht und
redete in der Reichsversammlung einen jeden Gesandten ohne Dolmetscher an. Ein gewisser Charmadas in
Griechenland sagte jedes Buch, das einer aus der Bibliothek verlangte, aus dem Kopfe her, als wenn er es lese.
Zuletzt machte man hieraus eine Kunst, nämlich die,
das Gehörte mit denselben Worten wiederzugeben[2],
welche von dem Liederdichter Simonides[3] erfunden,
aber von Metrodorus aus Scepsis vervollkommnet
wurde. Es gibt aber auch nichts an dem Menschen, was

Pisistratus. 513 vor Chr. Siehe auch im XXXIV. Buch, 19. Kap.
[1] Nicocreon von Cypern. Siehe Valerius Maxim. III. 3.
[2] Die Mnemonik.
[3] Geb. 558 vor Chr. auf der Insel Ceos. Starb 467 am Hofe des
Königs Hiero in Syrakus.

hinfälliger und den nachteiligen Einflüssen der Krankheiten und anderer Unglücksfälle, ja sogar der Furcht mehr ausgesetzt wäre, und zwar bisweilen teilweise, bisweilen aber auch gänzlich. Einer der von einem Steine getroffen war, vergaß nur die Buchstaben. Ein anderer, der von einem hohen Dache herabstürzte, vergaß seine Mutter, Verwandten und Freunde; ein Kranker seine Sklaven; der Redner Messala Corvinus[1] sogar seinen Namen. Oft sucht es selbst in einem ruhigen und kräftigen Körper abzunehmen; auch wenn der Schlaf uns beschleicht, entwischt es uns, so daß der verlassene Geist suchen muß, wo er sich befindet.

Beispiele von Geisteskraft.

Mit *Geisteskraft* war, wie ich glaube, der Diktator Cäsar am vorzüglichsten ausgestattet. Ich will jetzt nicht von seiner Tapferkeit und Beharrlichkeit, nicht von seiner großen Fähigkeit, alles, was der Himmel umschließt, zu erfassen, reden, sondern nur von seiner eigentümlichen Regsamkeit und durch ein gewisses Feuer beflügelten Schnelligkeit seiner Gedanken. Wie ich erfahren habe, war er gewohnt, während er schrieb oder las, zugleich zu diktieren und sich vorlesen zu lassen. Er diktierte auf einmal 4 Briefe in den wichtigsten Angelegenheiten seinen Schreibern, und wenn er sonst nichts zu tun hatte, 7. Er hat in 50 Schlachten gekämpft, und hierin allein den M. Marcellus übertroffen, der 39 geliefert hatte. Denn außer seinen Siegen in

[1] Er lebte zur Zeit Augusts.

den Bürgerkriegen sind 1 192 000 Menschen durch ihn in Schlachten umgekommen, welches große, wenngleich notgedrungene dem menschlichen Geschlechte zugefügte Unrecht ich ihm aber eben nicht zum Ruhme anrechnen möchte, und er hat dies selbst dadurch zu erkennen gegeben, daß er die Niederlagen in den Bürgerkriegen nicht bekanntmachte.

Beispiele von Milde und Großmut.

Gerechterer Ruhm gebührt dem großen Pompejus dafür, daß er den Seeräubern 846 Schiffe weggenommen hat. Cäsar hatte, außer den obengenannten Tugenden, noch die eigentümliche einer ausgezeichneten *Milde*, wodurch er alle bis zur Reue übertraf. Er gab auch ein Beispiel von *Großmut*, mit dem kein anderes verglichen werden kann. Die Schauspiele, die er veranstaltete, die Summen, die er verschwendete, und die Pracht der Bauwerke hier aufzuzählen, hieße dem Luxus eine Lobrede halten. Das aber zeugte von einer wahren und unvergleichlichen Erhabenheit seines unbesiegten Geistes, daß er die bei Pharsalia erbeuteten Briefkasten des großen Pompejus und wiederum bei Thapus die des Scipio gewissenhaft verbrannte, ohne ihren Inhalt gelesen zu haben.

Vom Tode.

Jetzt wollen wir die Anzeigen des nahe bevorstehenden *Todes* anführen. Bei der Raserei das Lachen; bei Krankheiten, wo das Bewußtsein bleibt, ein Pflücken und Falten der Kleider und des Bettzeuges, ein Nichtachten auf diejenigen, von denen der Kranke aufgeweckt wird, die freiwillige Entleerung der natürlichen Bedürfnisse. Das sicherste Kennzeichen aber gibt das Aussehen der Augen und Nase und selbst das beständige Liegen auf dem Rücken, ferner der ungleiche oder schwache Pulsschlag und was sonst noch Hippokrates[1], der größte Arzt, beobachtet hat. So unzählige Merkmale des Todes es nun gibt, so hat man dagegen kein sicheres für Gesundheit und Lebensdauer, daher auch der Censor Cato, in einem Schreiben an seinen Sohn über Gesunde, die einem Orakel ähnliche Bemerkung macht, daß eine altkluge Jugend das Zeichen eines frühen Todes sei. Krankheiten gibt es eine unendliche Menge. So starb Pherecydes aus Syrus an Schlangen, welche in Menge aus seinem Körper hervorkrochen[2]. Manche leiden beständig am Fieber, wie C. Maecenas[3], der in den letzten 3 Jahren seines Lebens keinen Augenblick schlafen konnte. Der Dichter Antipater von Sidon[4] bekam jährlich einmal, und zwar an seinem Geburtstage das Fieber und starb auch daran im hohen Alter.

[1] Geb. auf der Insel Cos 460 v. Chr., gestorben ebendaselbst 356.

[2] Mit anderen Worten: Er hatte die Läusekrankheit.

[3] Cajus Cilnius Maecenas, einer der angesehensten Römer aus der Zeit des Augustus und dessen Freund, eifriger Förderer und Besitzer der Wissenschaften, starb 8 v. Chr.

[4] Geb. 100 v. Chr., lehrte zu Athen.

128

Vom Begräbnis.

Das *Verbrennen* der Leichen ist bei den Römern keine alte Sitte; früher *begrub* man sie. Als man aber die Erfahrung gemacht hatte, daß in den langwierigen Kriegen die Beerdigten wieder herausgewühlt wurden, so führte man jenes ein. Dessenungeachtet blieben viele Familien dem alten Gebrauche treu; so wurde in der cornelischen vor dem Diktator Sulla niemand verbrannt. Dieser aber soll es deshalb eingeführt haben, weil er den Leichnam des Marius hatte ausgraben lassen, und nun ein Gleiches befürchtete. Mit dem Worte *sepultus* bezeichnet man aber einen, der auf was immer für eine Weise beigesetzt ist, dagegen *humatus* heißt ein wirklich mit Erde Bedeckter.

Von den Geistern der Verstorbenen.
Von der Seele.

Nach dem Begräbnis kommen wir an die verschiedenen Meinungen über die *Geister der Verstorbenen*. Alle haben nach dem letzten Tage dasselbe Schicksal, was sie vor dem ersten hatten. Vom Augenblicke des Todes an hat der Leib sowie die Seele ebensowenig Empfindung wie vor der Geburt. Unsere Eitelkeit dehnt sich aber sogar auch auf die Zukunft aus und lügt sich selbst ein Leben nach dem Tode vor, indem sie bald der *Seele* Unsterblichkeit, bald eine Seelenwanderung, bald den Verstorbenen Empfindung beilegt, die Manen verehrt und den zum Gotte macht, der bereits aufgehört hat, Mensch zu sein; gleichsam als wenn das Leben des

Menschen sich in irgend etwas von dem des Tieres unterscheide, oder als ob wir im Leben nicht viele weit dauerndere Dinge fänden, denen doch niemand eine ähnliche Unsterblichkeit weissagt. Welche Gestalt hat die Seele? Aus welchem Stoffe besteht sie? Wo hat ihre Denkkraft den Sitz? Wie sieht, hört, fühlt sie? Was tut sie, oder worin besteht ohne diese Organe ihr Glück? Wo hat sie ferner ihren Wohnsitz, und wie groß ist die Menge der seit so vielen Jahrhunderten als Schatten abgeschiedenen Seelen? Alles dies sind Einbildungen kindischer Schwärmerei und der Sucht des Menschen, nie aufhören zu wollen. Ebenso töricht war die Meinung Demokrits, man solle die Leichen (in Honig) aufbewahren, denn sie würden wieder lebendig, denn er selbst lebte ja nicht einmal wieder auf. Welch ein Unsinn ist es zu behaupten, daß mit dem Tode ein neues Leben beginne! Wie kann der Mensch je Ruhe haben, wenn seine Seele oben und sein Schatten in der Unterwelt Empfindung behalten? Wahrlich, dieser süße, aber alberne Glaube vernichtet das vornehmste Gut, was uns die Natur verliehen hat, den Tod, und macht den Austritt aus dem Leben doppelt schmerzhaft, indem uns sogar noch der Gedanke an die Zukunft bekümmert. Denn wenn es angenehm ist zu leben, wie kann es dann angenehm sein gelebt zu haben[1]? Aber wie viel leichter und sicherer ist es, seiner eigenen Überzeugung zu folgen und aus der Betrachtung des Zustandes vor unserer Geburt auf unsere Ruhe nach dem Tode zu schließen!

---

[1] D. h., nicht mehr zu leben.

VON DEN ELEFANTEN.

Von den Elefanten; von ihrem Verstande.

Wir gehen nun zu den übrigen Tieren, und zwar zuerst zu den Landtieren über. Das größte unter ihnen ist der *Elefant*. Sein Verstand kommt dem des Menschen am nächsten, denn er versteht die Sprache seines Landes, gehorcht den Befehlen, merkt sich die erlernten Verrichtungen und findet Vergnügen an Liebe und Ruhm; ja er ist sogar (was selbst bei den Menschen zu den seltnen Fällen gehört) rechtschaffen, klug und gerecht, erweist den Gestirnen göttliche Ehre und hält Sonne und Mond heilig. Nach dem Berichte einiger Schriftsteller kommen die Elefanten in den Gebirgen Mauritaniens beim Schimmer des Neumondes scharenweise zu einem gewissen Flusse namens Amilo, wo sie sich feierlich reinigen, Wasser umhersprengen und nach dieser Begrüßung des Gestirns wieder in ihre Wälder zurückkehren, wobei sie die ermüdeten Jungen vor sich hertragen. Sie fordern auch Gewissenhaftigkeit von anderen, denn wenn sie über das Meer gebracht werden sollen, so besteigen sie, wie man glaubt, das Schiff nicht eher, bis der Schiffsführer einen Schwur abgelegt hat, sie wieder zurückzubringen. Man hat kranke Elefanten (denn auch diese ungeheuern Massen werden von Krankheiten heimgesucht) gesehen, welche Kräuter rücklings gen Himmel warfen, gleichsam als wenn sie die Erde zur Fürbitterin nehmen wollten. Was ihre

Gelehrigkeit betrifft, so verehren sie den König, beugen ihre Knie vor ihm und reichen ihm Kränze dar. Die Indier bedienen sich der kleinern, welche sie unechte[1] nennen, zum Pflügen.

Wann sie zuerst zum Ziehen gebraucht sind.

Die ersten Elefanten, welche zu Rom *eingespannt* wurden, zogen den Wagen des großen Pompejus bei seinem afrikanischen Triumphe, was lange vorher auch vom Bacchus bei seinem Triumphe über Indien erzählt wird. Procilius[2] bemerkt, sie hätten beim Triumphzuge des Pompejus nicht nebeneinander zum Tore hereinkommen können. Bei einem Fechterspiele des Germanicus Cäsar sollen einige sogar ungeschickte Bewegungen gemacht haben, als wenn sie tanzten. Es war etwas Gewöhnliches, daß sie Waffen in die Luft warfen, ohne daß der Wind dieselben wegführte, daß sie miteinander fochten oder den muntern pyrrhichischen Tanz aufführten, nachher auch auf Seilen gingen. Ja vier trugen sogar einen von ihnen, der eine Wöchnerin nachahmte, in einer Sänfte; sie gingen ferner in mit Menschen angefüllten Speisesälen mit so abgemessenen Schritten zwischen den Sesseln hindurch, daß sie keinen der Gäste berührten.

[1] Nothi.
[2] Ein uns unbekannter Autor.

132

Von ihrer Gelehrigkeit.

Tatsache ist, daß ein Elefant, der das, was man ihn lehrte, etwas schwer begriff und deshalb öfters Schläge bekommen hatte, des Nachts mit Nachdenken über seine Lektion beschäftigt angetroffen wurde. Es scheint schon äußerst wunderbar, daß sie auf einem Seile hinaufgehen, aber noch wunderbarer, daß sie auf demselben auch wieder heruntergehen können. Mucianus, der dreimal Konsul war, berichtet, daß eins von diesen Tieren die griechischen Schriftzüge gelernt und in dieser Sprache die Worte: »Ich selbst habe dies geschrieben und die keltische Beute geweiht« geschrieben habe. Derselbe erzählt, er habe zu Puteoli gesehen, wie einige dorthin gebrachte Elefanten beim Ausschiffen sich vor der Länge der vom Schiffe bis zum Lande führenden Brücke gefürchtet hätten und, um sich über den langen Weg zu täuschen, rückwärts darüber gegangen wären.

Wunderbare Dinge in bezug auf ihre Handlungen.

Sie wissen, daß dasjenige an ihnen, wonach besonders getrachtet wird, in ihren Waffen besteht, welche Juba Hörner nennt, die aber bei Herodot, der doch viel älter ist, sowie im gemeinen Leben richtiger Zähne heißen. Wenn sie ihnen daher durch irgendeinen Zufall oder im Alter ausfallen, so verscharren sie sie. Diese allein sind das wahre Elfenbein, die übrigen Knochen aber sowie der Teil der Zähne, welcher im Fleische steckt, von weit geringerem Werte. Dennoch hat man vor kurzem aus Mangel an echtem Elfenbein auch die Knochen in Platten zu schneiden angefangen; denn sehr große Zähne werden jetzt, außer in Indien, selten mehr gefunden, das übrige ist auf unserm Erdkreise schon dem Luxus zuteil geworden. Das Weiße der Zähne ist ein Kennzeichen der Jugend. Auf die Zähne halten die Elefanten am meisten; sie schonen die Spitze des einen, damit er nicht untauglich zum Kampfe werde; den andern gebrauchen sie als Werkzeug zu andern Verrichtungen, z. B. zum Ausgraben der Wurzeln, Fortwälzen von Lasten. Werden sie von Jägern verfolgt, so stellen sie die, welche die kleinsten Zähne haben, vor, damit der Kampf von keiner Bedeutung scheine; sind sie aber müde, so stoßen sie sich die Zähne an einem Baume ab und kaufen sich so durch die dem Jäger zufallende Beute los.

Daß die wilden Tiere wissen, was ihnen Gefahr bringt.

Merkwürdig ist es, daß die meisten Tiere wissen, warum sie angegriffen werden, aber auch, wogegen sie sich überhaupt zu hüten haben. Der Elefant soll, wenn er einem Menschen begegnet, der einzeln in der Einsamkeit umherirret, milde und zutraulich gegen ihn sein und ihm sogar den Weg zeigen. Bemerkt er die Spur des Menschen, bevor er ihn sieht, so soll er aus Furcht vor Nachstellung zittern, nachdem er ihn gewittert, stillstehen, um sich schauen, vor Zorn schnauben, nicht auf dessen Fußstapfen treten, sondern etwas Erde davon herausscharren und dem zunächst hinter ihm Befindlichen geben. Dieser reicht sie seinem Nachbar und so weiter, bis sie an den letzten kommt, dann wendet sich der ganze Haufe um und stellt sich in Schlachtordnung. So anhaltend ist der Geruch, daß sie ihn alle wahrnehmen, obgleich diese Fußstapfen größtenteils nicht einmal von nackten Füßen herrühren. So soll auch der Tiger, der doch gegen alle übrigen Tiere wütet und selbst die Spur des Elefanten verachtet, beim Anblick eines menschlichen Fußstapfens seine Jungen wegtragen. Aber auf welche Weise hat er Kenntnis davon bekommen? Wo hat er vorher den gesehen, welchen er fürchtet? Denn solche Wälder, wo diese Tiere sich aufhalten, werden niemals von Menschen besucht. Wohl mag ihnen ein so seltener Fußtritt auffallen, allein wissen sie, daß er zu fürchten ist? Warum zittern sie sogar bei dem Anblicke des Menschen, da sie diesen doch an Kraft, Größe und Schnelligkeit weit übertreffen? Aber darin zeigt sich gerade die Einrichtung der Natur und ihre Macht, daß selbst die wildesten und größten Tiere, das, was sie fürchten müssen, niemals gesehen zu haben brauchen und doch gleich wissen, daß sie sich davor in acht zu nehmen haben.

Die Elefanten ziehen gesellschaftlich umher. Der älteste führt den Zug an, und der im Alter auf ihn folgende beschließt denselben. Wenn sie über einen Fluß wollen, schicken sie die kleinsten voraus, damit durch die Tritte der größern das Flußbett nicht zu sehr ausgetreten und die Tiefe größer werde. Antipater gibt an, der König Antiochus habe sich zweier Elefanten im Kriege bedient, die sogar eigne Namen gehabt hätten, denn sie verstehen dieselben. Cato, der nicht einmal die Namen der Feldherrn in seinen Annalen aufgeführt hat, erzählt,

daß ein Elefant, welcher in einer Schlacht gegen die
Punier am mutigsten gekämpft habe, Surus[1] genannt
worden sei, weil einer seiner Zähne verstümmelt war.
Als Antiochus durch einen Fluß setzen wollte, wei-
gerte sich Ajax (ein Elefant nämlich), der sonst immer
der Anführer des ganzen Trupps gewesen war. Da rief
man aus, daß derjenige der erste von allen sein sollte,
er zuerst hinüber ginge; Patroclus (ein anderer Elefant) wagte es und wurde deshalb mit einem silbernen
Kopfschmuck (woran die Elefanten viel Freude haben)
und mit dem Vorrange über die andern beschenkt. Jener aber sah sich dadurch beschimpft und zog den
Hungertod der Schande vor. Sie besitzen nämlich ein
wunderbares Schamgefühl; der Besiegte weicht vor der
Stimme des Siegers und reicht ihm Erde und Kräuter[2]
dar.

Aus Schamhaftigkeit begatten sie sich stets an einem
verborgenen Orte, das männliche Tier zuerst im 5., das
weibliche im 10. Jahre. Die Begattung erfolgt alle 2
Jahre und dauert, wie man sagt, nie länger als 5 Tage;
am 6. Tage reinigen sie sich erst in einem Flusse, bevor
sie zur Herde zurückkehren. Ehebruch ist ihnen unbekannt, auch fallen unter ihnen keine Kämpfe wegen der
Weibchen, die bei den übrigen Tieren oft so erbittert
sind, vor; jedoch liegt der Grund davon nicht in einem
Mangel an Liebe, denn man erzählt, daß einer in Ägypten ein Mädchen, die Kränze verkaufte, geliebt habe.
Damit man aber nicht glaubt, seine Wahl sei auf einen

---

[1] Surus heißt ein Pfahl, Stumpf.

[2] Verbenae; so hießen die heiligen Kräuter oder Zweige, z. B. des
Lorbeers, Ölbaums, der Myrte, die zu religiösen Gebräuchen dienten, auch den Siegern als Zeichen der Hochachtung dargereicht
wurden.

gewöhnlichen Gegenstand gefallen, so muß ich noch bemerken, daß jene Person auch bei dem berühmten Grammatiker Aristophanes[1] sehr in Gunst stand. Ein anderer hatte zu dem Syrakusaner Menander, einem angehenden Jüngling bei dem Heere des Ptolemäus, eine solche Neigung gefaßt, daß er nichts fraß, wenn er ihn nicht sah. Auch soll, wie Juba erzählt, einer eine Balsamhändlerin geliebt haben. Bei allen äußerte sich die Liebe durch Freude beim Anblick, durch ungeschickte Schmeicheleien und durch Aufbewahrung von Geschenken, die sie vom Volke erhalten hatten und sie dann in den Schoß des Geliebten schütteten. Eine solche Zuneigung ist auch kein Wunder bei Tieren, die ein Gedächtnis haben; denn ebenderselbe Schriftsteller sagt, daß sie denjenigen, welcher in der Jugend ihr Führer war, im hohen Alter nach vielen Jahren wiedererkennen, auch hätten sie eine gewisse Ahnung von Gerechtigkeit. Als einst der König Bocchus[2] 30 Elefanten ebenso viele Menschen, welche er zum Ziele seiner Wut erkoren hatte, an Pfähle gebunden, vorwerfen und Leute unter ihnen umherlaufen ließ, welche sie reizen sollten, konnte man sie nicht dahinbringen, sich zum Dienste fremder Grausamkeit gebrauchen zu lassen.

[1] Von Milet, übrigens nicht näher bekannt.
[2] Schwiegervater Jugurthas, gegen Ende des 2. Jahrh. v. Chr., König von Mauritanien.

Wann in Italien zuerst Elefanten gewesen sind.

Elefanten sah man in Italien zuerst während des Krieges mit dem König Pyrrhus im 472. Jahre der Stadt und nannte sie lucanische Ochsen, weil man sie zuerst in Lucanien erblickt hatte; nach Rom aber kamen sie erst 7 Jahre später bei einem Triumphe. Im Jahre 502 gelangte daselbst eine große Anzahl an, die bei dem Siege des Pontifex L. Metellus über die Carthaginienser in Sizilien gefangen waren. 142 waren auf Flößen übergefahren, die man über zusammengereihte Tonnen gelegt hatte. Verrius berichtet, man habe sie im Zirkus miteinander kämpfen lassen und sie mit Wurfspießen getötet, weil man nichts mit ihnen anzufangen wußte, denn man wollte sie weder füttern noch Könige damit beschenken. Nach L. Piso hat man sie bloß in den Zirkus geführt und, um die Verachtung gegen sie zu steigern, von Tagelöhnern mit stumpfen Spießen im ganzen Zirkus herumtreiben lassen. Was dann mit ihnen geschehen sei, darüber schweigen die Schriftsteller, welche nicht glauben, daß sie getötet worden wären.

Ihre Kämpfe.

Berühmt ist der Kampf eines Römers mit einem *Elefanten*, als Hannibal unsere Gefangenen zwang, miteinander zu kämpfen. Einen, der übriggeblieben war, ließ er einem Elefanten vorwerfen und versprach ihm die Freiheit, wenn er ihn töten würde. Jener betrat allein den Kampfplatz und tötete den Elefanten zum großen Verdrusse der Carthaginienser. Hannibal aber, welcher fürchtete, daß der Ruf von diesem Kampfe die Elefanten in Verachtung bringen würde, schickte dem Sieger Reiter nach und ließ ihn ermorden. Daß ihr Rüssel sehr leicht abgehauen werden kann, ist aus mehreren Beispielen in den Schlachten des Pyrrhus bekannt. Nach Fenestellas[1] Berichte kämpften zuerst unter dem Aedilis curulis[2] Claudius Pulcher und den Konsuln M. Antonius und A. Postumius, im Jahre Roms 655, Elefanten im Zirkus zu Rom; ferner 20 Jahre später unter dem Ädilsamte der Luculler gegen Stiere. Auch während dem zweiten Konsulate des Pompejus, als der Tempel der Venus Victrix eingeweiht wurde, haben 20, oder nach andern, 17 im Zirkus gegen mit Wurfspießen bewaffnete Gätuler gekämpft. Merkwürdig war dabei der Kampf eines Elefanten; dieser kroch, als ihm die Füße durchbohrt waren, auf den Knien in die Haufen, riß den Kämpfern die Schilde weg und schleuderte sie so in die Luft, daß sie beim Herabfallen zum Ergötzen der Zuschauer sich wirbelnd im Kreise herumdrehten, als wenn sie das Tier mit Kunst und nicht in der Wut geworfen hätte. Bei einem andern trat der ebenso wunderbare Fall ein, daß er durch einen Wurf getötet wurde; der Spieß war ihm nämlich unter dem Auge bis ins Gehirn gedrungen. Alle versuchten, nicht ohne Bestürzung des Volkes, die sie umgebenden Gitter zu durch-

---

[1] Dichter und Historiker, starb zu Cumae unter August oder Tiberius.

[2] Aediles waren obrigkeitliche Personen zu Rom, welche die Aufsicht über die öffentlichen Privatgebäude sowie auch über mehrere öffentliche Spiele führten und in dieser Rücksicht eine Art Stadtpolizei verwalteten. Es gab 4 Klassen: Aediles curules – plebis – cereales – municipales.

brechen. Dies veranlaßte den Diktator Cäsar, als er später ein ähnliches Schauspiel geben wollte, den Kampfplatz mit Gräben einzuschließen, die aber Nero wieder zuwerfen ließ, um Plätze für die Ritter anzubringen. Die Elefanten des Pompejus, welche keine Hoffnung zur Flucht sahen, erflehten das Mitleid des Volkes durch unbeschreiblich klägliche Gebärden und bejammerten sich gleichsam, wodurch das Volk so schmerzlich bewegt wurde, daß es, des Feldherrn und seines ihm zu Ehren gehaltenen Festes vergessend, weinend sich erhob und Verwünschungen gegen Pompejus ausstieß, die auch bald an ihm in Erfüllung gingen. Während des dritten Konsulats des Diktators Cäsar kämpften 20 Elefanten gegen 500 Mann Fußvolk; und wiederum ebenso viele mit Türmen versehene, worin sich 60 Kämpfer befanden, gegen ebenso viele (500) Fußsoldaten und eine gleiche Anzahl Reiter. Späterhin kämpften sie einzeln unter den Kaisern Claudius und Nero, wenn die Fechter aufhörten.

Der Elefant soll gegen weniger starke Tiere eine solche Milde äußern, daß, wenn ihm eine Herde Schafe begegnet, er die, welche ihm am nächsten sind, mit dem Rüssel weghebt, damit er keins aus Versehen zertrete. Ungereizt fügen sie niemandem ein Leid zu; stets ziehen sie scharenweise umher, und unter allen Tieren sind sie es, die am wenigsten einzeln angetroffen werden. Werden sie von Reitern umringt, so nehmen sie die Schwachen, Ermüdeten und Verwundeten in die Mitte und wechseln, gleichsam wie nach einem Kommando oder Plane, miteinander ab. In der Gefangenschaft werden sie durch Gerstensaft am schnellsten gezähmt.

Sie werden in Indien auf folgende Art *gefangen*. Ein Führer reitet auf einem schon gezähmten Elefanten aus; trifft er nun einen einzelnen oder einen, der sich von seiner Herde getrennt hat, so prügelt er den wilden, und wenn er ihn ermüdet hat, besteigt er ihn und lenkt ihn ebenso wie den vorigen. In Afrika fängt man sie in Gruben; fällt einer hinein, so schleppen die übrigen sogleich Baumäste zusammen; wälzen Steine hinab, bauen Dämme und bemühen sich mit aller Kraft, ihn herauszuziehen.

Früher trieb man, um sie zu zähmen, ganze Herden durch Reiter in eine künstlich gemachte und durch ihre Ausdehnung täuschende Talschlucht; hier waren sie dann durch Kanäle und Gruben eingeschlossen und wurden durch Hunger gebändigt. Das Kennzeichen, ob einer zahm sei, war, wenn er einen Zweig, den ihm ein Mensch darreichte, willig annahm. Jetzt richtet man um der Zähne willen die Geschosse nach ihren Füßen, die ohnehin die weichsten Teile an ihnen sind. Die an Äthiopien grenzenden Troglodyten, welche allein von dieser Jagd leben, besteigen Bäume, an denen ihr Weg vorbeigeht, erwarten hier den letzten des ganzen Haufens und springen ihm hinten auf die Lenden. Mit der linken Hand ergreifen sie den Schwanz und stützen die Füße am linken Schenkel. So hängend hauen sie ihm mit einer in der rechten Hand befindlichen sehr scharfen zweischneidigen Axt in ein Knie. Ist dies gelähmt, so haut der Mann ihm noch die Sehnen des andern Knies ab und entfliehet dann; alles dies geschieht mit der größten Schnelligkeit. Andere befolgen eine minder gefährliche, aber unzuverlässigere Methode. Sie befestigen nämlich in einiger Entfernung sehr große Bögen an der Erde; junge Leute von vorzüglicher Stärke halten sie, andere von gleicher Kraft spannen sie, schießen auf die Vorübergehenden mit Jagdspießen und folgen dann der blutigen Spur. Die weiblichen Elephanten sind weit furchtsamer als die männlichen.

Wie sie gezähmt werden.

Die wilden Elefanten werden durch Hunger und Schläge *gezähmt*; auch nimmt man andere zu Hilfe, an welche der Unbändige mit Ketten geschlossen wird. Übrigens sind sie zur Zeit der Brunst am wildesten und zerstören dann mit ihren Zähnen die Ställe der Indier. Daher halten diese sie von der Begattung ab und trennen die Weibchen von ihnen, die sie ebenso wie anderes Zugvieh benutzen. Die Gezähmten werden im Kriege gebraucht, tragen Türme mit Bewaffneten gegen den Feind und entscheiden im Orient größtenteils die Schlachten. Sie vernichten die Schlachtordnung und zertreten die Krieger. Aber eben diese Tiere werden durch das geringste Grunzen eines Schweines in Schrecken gesetzt, und wenn sie verwundet und scheu gemacht sind, laufen sie zu nicht geringem Nachteil ihrer eignen Partei stets zurück. Der afrikanische Elefant fürchtet sich vor dem indischen und wagt nicht, ihn anzublicken, denn der indische ist bei weitem größer.

Von ihrer Geburt und von ihrer übrigen Beschaffenheit.

Der gemeine Haufen glaubt, das Weibchen sei 10 Jahre lang trächtig; nach Aristoteles trägt es nur 2 Jahre, gebärt nur einmal und nie mehr als 1 Junges; sie sollen 200, einige sogar 300 Jahre alt werden. Ihre Mannbarkeit beginnt im 60. Jahre. Flüsse lieben sie sehr und treiben sich an denselben herum, da sie wegen der Größe ihres Körpers nicht schwimmen können[1]. Kälte können sie nicht vertragen; sie ist für sie das größte Ungemach und verursacht ihnen Blähungen und Durchfall. Außerdem werden sie von keinen Krankheiten befallen. Wenn sie Öl trinken, so sollen ihnen die Pfeile, welche in ihrem Körper stecken, ausfallen; wenn sie aber schwitzen, so sollen dieselben noch tiefer eindringen. Erde zu fressen ist ihnen sehr schädlich, wenn sie nicht öfters schon davon verzehrt haben. Sie verschlucken auch Steine. Baumäste sind ihre liebste Nahrung. Hohe Palmen brechen sie mit der Stirn um und verzehren dann die Früchte derselben. Sie fressen mit dem Munde, atmen, trinken und riechen aber mit dem Rüssel, den man nicht unpassend ihre Hand genannt hat. Unter allen Tieren ist ihnen die Maus am meisten zuwider, und wenn sie sehen, daß ihr Futter in der Krippe von einer berührt wird, so ekeln sie sich davor. Die größte Qual verursacht es ihnen aber, wenn sie beim Saufen einen Blutegel, den man, wie ich sehe, jetzt anfängt, Blutsauger[2] zu nennen, mit verschlucken. Wenn sich dieser in der Luftröhre festsetzt, so empfinden sie einen unerträglichen Schmerz.

[1] Bekanntlich schwimmen sie mit der größten Leichtigkeit.
[2] Sanguisuga.

Ihr Fell ist auf dem Rücken am härtesten, am Bauche weich und nirgends mit Haaren bedeckt; nicht einmal am Schwanze haben sie deren, um damit die unangenehmen Fliegen abzuwehren (denn auch dieses ungeheure Tier ist damit geplagt); allein ihre Haut ist gegittert und zieht durch ihren Geruch jene Tiere an. Haben sich nun auf der ausgedehnten Haut ganze Schwärme angesammelt, so ziehen sie dieselbe schnell in Runzeln zusammen, fangen so die Fliegen und erdrücken sie. Auf diese Weise werden ihnen Schwanz, Mähne und Haare ersetzt.

Die Zähne stehen in hohem Preise und geben den köstlichsten Stoff zu Götterbildern. Die Üppigkeit hat noch einen andern Wert am Elefanten erdacht, man findet nämlich die Schwarte des Rüssels von besonders gutem Geschmack, aber, wie mir scheint, wohl aus keinem andern Grunde, als weil man glaubt, das Elfenbein selbst zu speisen. Die größten Zähne findet man zwar nur in den Tempeln; allein in den entferntesten Ländern Afrikas, da, wo es an Äthiopien grenzt, vertreten sie auch die Stelle der Pfosten in den Häusern, ferner dienen sie bei den Zäunen um dieselben sowie um die Viehställe statt der Pfähle, wie Polybius nach dem Berichte des Königs Gulussa[1] schreibt.

---

[1] Ein kleiner König einer nomadischen Horde in Afrika, Zeitgenosse des Scipio Africanus. Vergl. Polybius XXXI. Buch.

Wo sie geboren werden. Von ihrer Feindschaft mit den Schlangen.

In Afrika kommen die Elefanten jenseits der syrtischen Wüsten und in Mauritanien vor; auch gibt es deren in Äthiopien und im Lande der Troglodyten, wie bereits erwähnt wurde; aber die größten erzeugt Indien sowie auch *Schlangen*[1], die mit ihnen in stetem Kampfe und Feindschaft leben und von solcher Größe sind, daß sie jene leicht umwinden und durch Knüpfung eines Knotens erwürgen können. Ein solcher Kampf bringt aber beiden den Tod, denn der Besiegte erdrückt beim Fallen die ihn umwindende Schlange durch sein Gewicht.

[1] Dracones; Riesenschlangen aus der Gattung Boa.

VON DEN INSEKTEN.

Von ihrer zarten Beschaffenheit.

Noch sind uns die *Insekten*, unendlich kleine und zarte Tiere, denen einige das Atmen, ja sogar das Blut abgesprochen haben, zu betrachten übrig.

Es gibt viele und vielerlei Gattungen von Insekten, und ihr Leben kommt teils mit denen der Landtiere, teils mit denen der Vögel überein. Einige sind geflügelt wie die Bienen, andere teils geflügelt, teils nicht wie die Ameisen; noch andere haben weder Füße noch Flügel. Mit Recht heißen sie alle wegen der Einschnitte, welche in der Gegend des Nackens oder der Brust oder des Leibes die Glieder insoweit trennen, daß sie nur durch eine dünne Röhre zusammenhängen, Insekten. Bei einigen aber geht der Einschnitt nicht ganz um den Körper herum, sondern läuft bloß am Bauche oder bloß auf dem Rücken, und die Gelenke sind durch schuppenförmige Lagen biegsam und so zusammengefügt, daß sich an keinem andern Gegenstande die Kunst der Natur glänzender erweist. Bei großen oder doch wenigstens größern Körpern war die Bearbeitung wegen des bildsamen Stoffes leicht; in diesen so kleinen und fast in nichts verschwindenden Tierchen aber, welche Sorgfalt, welche Macht, welche unerforschliche Vollendung zeigt sich da? Wohin hat sie in einer Mücke so viele Sinne und noch andere kaum zu nennende Dinge gebracht? Wo hat sie in derselben das Gesicht, den Geschmack, den Geruch hingesetzt? Wohin hat sie ihr die rauhe und verhältnismäßig so starke Stimme verlegt? Mit welcher Feinheit hat sie die Flügel angefügt, die Beine langgestreckt, die leere Höhle als Bauch angefügt und ihren gierigen Durst besonders nach Menschenblut entzündet? Mit welcher Kunst spitzte sie ihr den Stachel, die Haut zu durchbohren? Und, als wenn er noch so groß wäre, obgleich man ihn wegen seiner Kleinheit nicht wahrnehmen kann, zeigte sie ihre Kunst doppelt daran, indem sie ihn sowohl zum Stechen spitz als auch zum Saugen hohl machte. Was für Zähne verlieh sie dem Holzwurme, welcher die Eichen durchbohrt (wie sich an dem Schalle ihrer Rinde erweist) und größtenteils vom Holze lebt? Aber wir bewundern nur die turmtragenden Schultern der Elefanten, die Nacken der Ochsen und ihr gewaltiges in die Höhe Werfen, die Raubgier der Tiger und die Mähnen der Löwen, während doch die Natur sich nirgends vollendeter zeigt als im Kleinen. Daher bitte ich die Leser, denen vielleicht vieles von den Insekten verächtlich vorkommt, nicht auch meine Beschreibung mit Widerwillen von sich zu weisen, denn bei der Betrachtung der Natur kann nichts als überflüssig erscheinen.

Ob sie atmen und ob sie Blut haben.

Viele haben das *Atmen der Insekten* deshalb geleugnet, weil in ihren Eingeweiden kein Organ zum Atemholen vorhanden sei; sie lebten daher wie die Früchte und Bäume, denn es sei ein großer Unterschied zwischen Atmen und Leben. Aus demselben Grunde

147

hätten sie auch kein *Blut*, was überhaupt jedem Tiere, welches ohne Herz und Leber sei, fehle; ebenso holten alle Tiere, welche keine Lunge hätten, nicht Atem. Hieraus entspringt nun noch eine zahlreiche Reihe von Fragen, denn jene sprechen auch, trotz des Summens der Bienen, des Zirpens der Zikaden und anderer, die an ihrem Orte näher behandelt werden sollen, den Insekten die Stimme ab. Allein ich bin bei Betrachtung der Natur zu der Überzeugung gekommen, daß ihr nichts unmöglich ist, und ich sehe nicht ein, warum es möglicher sein sollte, daß diese Tiere ohne Atem zu holen leben, als ohne besonders dazu vorhandene Eingeweide atmen könnten; die Möglichkeit des letztern habe ich bei den Seetieren gezeigt, obgleich die Dichtigkeit und Tiefe des Wassers die Luft mehr abhält. Es gibt unter ihnen einige, welche fliegen, also in der Luft leben, einen Sinn für Nahrung, Zeugung und Arbeit haben, sogar für die Zukunft Sorge tragen, und diese sollten nicht atmen? Und wer möchte nicht ohne weiteres zugeben, daß, obgleich ihnen die Organe, welche die Sinne gleichsam wie in einem Kahne zuführen, fehlen, sie dennoch Gehör, Geruch, Geschmack und außerdem noch andere ausgezeichnete Naturgaben, Klugheit, Verstand und Kunst, besitzen? Daß sie kein Blut haben, gestehe ich selbst ein, wie denn nicht einmal alle Landtiere solches führen; allein etwas Ähnliches vertritt dessen Stelle. So hat die Sepie statt des Blutes einen schwarzen Saft, das Geschlecht der Purpurschnecken jenen bekannten Färbesaft, und auf gleiche Weise führen auch die Insekten einen gewissen Lebenssaft bei sich, der als ihr Blut gelten kann. Solange nun ein jeder in dieser Sache seine eigenen Ansichten hat, ist es mein Vorsatz, nicht über Streitfragen zu entscheiden, sondern die Naturgegenstände, über welche kein Zweifel mehr obwaltet, zu beschreiben.

Von ihrem Körper.

Die Insekten scheinen, soviel sich erkennen läßt, weder Sehnen noch Knochen, noch Rückgrat, noch Knorpel, noch Fett, noch Fleisch, ja nicht einmal eine zerbrechliche Schale, wie einige Seetiere, und auch selbst keine wahre Haut zu haben, sondern ihr Körper ist von einer zwischen allen diesen das Mittel haltenden Beschaffenheit, gleichsam ausgedörrt, weicher als die Sehnen, an den übrigen Teilen aber mehr vor Gefahr geschützt als hart. Dies ist alles, was sie haben, außerdem findet sich nichts und nur bei wenigen inwendig etwas verschlungenes Eingeweide. Daher haben sie auch ein sehr zähes Leben, und abgerissene Teile zukken noch lange fort. Was nun auch der Grund ihrer Lebenskraft sein mag, so liegt dieselbe doch gewiß nicht in einzelnen Gliedern, sondern ist im ganzen Körper verbreitet, am wenigsten jedoch im Kopfe, denn dieser allein ist es, welcher sich nicht mehr bewegt, ausgenommen, wenn er mit der Brust zugleich abgerissen wurde. In keiner Klasse von Tieren gibt es Individuen mit mehr Füßen als in dieser; und je mehr ein solches Tier Füße hat, um so länger leben abgerissene Teile derselben, wie wir z. B. an den Scolopendern wahrnehmen.

Die Insekten haben Augen und von den übrigen Sinnen das Gefühl und den Geschmack, einige auch Geruch, wenige aber Gehör.

Von den Bienen.

Unter allen diesen Tieren nun verdienen die *Bienen* mit Recht den ersten Platz und die meiste Bewunderung, weil sie allein um der Menschen willen geschaffen worden sind. Sie sammeln Honig, den süßesten, feinsten und heilsamsten Saft, bilden Wachsscheiben und Wachs, welches zu tausend Dingen nützlich ist; sind arbeitsam, vollenden ihr Werk, haben eine Staatsverfassung, halten einzeln Rat, stehen scharenweise unter Führern, und, was über alles geht, sie haben auch eigentümliche Sitten. Obgleich sie weder zahm noch wild sind, so ist doch die Macht der Natur so groß, daß sie beinahe aus dem Schattenrisse des kleinsten Tieres etwas Unvergleichliches hervorgebracht hat. Welche Nerven sollen wir mit einem solchen Fleiß und solcher Wirksamkeit vergleichen? Welche Kräfte, und wahrlich, welche Männer mit ihrem Verstande? Denn sie zeichnen sich hierin weit mehr aus, insofern sie nur einen gemeinschaftlichen Zweck vor Augen haben. Untersuchen wir daher nicht die Frage über ihren Atem; auch der Streit über ihr Blut mag auf sich beruhen, denn wieviel kann wohl in so kleinen Tierchen enthalten sein? Wir wollen vielmehr ihre Kunstfertigkeit ins Auge fassen.

Von der Ordnung in ihren Verrichtungen.

Im Winter sind sie verborgen, denn woher sollten sie zur Ertragung von Reif, Schnee und kalten Winden die Kräfte hernehmen? Zwar verkriechen sich alle Insekten, aber nicht alle auf so lange Zeit, und diejenigen, welche sich in unsere Wände begeben, werden frühzeitiger wieder belebt. Hinsichtlich der Bienen hat sich entweder die Beschaffenheit der Jahreszeiten und der Gegenden geändert, oder die früheren Schriftsteller haben sich geirrt. Sie verbergen sich beim Untergange des Siebengestirns und bleiben bis nach dem Aufgange desselben in Ruhe, jedoch nicht bis zum Anfang des Frühlings, wie mehrere behauptet haben und was niemand in Italien glaubt. Vor der Blütezeit der Bohnen gehen sie nicht an ihre Arbeit und verlieren, wenn der Himmel günstig ist, keinen Tag durch Müßiggang. Zuerst bauen sie die Scheiben und bilden das Wachs, d. h., sie machen sich Wohnungen und Zellen. Darauf legen sie ihre Brut, bereiten dann Honig und Wachs aus den Blumen, Bienenharz[1] aus den Tränen derjenigen Bäume, welche einen klebrigen, gummigen oder harzigen Saft ausschwitzen wie die Weiden, Ulmen und Rohre. Hiermit bestreichen sie wie mit Tünche erst den ganzen Stock inwendig und machen dann darüber noch einen Überzug mit andern mehr bittern Säften zum Schutze gegen die Raubgier anderer kleiner Tiere, denn sie sind sich bewußt, daß sie etwas bereiten, wonach andere trachten. Mit diesen Säften endlich bekleiden sie auch die weitern Öffnungen des Stocks.

[1] Melligo.

Von dem Commosis, Pissoceros und Propolis.

Die erste Grundlage heißt bei den Sachverständigen der *Gummigrund*[1], die zweite das *Harzwachs*[2], die dritte das *Stopfwachs*[3]; letzteres liegt zwischen der äußern Rinde und dem Wachse und wird vielfach als Arzneimittel angewendet. Der Gummigrund ist die erste Kruste und hat einen bittern Geschmack. Auf diesen folgt das Harzwachs, eine Art weichern Wachses, womit sie den Stock gleichsam verpichen. Aus dem mildern Harze des Weinstocks und der Pappel wird das Stopfwachs, ein schon festerer Stoff, mit Zusatz von Blumenstaub bereitet; jedoch ist es noch nicht das eigentliche Wachs, sondern das Befestigungsmittel der Scheiben, womit alle Zugänge gegen Kälte und andere schädliche Einflüsse verschlossen werden; es hat außerdem einen so starken Geruch, daß viele sich desselben statt Galbanum bedienen.

Von dem Bienenbrot.

Außerdem tragen sie auch *Bienenbrot*[4] zusammen, welches manche Sandarace, andere Cerinthus nennen. Es schmeckt ebenfalls bitter, findet sich oft in den leeren Räumen der Scheiben und mag wohl das Futter der Bienen während ihrer Arbeit sein. Es wird vom

[1] Commosis.
[2] Pissoceros.
[3] Propolis.
[4] Erithace.

Frühlingstau und Baumsaft, gleich dem Gummi, erzeugt. Beim Wehen des Südwestwindes trifft man es in
geringerer Menge, beim Südwinde ist es schwärzer,
beim Nordwinde besser und von rötlicher Farbe, und am
häufigsten findet man es an den Mandeln[1]. Menecrates[2]
sagt, es sei eine Blume[3] und zeige die kommende Ernte
an, aber niemand anders ist dieser Meinung.

Aus welchen Blumen sie den Stoff zu ihren Arbeiten nehmen.

Die Bienen *bereiten das Wachs* aus den Blüten aller
Bäume und Felder, mit Ausnahme des Rumex und
Echinops, zwei Kräutern. Aber mit Unrecht nimmt man
auch das Spartum aus, da doch der Honig, welcher in
den mit dieser Pflanze in Spanien bebauten Plätzen[4]
erhalten wird, stark nach derselben schmeckt. Für
ebenso falsch halte ich es, die Ölbäume auszuschließen,
da bekanntlich zu der Zeit, wo dieselben hervorbrechen,
die Bienen am meisten schwärmen. Den Früchten tun
sie keinen Schaden. Sie setzen sich weder auf abgestor-
bene Blüten noch auf dergleichen Körper. Ihr Wir-
kungskreis erstreckt sich auf 60 Schritte, und wenn

---

[1] Nuces graecae.

[2] Dies ist wahrscheinlich nicht der in dem Autorverzeichnisse des
VIII. Buches vorkommende Dichter, sondern der unter Tiberius zu
Rom lebende Arzt. Erfinder des Bleiglättepflasters.

[3] Es ist vielmehr der Blumenstaub, den Plinius oft mit dem Namen
flos bezeichnet.

[4] Spartaria.

zuweilen alle Blumen in ihrer Nähe ausgesogen sind, so senden sie Kundschafter aus, um in größerer Entfernung Futter aufzusuchen. Werden sie auf ihrer Reise von der Nacht übereilt, so schlafen sie auf dem Rücken liegend, um die Flügel vor dem Taue zu schützen.

Welche Personen sich mit Bienenzucht beschäftigt haben.

Einen merkwürdigen Beweis, wie weit die Liebhaberei für diese Tiere geht, liefert der Solenser Aristomachus[1], der sich 58 Jahre lang mit nichts weiter beschäftigte, sowie der Thasier Philiscus[2], der in der Einsamkeit Bienenzucht trieb und deshalb den Zunamen »der Wilde«[3] erhielt. Beide haben über die Bienen geschrieben.

Wie die Bienen ihre Arbeit verrichten.

Folgendes ist der *Gang ihrer Arbeiten.* Am Tage stellen sie, gleichwie in einem Lager, eine Wache an den Zugängen auf, des Nachts ruhen sie bis zum Morgen, wo eine die andern durch ein- oder zweimaliges Summen wie durch eine Trompete aufweckt. Sodann fliegen sie, wenn ein milder Tag bevorsteht, alle heraus; denn sie haben ein Vorgefühl von Wind und Regen und

---

[1] Nicht näher bekannt.
[2] Nicht näher bekannt.
[3] agrius.

halten sich in solchem Falle in ihren Wohnungen. Wenn nun bei heiterm Himmel (denn auch dies wissen sie vorher) der Schwarm zur Arbeit hinausgezogen ist, so tragen einige an den Füßen Blumen[1] herbei, andere im Munde Wasser und Tropfen an ihrem behaarten Körper. Die jungen unter ihnen gehen zur Arbeit heraus und tragen das Obengenannte zusammen, die ältern arbeiten innerhalb. Diejenigen, welche Blumen herbeitragen, beladen mit den Vorderfüßen die Hinterschenkel, welche zu diesem Behufe rauh sind, die Vorderbeine aber durch Hilfe des Rüssels, und so kehren sie ganz belastet und von der Bürde ganz gekrümmt zurück. Drei oder vier andere empfangen und entladen sie, denn auch innerhalb des Stocks sind die Arbeiten verteilt. Einige nämlich bauen, andere glätten, andere tragen herbei, noch andere bereiten aus dem, was herbeigeschafft wurde, Speise. Sie fressen auch nicht einzeln, damit keine Ungleichheit in der Arbeit, im Fressen und in der Zeit entsteht. Sie beginnen den Bau von der Wölbung des Stocks an, führen also gleichsam ihr Gewebe von oben herab aus, lassen aber um jedes Stockwerk 2 Wege frei, einen zum Ein-, den andern zum Ausgange. Die Scheiben sind oben befestigt, hängen auch an den Seiten etwas fest und schweben so; den Stock selbst berühren sie nicht. Sie sind bald schief, bald rund, wie es gerade die Form des Stocks mit sich bringt; zuweilen findet man sie auch von zweierlei Art, wenn zwei Schwärme zwar einträchtig miteinander leben, aber verschiedene Gebräuche haben. Das dem Einsturze nahe Wachs stützen sie durch vom Boden aufgewölbte Reihen von Pfeilern, dergestalt, daß ihnen der Zugang

[1] Wie schon im 7. Kap. des XI. Buches angedeutet wurde, versteht Plinius hier unter flos den Blumenstaub.

zum Ausbessern nicht versperrt wird. Etwa die drei ersten Zellenreihen werden leer gelassen, damit das, was die Diebe reizt, nicht gerade vor Augen liegt; die letzten dagegen werden am meisten mit Honig angefüllt, und daher nimmt man auch die Scheiben von der hintern Seite des Stockes aus. Die Lastbienen warten günstigen Wind ab; entsteht ein Sturm, so halten sie sich durch das Gewicht eines ergriffenen Steinchens im Gleichgewichte; einige sagen, sie nähmen ihn auf die Schultern. Bei widrigem Winde fliegen sie dicht an der Erde und vermeiden dabei vorsichtig die Dornsträucher. Zu bewundern ist ihre strenge Ordnung bei der Arbeit. Sie bemerken die Trägheit der Säumigen, züchtigen sie und bestrafen sie mit dem Tode. Ebensoviel Bewunderung verdient ihre Reinlichkeit. Sie schaffen alles Unnütze beiseite, und nirgends bleibt etwas Unreines liegen. Ja sogar der Unrat der inwendig Arbeitenden wird an einem Ort zusammengebracht, damit sie sich nicht weit von der Arbeit zu entfernen brauchen, und an trüben Tagen oder wenn die Arbeit ruht hinausgeschafft. Wenn der Abend naht, wird das Geräusch im Stocke immer schwächer, bis endlich eine mit demselben Gesumse, womit sie des Morgens weckt, darin herumfliegt und ebenfalls, wie im Lager, gleichsam Ruhe gebietet. Hierauf werden alle plötzlich still. Zuerst bauen sie die Wohnungen für das Volk, nachher für die Könige[1]. Wenn auf eine zahlreiche Nachkommenschaft zu hoffen ist, bauen sie noch besondere Behältnisse für die Drohnen. Die Zellen der letzteren sind am kleinsten, obgleich sie selbst größer als die übrigen Bienen sind.

---

[1] Worunter die *Königinnen* zu verstehen sind, von denen aber in einem jeden Stocke nur eine einzige ist.

Von den Drohnen.

Die *Drohnen*[1] haben keinen Stachel; sie sind gleichsam unvollkommene Bienen, zuletzt von den ermüdeten und ausgedienten erzeugt, eine spätere Brut
und gleichsam in der Sklaverei der eigentlichen Bienen;
daher herrschen diese über sie, treiben sie zuerst zur
Arbeit an und strafen die Saumseligen ohne Erbarmen.
Und nicht bloß bei der Arbeit, sondern auch beim Brüten stehen sie ihnen bei, indem sie durch ihre Menge
viel zur nötigen Wärme beitragen, denn je größer ihre
Anzahl, um so größer wird auch die Nachkommenschaft. Wenn der Honig anfängt zu reifen, so treiben sie
dieselben hinaus, und viele fallen über einzelne her und
töten sie. Man sieht auch diese Art nur im Frühjahre.
Wird eine Drohne, nachdem ihr die Flügel ausgerissen
sind, wieder in den Stock geworfen, so nimmt sie sie den
übrigen auch.

Von der Beschaffung des Honigs.

Ihren künftigen Herrschern erbauen sie im innersten
Teile des Stocks weite, prächtige, abgesonderte, auf
einem Hügel hervorragende Paläste; wenn dieser Hügel
gedrückt wird, so entsteht keine Brut. Alle Zellen sind
sechseckig, weil sie an jeder Ecke mit einem Fuße

---

[1] Fuci. Diese haben keine andere Bestimmung, als sich mit der
Königin zu paaren. Sie sterben entweder gleich nach der Begattung
oder müssen verhungern, und die Übriggebliebenen werden von den
Arbeitern umgebracht. In einem großen Stocke befinden sich gegen
700 Drohnen und 10 000 Arbeiter.

arbeiten. Keine ihrer Arbeiten geschieht in einer bestimmten Zeit, sondern sie eilen mit denselben an heitern Tagen und füllen in 1 oder höchstens 2 Tagen die Zellen mit Honig an. Der *Honig* kommt aus der Luft und entsteht am meisten beim Aufgange der Gestirne, besonders aber wenn der Sirius leuchtet, und nie vor dem Aufgange des Siebengestirns, gegen Tagesanbruch. Daher findet man beim Beginn der Morgenröte die Blätter der Bäume mit Honigtau bedeckt, und diejenigen, welche frühmorgens unter freiem Himmel verweilten, finden ihre Kleider von jener Feuchtigkeit durchdrungen und ihre Kopfhaare zusammengeklebt. Mag dies nun entweder ein Schweiß des Himmels oder ein speichelartiger Ausfluß der Sterne oder ein Saft der sich reinigenden Luft sein, so wäre zu wünschen, daß er ebenso rein und flüssig und von derselben Beschaffenheit wäre, wie er zuerst ausfließt; so aber fällt er aus einer bedeutenden Höhe herab, ist, wenn er ankommt, sehr mit Schmutz beladen und durch die ihm entgegenkommenden Ausdünstungen der Erde verdorben. Außerdem hat er vom Laube und Grase Feuchtigkeit angenommen und wird in den Magen der Bienen (denn sie geben ihn durch den Mund wieder von sich) gebracht; dazu kommt noch, daß er durch den Saft der Blumen verdorben und in den Bienenstöcken verändert ist, und, trotz seiner so vielfachen Veränderung, bringt er doch noch einen großen Teil himmlischer Natur mit sich.

Derjenige *Honig* ist der beste, welcher in den Honiggefäßen[1] der besten Blumen verborgen war. Hierher gehört der aus einer Gegend Attikas und Siziliens,
nämlich von den Orten Hymettus und Hybla; dann folgt
der von der Insel Calydna. Anfänglich aber ist der Honig
dünn wie Wasser, und in den ersten Tagen braust er wie
Most und reinigt sich; mit dem zwanzigsten Tage wird er
dick, und bald darauf überzieht er sich mit einer dünnen
Haut, die von dem durch die Hitze entstandenen
Schaume entsteht. Der beste und am wenigsten mit
Blatteilen verunreinigte wird von den Blättern der Eichen, Linden und der Rohrpflanzen gewonnen.

Von den Arten des Honigs in jeder Gegend.

Die Güte des *Honigs* hängt, wie wir oben gesagt
haben, besonders vom Vaterlande, und zwar auf
verschiedene Weise ab. Denn an einigen Orten sind die
Wachsscheiben von vorzüglicher Schönheit, wie im Pe-
lignischen und in Sizilien; anderswo wird mehr Honig
gewonnen, z. B. in Kreta, Zypern, Afrika; in noch andern
Gegenden sind sie von bedeutender Größe, wie z. B. im
Norden, wie man denn schon in Deutschland Scheiben
von 8 Fuß Länge, die auf der hohlen Seite schwarz
waren, gesehen hat.

Überall unterscheidet man jedoch 3 Arten Honig: den
Frühlingshonig, wenn der Bau der Scheiben aus Blu-

---

[1] Doliolum.

men gemacht ist, daher er auch Blumenhonig[1] genannt wird. Einige wollen nicht, daß man diesen ausnehmen soll, damit die junge Brut durch reichliche Nahrung kräftig werde. Andere lassen hingegen den Bienen von keiner Sorte weniger, weil sie glauben, daß alsdann beim Aufgange der großen Gestirne eine desto reichlichere Ernte erfolge. Übrigens ist zur Zeit des Solstitiums, wenn der Thymian und Weinstock zu blühen anfangen, der vorzüglichste Stoff für die Zellen vorhanden. Beim Schneiden der Stöcke ist es notwendig, eine gewisse Einteilung zu beobachten, weil die Bienen bei Mangel an Nahrung den Mut verlieren, sterben oder wegziehen, dahingegen Überfluß sie träge macht und sie sich alsdann vom Honig und nicht vom Bienenbrote nähren. Daher lassen aufmerksame Bienenwärter ihnen den 15. Teil dieser Ernte zurück. Der richtige Zeitpunkt zum Beginne der Ernte ist, wie durch ein Naturgesetz bestimmt, wenn die Menschen es nur wissen und beobachten wollten, der 30. Tag vom Ausfluge des Schwarms an gerechnet, die Ernte fällt also ungefähr in den Monat Mai.

Die zweite Sorte ist der Sommerhonig, der von seiner vorzüglichen Reife »der reife«[2] genannt wird; man sammelt ihn, wenn der Sirius scheint, ungefähr 30 Tage nach dem Solstitium. Hierbei zeigt sich eine unendliche Genauigkeit der Natur, wenn nur die Arglist der Menschen nicht alles verdürbe und verschlechterte; denn nach dem Aufgange eines jeden Gestirns, besonders aber der bedeutendern oder nach einem Regenbogen, falls kein Platzregen darauf folgt, sondern der Tau durch die Sonnenstrahlen erwärmt wird, bekommt man kei-

[1] Anthinum.
[2] ὡραῖον.

nen Honig, sondern Heilmittel als himmlische Geschenke bei Augenübeln, Geschwüren und für die innern Eingeweide. Wenn diese beim Aufgange des Sirius gesammelt werden und zufällig, wie es sich oft ereignet, der Aufgang der Venus, des Jupiter oder des Merkur auf denselben Tag fällt, so würde es kein angenehmeres und kräftigeres Mittel, um die Sterblichen vor tödlichen Übeln zu bewahren, geben als dieser göttliche Nektar.

Woran man sie erkennt.

Der Honig wird beim Vollmonde reichlicher und an einem heitern Tage fetter gewonnen. Von jeder Honigsorte heißt das, was schon von selbst wie Most und Öl fließt, *acetum*[1]. Sehr geschätzt wird aller rötliche Sommerhonig sowie der an trocknen Tagen erzeugte. In hohem Ansehen steht der aus Thymian bereitete, welcher eine goldgelbe Farbe und einen sehr angenehmen Geschmack besitzt. Der in den Honiggefäßen der Blumen befindliche ist fett; der vom Rosmarin dick. Welcher dick wird, findet keinen Beifall. Der Thymianhonig gesteht nicht und läßt sich in dünne Fäden ziehen, welche Eigenschaft der beste Beweis seiner Güte ist. Wenn sich aber die Tropfen sogleich losreißen und abfallen, so zeigt dies seine schlechte Beschaffenheit an. Ein zweites Kennzeichen seiner Echtheit ist, daß er angenehm riecht, süßlich scharf schmeckt, klebt und durchscheint. Cassius Dionysius[2] sagt, man solle bei der

[1] Vom griechischen ἀκητον das beste, reinste.
[2] Von Utica, übersetzte ein Werk des Puniers Mago über den Ackerbau ins Lateinische.

Sommerhonigernte den Bienen den zehnten Teil zurücklassen, wenn der Stock voll ist, und so nach Verhältnis weniger, wenn er nicht ganz voll ist; sei er aber fast leer, so solle man nichts herausnehmen. Die Attiker geben als Zeitpunkt für diese Ernte den Anfang der Feigenreife, andere aber den dem Vulkan geheiligten Tag an.

Die dritte, am wenigsten geachtete Sorte ist der Wald- oder sogenannte Haidhonig: Er wird nach den ersten Herbstschauern, wenn bloß noch die Myrice in den Wäldern blüht, gesammelt und sieht daher sandig aus. Er entsteht hauptsächlich beim Aufgange des Arcturs gegen den 11. September. Einige verschieben das Schneiden des Sommerhonigs bis zum Aufgange des Arcturs, weil von da an bis zum Herbstäquinoktium noch 14 Tage übrig sind, und vom Herbstäquinoktium bis zum Untergange des Siebengestirns 48 Tage hindurch die meiste *Erice* blüht. Die Athenienser nennen dieselbe *Tamarice*, die Euböenser *Sisirum* und glauben, sie sei den Bienen am liebsten, vielleicht aber nur deshalb, weil um diese Zeit kein anderes Futter in reichlicher Menge vorhanden ist. Diese Honigernte findet daher gegen Ende der Weinlese und den Untergang des Siebengestirns, etwa am 13. November, statt. Ein richtiges Urteil lehrt, von dieser Ernte den Bienen 2 Teile, und zwar immer denjenigen Teil der Scheiben, welche das Bienenbrot enthalten, zurückzulassen. Vom kürzesten Tage an bis zum Aufgange des Arcturus, 60 Tage lang, nehmen sie keine Nahrung zu sich, sondern schlafen. Vom Aufgange des Arcturus bis zum Frühlingsäquinoktium wachen sie zwar schon in wärmeren Gegenden, allein auch dann bleiben sie noch im Stocke zurück und nähren sich von der für diese Zeit aufbewahrten Speise.

In Italien aber tun sie dies vom Aufgange des Siebengestirns an, denn bis dahin schlafen sie.

Einige wägen die Stöcke beim Schneiden des Honigs
und bestimmen dadurch, wieviel sie darinlassen sollen.
Dieses Verfahren macht sich selbst notwendig, denn, wie
man behauptet, sterben die Stöcke aus, wenn man den
Bienen zu wenig läßt. Vor allem wird vorgeschrieben,
daß diejenigen, welche den Honig schneiden wollen,
sich zuvor waschen und reinigen. Einen Dieb sowie
Weiber während ihrer monatlichen Reinigung hassen
sie. Wenn der Honig geschnitten werden soll, verjagt
man die Bienen am besten durch Rauch, damit sie nicht
zornig werden oder selbst begierig mitfressen. Durch
häufiges Räuchern werden auch die Faulen unter ihnen
zur Arbeit getrieben; denn wenn sie lange stillsitzen,
machen sie die Scheiben schmutzig. Andererseits werden sie durch zuviel Rauch krank, und ihre Krankheit
äußert sogleich auf den Honig einen nachteiligen Einfluß, denn dieser wird selbst durch die geringste Menge
Tau sauer. Daher hat man unter den Honigsorten eine,
welche ungeräucherte genannt wird.

Von der Fortpflanzung der Bienen.

Auf welche Weise die *Bienen sich fortpflanzen*, dies ist
unter den Gelehrten eine große und schwierige
Frage gewesen; denn noch nie hat man ihre Begattung
beobachtet. Mehrere glaubten, sie müßten aus zweck-
mäßig und geschickt zusammengesetzten Blüten gebildet sein. Andere nehmen an, sie entständen durch die
Begattung einer einzigen, der in jedem Schwarme der

König genannt wird. Dieser allein sei männlichen Geschlechts und ausnehmend groß, damit er nicht müde werde. Ohne ihn könne daher keine Brut entstehen, und die übrigen Bienen begleiteten ihn, wie die Weibchen ihr Männchen, nicht aber als ihren Anführer. Allein diese sonst wahrscheinliche Meinung wird durch das Vorkommen der Drohnen entkräftet; denn warum sollten aus ein und derselben Gattung einige vollkommen, andere aber unvollkommen hervorgehen? Wahrscheinlicher würde die erstere Meinung sein, wenn ihr nicht wiederum eine andere Schwierigkeit entgegenträte. Es entstehen nämlich zuweilen an den äußersten Scheiben größere Bienen, welche die übrigen verjagen. Bremse[1] heißt dies schädliche Tier. Wie entsteht nun dieses, wenn die Bienen nur sich selbst erzeugen?

Soviel weiß man, daß sie nach Art der Hühner brüten. Das ausgeschlüpfte Tierchen erscheint zuerst als ein weißer Wurm, der in der Quere liegt und so festhängt, daß er wie ein Teil des Wachses aussieht. Der König hat gleich anfänglich eine Honigfarbe, als wenn er aus den besten Blumen unter dem ganzen Vorrate gemacht wäre, und ist kein Wurm, sondern sogleich geflügelt. Wenn die vom übrigen Haufen anfangen, ihre eigentliche Gestalt zu bekommen, werden sie Nymphen genannt, so wie die Drohnen dann Sirenen oder Cephenen heißen. Wenn man einer dieser Arten den Kopf abreißt, bevor sie Flügel haben, so sind sie den Müttern das liebste Futter. Im Verlaufe der Zeit bringen sie ihnen Nahrung bei, sitzen über ihnen und summen dann am meisten, um (wie man glaubt) die zur Ausbrütung der Jungen nötige Wärme zu erregen, bis endlich der ganze

[1] Oestrus.

164

Schwarm die Häute, welche jeden einzelnen wie eine Eierschale umschließt, durchbricht und zum Vorschein kommt. Alles dies wurde auf dem Landgute eines Konsulars bei Rom beobachtet, der seine Stöcke aus durchsichtigem Laternenhorne hatte machen lassen. Die Brut wird innerhalb 45 Tagen vollständig entwickelt[1]. In einigen Scheiben entsteht eine sogenannte Warze[2] von der Härte des bittern Wachses, wenn sie entweder wegen Krankheit oder Trägheit oder natürlicher Unfruchtbarkeit die Brut nicht zur rechten Zeit ausführen; es ist dies die Fehlgeburt der Bienen. Sobald die Jungen ausgeführt sind, arbeiten sie in einer gewissen Ordnung mit den Müttern[3]. Den jungen König begleitet ein ähnlicher Schwarm.

Mehrere Könige werden zugleich ausgebildet, damit es nicht daran fehle. Wenn später die Nachkommen von diesen anfangen heranzuwachsen, so tötet man durch einstimmigen Beschluß die schlechtesten, damit sie die Schwärme nicht zerteilen. Es gibt aber zwei Arten von ihnen, die rötliche ist besser als die schwarze und bunte. Alle haben stets eine ausgezeichnete Gestalt, sind doppelt so groß als die übrigen Bienen, haben kürzere Flügel, gerade Beine, einen höhern Gang und an der Stirn einen weißlichen diademähnlichen Fleck. Auch unterscheiden sie sich durch ihren Glanz bedeutend von den gemeinen Bienen.

[1] Es sind bloß zwanzig und einige Tage dazu nötig.

[2] Clavus.

[3] Plinius meint hier die Arbeiter; sie sind zwar weiblichen Geschlechts, allein ihre Eierstöcke enthalten keine Eier und sind daher unfruchtbar.

Möchte nun wohl noch jemand fragen, ob es nur einen Herkules, wie viele Bacchus und andere unter dem Schutt des Altertums vergrabene Dinge es gegeben habe? Sind doch die Schriftsteller bei einem so geringfügigen, auf unsern Landgütern im Überfluß vorhandenen Gegenstande nicht einig, ob nämlich der König allein keinen Stachel besitze und bloß mit seinem königlichen Ansehen bewaffnet sei, ob ihm die Natur zwar einen gegeben, aber den Gebrauch desselben versagt habe. Man weiß wenigstens, daß er sich des Stachels nicht bedient. Bewunderungswürdig ist der Gehorsam, den das Volk ihm erweist. Wenn er aus dem Stocke geht, begleitet ihn der ganze Haufe, hängt sich kugelförmig um ihn herum, schützt ihn und läßt ihn nicht sehen. Während der übrigen Zeit, wenn das Volk beschäftigt ist, besucht er im Innern die einzelnen Arbeiten gleich einem Aufmunternden, tut aber selbst nichts weiter. Um ihn sind einige Trabanten und Lictoren, die beständig sein Ansehen bewachen. Er kommt nicht eher heraus, bis der ganze Schwarm im Begriff ist, den Stock zu verlassen. Dies kann man lange vorher merken, indem einige Tage hindurch ein starkes Summen im Stocke stattfindet, ein Zeichen, daß sie zum Ausziehen bereit sind und nur einen passenden Tag abwarten. Wenn man dem Könige einen Flügel abschneidet, geht der Schwarm nicht fort. Wenn sie aber ausgezogen sind, so wünscht jede ihm am nächsten zu sein und in ihrem Dienste von ihm bemerkt zu werden. Ist er ermüdet, so unterstützen sie ihn mit ihren Schultern, und fühlt er sich noch mehr ermattet, so tragen sie ihn ganz. Wenn eine ermüdete nicht mitkommen kann oder sich verirrt hat, so folgt sie dem Geruche. Überall, wo der König sich niedersetzt, schlagen sie alle ihr Lager auf.

Daß sie, in Haufen versammelt,
zuweilen eine glückliche Vorbedeutung sind.

Die Bienen dienen zu *Vorbedeutungen* in öffentlichen und privaten Angelegenheiten. Wenn sie nämlich traubenförmig an Häusern oder Tempeln hängen, so deutet dies oft große Ereignisse an. So setzten sie sich auf den Mund des Plato, als er noch Knabe war, und kündigten dadurch die Anmut seiner Beredsamkeit an. Sie setzten sich im Lager des Feldherrn Drusus nieder, als bei Arbalon glücklich gestritten war, ungeachtet der Auslegung der Wahrsager, welche dies immer für ein böses Zeichen hielten. Wenn der Führer gefangen ist, hält der ganze Schwarm an; ist er aber verlorengegangen, so zerstreut sich der Schwarm und schließt sich einem andern an, denn ohne König können sie nicht sein. Ungern töten sie dieselben, wenn ihrer mehrere sind, und zerstören lieber die Baue ihrer Brut, wenn sie Mangel an Nahrung befürchten; in diesem Falle treiben sie auch die Drohnen aus. Obgleich ich sehe, daß man über diese noch im Zweifel ist, indem einige sie für ein eigenes Geschlecht halten, sowie die Diebesbienen, welche die größten unter jenen, aber von schwarzer Farbe sind, einen breiten Bauch haben und deshalb so genannt werden, weil sie heimlicherweise den Honig wegfressen – so ist doch so viel ausgemacht, daß die Drohnen von den übrigen Bienen umgebracht werden. Diese haben keinen König; allein, wie sie ohne Stachel geboren werden, bleibt noch unentschieden.

In einem feuchten Frühjahre gedeiht die Brut besser, in einem trocknen erhält man mehr Honig. Wenn es in einem oder dem andern Stocke an Nahrung fehlt, machen dessen Bewohner einen Angriff auf die benachbarten, um zu rauben. Allein diese rüsten sich gegen jene zum Kampfe, und wenn ein Bienenwärter zugegen ist, wird er von derjenigen Partei, welche merkt, daß er es mit ihr hält, nicht überfallen. Sie kämpfen auch oft aus andern Ursachen miteinander, und zwei Feldherren ordnen die gegeneinander stehenden Heere. Meistens entsteht der Streit beim Einsammeln der Blumen, wobei denn eine jede Biene ihre Genossen zu Hilfe ruft. Man kann ihn durch Einwerfen von Staub oder durch Rauch aufheben, aber durch Milch oder Met sie wieder versöhnen.

Arten der Bienen.

Es gibt auch Land- und Waldbienen von häßlichem und rauhem Ansehen, die viel jähzorniger, aber im Fleiß und Bauen besser sind. Von den Stadtbienen gibt es 2 Arten; die besten sind kurz, bunt, rundlich und gedrungen; die schlechten lang und den Wespen ähnlich, und die schlechtesten unter ihnen behaart. Am Pontus gibt es weiße Bienen, welche in jedem Monate 2mal Honig bereiten. Am Flusse Thermodon[1] hat man 2 Arten, von denen die eine den Honig in Bäumen, die

[1] In Cappadocien.

andere ihn unter der Erde ansammelt; sie bauen 3 Scheiben Wachs übereinander und geben eine sehr reiche Ausbeute.

Die Natur hat den Bienen den Stachel am Bauche befestigt. Einige glauben, daß sie nach einem Stiche, den sie damit gemacht haben, sogleich stürben; andere sind der Meinung, der Tod erfolge nur dann, wenn sie so stark gestochen hätten, daß ein Teil ihrer Eingeweide mit herauskäme, aber dann würden sie Drohnen, könnten keinen Honig mehr bereiten und hörten, gleichsam ihrer Kräfte beraubt, auf zu schaden und zu nützen. Man hat Beispiele, daß sie Pferde totgestochen haben.

Sie hassen üble Gerüche und fliehen weit davor, aber auch künstlich bereitetes Parfüm ist ihnen zuwider. Daher verfolgen sie diejenigen, welche nach Salben riechen; sie selbst sind den Angriffen der meisten Tiere ausgesetzt. Es befinden sich nämlich unter ihnen Afterarten ihres Geschlechts, die Wespen und Hornissen, und sogar vom Geschlechte der Mücken die sogenannten Mulionen. Auch die Schwalben und einige andere Vögel richten Verheerungen unter ihnen an. Wenn sie nach Wasser fliegen, ihrer Hauptbeschäftigung während der Brütezeit, stellen ihnen die Frösche nach, und unter letztern nicht nur die, welche in Seen und Bächen sitzen, sondern auch die Laubfrösche kommen herbei, kriechen an die Öffnungen der Stöcke und blasen hinein; hierauf fliegen sie heraus und werden sogleich weggeschnappt. Die Frösche sollen die Stiche der Bienen nicht fühlen. Auch die Schafe sind ihre Feinde, weil sie sich aus ihrer Wolle nur mit Schwierigkeiten herauswickeln können. Schon vom Geruche der Krebse, die in ihrer Nähe gekocht werden, sterben sie.

Von ihren Krankheiten.

Die Bienen unterliegen von Natur sogar gewissen *Krankheiten*. Anzeigen derselben sind eine träge Traurigkeit, wenn andere sie vor die Öffnungen des Stocks in Sonnenwärme bringen und füttern, wenn sie die Toten hinausschaffen und gleich Leidtragenden die Leichen begleiten. Ist der König von einer solchen Krankheit hinweggerafft, so trauert das ganze Volk, arbeitet vor Schmerz nicht, trägt keine Nahrung zusammen, geht nicht heraus und hängt sich unter traurigem Summen kugelförmig um seinen Körper herum. Daher treibt man den Schwarm auseinander und schafft den toten König beiseite, denn solange sie ihn vor Augen haben, mindert sich ihre Trauer nicht. Und selbst dann noch sterben sie vor Hunger, wenn man ihnen nicht zu Hilfe kommt. Ihre Gesundheit erkennt man daher an ihrer Munterkeit und ihrem Glanze. Auch in ihren Arbeiten zeigen sich mitunter Fehler; wenn sie ihre Scheiben nicht füllen, so nennt man dies Claron, wenn sie keine Brut zustande bringen, Blapsigonie.

Von ihren Feinden.

Nachteilig ist ihnen ferner das durch einen Schall entstehende Echo, das durch seine Wiederholung diese furchtsamen Tiere erschreckt; ebenso der Nebel. Unter ihre größten Feinde gehören auch die Spinnen; wenn diese so viel Kraft haben, daß sie die Öffnungen überspinnen können, so töten sie ganze Schwärme. Selbst der träge und wenig geachtete Schmetterling, welcher nach brennenden Lichtern hinfliegt, wird ihnen auf mehr als eine Weise schädlich; denn er frißt nicht nur das Wachs und hinterläßt seinen Unrat, aus welchem sich Würmer erzeugen, sondern er überzieht auch alles, wohin er gekrochen ist, mit spinnartigen Fäden und besonders mit der wolligen Bedeckung seiner Flügel. Auch selbst im Holze erzeugen sich Würmer, welche namentlich dem Wachse nachgehen. Ferner ist ihnen die allzugroße Freßbegierde schädlich, besonders im Frühjahre, wenn sie von Blumen leben; denn sie leiden dann am Durchfalle. – Durch Öl werden nicht nur die Bienen, sondern auch alle Insekten getötet, besonders wenn man ihnen den Kopf damit bestreicht und sie dann an die Sonne legt. Zuweilen sind sie selbst schuld an ihrem Tode, sie fressen nämlich gierig den Honig, wenn sie merken, daß er herausgenommen werden soll. Übrigens sind sie sehr mäßig und jagen die Verschwender und Fresser ebenso wie die Faulen und Trägen fort. Ihr eigner Honig ist ihnen sogar nachteilig, und sie sterben, wenn man ihnen den Rücken damit bestreicht. So vielen Feinden und Unfällen (und welche geringe Zahl habe ich davon erwähnt) ist ein so nützliches Tier ausgesetzt! Die Hilfsmittel werde ich am gehörigen Orte anführen[1], denn jetzt soll bloß von den Naturgegenständen die Rede sein.

[1] XXI. Buch, 42. Kap.

Von ihrer Erhaltung.

Sie ergötzen sich an dem Klange des Erzes und werden dadurch herbeigelockt. Hieraus ergibt sich genügend, daß sie den Sinn des Gehörs haben. Ist ihr Bau beendigt, die Brut ausgeführt und sind alle ihre Geschäfte abgemacht, so halten sie feierliche Übungen. Sie spazieren im Freien herum, steigen in die Höhe, machen Kreise im Fluge und kehren endlich zum Fressen zurück. Sie leben, wenn sie allen Feinden und Zufällen glücklich entgehen, längstens 7 Jahre. Ein Stock soll nie über 10 Jahre gedauert haben. Einige glauben, tote Bienen könnten wieder aufleben, wenn man sie den Winter über im Hause bewahrte, dann an der Frühlingssonne dörrte und einen ganzen Tag lang in Asche vom Feigenbaume erwärmte.

Von ihrer Wiederherstellung.

Sind Bienen ganz verlorengegangen, so soll man deren durch frische mit Mist bedeckte Stierwänste *wiederherstellen* können; nach Virgil auch durch den toten Körper junger Stiere — sowie durch Pferde die Wespen und Hornissen, durch Esel die Käfer, indem die Natur einiges von jenen in diese verwandelt. Aber von allen diesen Insekten kann man auch die Begattung beobachten; und doch ist ihre Brut von derselben Beschaffenheit als die der Bienen.

VOM WEINSTOCK
UND VOM WEIN.

Wo aber können wir passender anfangen als beim *Weinstocke*, wodurch Italien so außerordentlich bevorzugt ist, daß es scheinen möchte, dieses Land übertreffe durch ihn allein schon alle Güter, ja selbst die wohlriechenden der übrigen Völker, denn nichts riecht angenehmer als die (in Blüten) ausbrechenden Stöcke! Der Weinstock wurde seiner Größe wegen von den Alten mit Recht zu den Bäumen gezählt. In der Stadt Populonium sieht man eine Statue Jupiters, die aus *einem* Stamm geschnitzt und viele Jahrhunderte hindurch unversehrt geblieben ist. Ebenso befindet sich zu Massilia eine Schale aus *einem* Stücke. Zu Metapontus steht ein Tempel der Juno auf Säulen von Weinholz. Auf das Dach des Tempels der Diana zu Ephesus steigt man noch jetzt auf einer Treppe, die, wie man sagt, aus *einem* Weinstocke von der Insel Zypern, wo sie zu einem außerordentlichen Umfange heranwachsen, gefertigt ist. Kein Holz ist unverweslicher. Ich glaube aber, daß man wilde Weinstöcke dazu genommen hat.

Von der Beschaffenheit der Weinstöcke: Sorten.

Nur Democritus hat geglaubt, man könne die *Arten des Weinstocks* in einer Zahl umfassen; indem er vorgab, alle in Griechenland vorkommenden wären ihm

173

bekannt. Die übrigen Schriftsteller haben sie für unzählig und unendlich gehalten, und daß dies wahrer sei, wird aus den Weinen erhellen. Ich will aber nicht alle, sondern nur die ausgezeichnetsten anführen, denn es gibt ihrer beinahe ebenso viele als Äcker. Daher wird es hinreichend sein, nur die berühmtesten Weinstöcke und die, welche durch besondere Eigentümlichkeit Bewunderung verdienen, anzuzeigen.

Den ammineischen räumt man wegen ihrer Festigkeit und weil ihr Wein durchs Alter an Güte gewinnt, den Vorzug ein. Es gibt 5 Arten davon; die echte hat kleinere Beeren, blüht besser ab und erträgt leicht Regen und Stürme; die größere tut dies nicht, doch leidet sie weniger davon an Bäumen als auf Bergen. Die Zwillingstrauben, welche deshalb so heißen, weil immer 2 Trauben beisammen stehen, schmecken am herbsten, haben aber vorzügliche Kräfte. Den kleinern davon schadet der Südwind, die übrigen gedeihen beim Winde besser, wie z. B. die auf dem Vesuv und auf den surrentinischen Hügeln. Im übrigen Italien ist sie nur gewohnt, an Bäumen zu wachsen. Die fünfte Art ist die wollige, welche, damit wir die Serer und Indier nicht zu bewundern brauchen, ganz mit Wolle umkleidet ist. Die Trauben des ammineischen Weinstocks werden am frühesten reif und am schnellsten faul.

Den nächsten Rang haben die nomentanischen, deren Holz rötlich ist, daher einige diese Weinstöcke die rötlichen nennen. Sie geben weniger Ausbeute, denn sie enthalten zu viel Hülsen und Hefen; gegen Reife sind sie am empfindlichsten und leiden durch Trockenheit oder Hitze mehr als durch Regen oder Kälte. Daher behaupten sie in kalten und feuchten Gegenden den Vorrang.

Die Art, welche kleinere Beeren und ein weniger einge-schnittenes Blatt hat, ist fruchtbarer.

Die apianischen haben diesen Beinamen von den Bienen bekommen, welche sehr begierig danach sind. Es gibt 2 Arten, und diese sind ebenfalls wollig. Ihr Unterschied besteht darin, daß die eine früher reift, obgleich die andere auch zu den zeitigen gehört. Sie gedeihen auch in kalten Gegenden, und dennoch wer-den keine andern schneller reif; Regen macht sie aber faul. Der davon bereitete Wein ist anfangs süß, be-kommt aber nach Jahren einen herben Geschmack. Am meisten findet sich dieser Weinstock in Etrurien. Die bis hierher als die besten genannten Gewächse sind in Italien einheimisch und ihm eigentümlich.

Die übrigen sind von Chios und Thasos zu uns ge-kommen. Der griechische steht dem ammineischen an Güte nicht nach, hat eine sehr zarte Beere, und selbst die Traube ist so klein, daß es nur auf dem fettesten Boden der Mühe lohnt, ihn zu bauen. Von den taurominitani-schen Hügeln haben wir den mit einem edlern Beina-men genannten »Eugenischen« erhalten, jedoch nur für das albanische Gebiet, denn wird er von da versetzt, so verändert er sich bald. Einige lieben nämlich ihre Standorte so sehr, daß sie all ihren Ruhm zurücklassen und nirgendshin ganz unverändert übergehen. Dies ist auch der Fall mit dem rhätischen und allobrogischen, die wir oben die gepichten genannt haben, denn zu Hause sind sie edle Gewächse, anderswo erkennt man sie nicht wieder. Sie sind jedoch sehr fruchtbar und ersetzen das, was ihnen an Güte abgeht, durch die Menge, und zwar der eugenische an heißen, der rhäti-sche an gemäßigten, der allobrogische an kalten Orten. Letzterer reift bei der Kälte und hat eine schwarze

Farbe. Die Weine von den bis jetzt genannten Arten, ja selbst von den schwarzen Arten, werden durchs Alter weiß. Die übrigen werden nicht geschätzt, dennoch aber zuweilen durch Hilfe der Witterung und des Bodens dauerhaft, wie die fecenische und die mit ihr blühende biturigische, deren Beeren dünner stehen und in der Blüte nicht leiden, weil sie früher kommen, auch Wind und Regen widerstehen; sie geraten aber besser an kalten und feuchten als an warmen und trocknen Orten. Der visulische Stock leidet mehr durch unbeständige Witterung als durch zu reichlichen Ertrag an Trauben, ist hingegen bei fortdauernder Kälte oder Hitze gesund. Die kleinere Sorte von dieser Art ist die bessere. Bei der Wahl des Bodens zeigt er sich eigensinnig, denn in einem fetten fault er und in einem magern kommt er gar nicht fort. Zärtlich verlangt er eine mittlere Temperatur und ist deshalb auf den sabinischen Bergen ganz zu Hause. Seine Traube sieht häßlich aus, schmeckt aber angenehm, und wenn man sie nicht gleich abnimmt, so fällt sie, auch ohne gefault zu sein, ab. Gegen Hagel schützen sie seine breiten und harten Blätter.

Ausgezeichnet durch die Farbe sind die rötlichen, welche das Mittel zwischen den purpurnen und schwarzen halten, öfters die Farbe ändern und deshalb von einigen die vielfarbigen genannt sind. Unter ihnen wird die schwärzere Art vorgezogen; beide tragen ein Jahr um das andere, und je weniger, um so besser wird der Wein. Auch von den Frühtrauben unterscheidet man 2 Arten durch die Größe der Beeren; sie haben das meiste Holz, ihre Trauben bewahrt man am besten in Töpfen auf, ihr Blatt gleicht der Petersilie, die Dyrrachiner preisen die sogenannte Königstraube, welche die Spanier Coccolobis nennen; sie ist lockerer, erträgt Hitze und Südwinde, gibt reichliche Ernte, verursacht aber Kopfweh. In Spanien unterscheidet man zwei Arten davon, eine mit länglichen, die andere mit runden Beeren; die letztern keltern sie. Je süßer die Coccolobis, um so besser ist sie. Aber auch die herbe wird durchs Alter süß, und die, welche süß war, herbe; hierin kommen sie mit dem albanischen Weine überein. Dieser Wein soll wider Blasenkrankheiten am dienlichsten sein. Der albulische Stock ist oben und der visulische unten an den Bäumen fruchtbarer; wenn man sie daher um sie pflanzt, so geben sie wegen ihrer verschiedenen Natur eine reichliche Ernte. Von den schwarzen hat man eine Art die träge genannt, welche vielmehr den Namen der nüchternen verdient; sie empfiehlt sich durch den aus ihr gewonnenen und altgewordenen Wein, der zwar kräftig, aber unschädlich ist, denn es ist der einzige, der keinen Schwindel bewirkt.

Die übrigen empfehlen sich durch ihre Fruchtbarkeit, vorzüglich der blasse. Es gibt 2 Arten davon, die größere, welche einige die lange, und die kleinere, welche sie Emarcum nennen; letztere ist nicht so fruchtbar, liefert aber einen angenehmer schmeckenden Wein. Man unterscheidet sie durch ihr zirkelrundes Blatt, beide sind aber schwach, müssen durch Gabeln gestützt werden, wenn sie reichlich tragen sollen, lieben den Wind vom Meere her und duften nach Tau. Kein Weinstock hat sich weniger in Italien akklimatisiert, denn er ist hier selten, klein und fault leicht; auch der Wein, der von ihm kommt, hält sich nicht länger als einen Sommer; ferner liebt keiner mehr einen magern Boden. Gräcinus[1], der sonst den Cornelius Celsus abgeschrieben hat,

[1] Julius Graecinus, Senator, Philosoph und Redner, sollte den Silanus anklagen und wurde, dies verweigernd, hingerichtet.

glaubt, seine Natur widerspreche dem Boden und Klima Italiens nicht, sondern seine Kultur, denn man sei zu sehr bemüht, ihn in Reben schießen zu lassen; dadurch werde aber seine Fruchtbarkeit verändert, wenn nicht ein äußerst fetter Boden das matte Gewächs erhielte. Man sagt, er leide nicht vom Brande – ein großer Vorzug, wenn es wahr ist, daß das Wetter keinen Einfluß auf einen Weinstock ausübe.

Der Spionia, den einige den Dornigen nennen, erträgt Hitze und erstarkt im Herbste und durch Regen. Ja selbst durch Nebel wird er allein ernährt und ist deshalb im ravennatischen Lande zu Haus. Den veniculischen, der unter die am besten abblühenden und zur Aufbewahrung geeignetsten gehört, wollen die Campaner lieber Scircula, andere Stacula genannt wissen. Bei Terracina ist der numisianische, der keine eigenen Kräfte hat, sondern dessen Wert sich ganz nach dem Boden richtet. Doch die Surrentiner haben bis an den Vesuv hin die besten zum Aufbewahren, denn dort ist der murgentinische, der stärkste aus Sizilien, den einige den pompejanischen nennen und der auch in Latium trägt; sowie der horconische nur in Campanien. Dagegen macht der argeïsche, von Virgil Argistis[1] genannt, den Boden sogar fruchtbarer und leidet weder durch Regen noch durch Alter, der von ihm gewonnene Wein aber hält sich kaum ein Jahr und taugt seiner geringen Güte wegen bloß zu Speisen, wird aber in reichlicher Menge erhalten. Der metische dauert auch mehrere Jahre, widersteht allen Einflüssen der Atmosphäre am kräftigsten, hat schwarze Beeren, und der Wein wird durchs Alter rötlich.

[1] D.h. ein Weinstock mit weißen Trauben.

Von der Beschaffenheit des Weins.

Die Wirkung[1] des *Weines* besteht darin, daß er getrunken durch seine Wärme die Eingeweide erhitzt, außen aufgegossen kühlt. Es dürfte nicht unpassend sein, bei dieser Gelegenheit das anzuführen, was Androcydes, ein berühmter Weise, an Alexander den Großen geschrieben hat, um dessen Unmäßigkeit Einhalt zu tun: »Erinnere Dich, König, daß Du im Weine das Blut der Erde trinkst; der Schierling ist ein Gift für die Menschen und der Wein ein Gift für den Schierling.« Hätte er diese Lehren befolgt, wahrlich, dann hätte er seine Freunde nicht in der Trunkenheit getötet. Man kann daher wohl mit Recht sagen, nichts sei den Kräften des Körpers dienlicher, nichts aber auch für die Schwelgsucht verderblicher, wenn das Maß überschritten wird.

Edle Weinsorten.

Wer wird aber bezweifeln, daß ein *Wein* angenehmer als der andere sei? Oder daß aus ein und demselben Behälter einmal ein besserer hervorgeht als das andere Mal, liege es nun an dem irdenen Geschirre oder an zufälligen Umständen? Daher mag ein jeder selbst über die Weine, welche die besten sind, entscheiden. Die Kaiserin Julia brachte die 82 Jahre ihres Lebens auf Rechnung des pucinischen Weines, denn sie trank keinen andern. Dieser wächst an einem Busen des

[1] Das Wesen, natura.

adriatischen Meeres, nicht weit von der Quelle Timavus, an einem steinigen Hügel, und liefert wegen der Seeluft nur wenige Amphoren reife Ausbeute. Kein Wein soll besser zu Arzneien sein. Dies ist wahrscheinlich derselbe Wein, den die Griechen aus einem adriatischen Busen geholt, Prätetianum genannt und mit außerordentlichen Lobsprüchen verherrlicht haben. Der Kaiser Augustus zog den Setinischen allen übrigen Sorten vor, und ihm ahmten alle seine Nachfolger hierin nach, weil die Erfahrung zeigte, daß er nicht leicht schädliche Bestandteile im Speichel zurückläßt. Er wächst hinter Forum Appii[1]. Früher behauptete der cäcubische Wein aus den sumpfigen Pappelwäldern im amyclanischen Busen den ersten Rang, doch ist derselbe jetzt durch die Nachlässigkeit der Anbauer und den engen Raum des Lokals, noch mehr aber durch den Graben, welchen Nero vom avernischen See an bis nach Ostia schiffbar zu machen beabsichtigte, ganz zurückgekommen.

Den zweiten Rang behauptete das falernische Land, in ihm vorzüglich der faustianische Distrikt, und diesen hatte es sich selbst durch die darauf verwendete Sorgfalt und Pflege geschaffen. Auch er verliert, weil man jetzt mehr auf die Menge als auf die Güte bedacht ist. Das falenische Land beginnt bei der Campanischen Brücke da, wo man links nach der sullanischen Kolonie Urbana, die kürzlich zu Capua geschlagen ist, geht; der faustianische Distrikt aber ungefähr 4 Meilen von einem bei Cediciae liegenden Dorfe, welches von Sinuessa 6 000 Schritte entfernt liegt. Kein Ort ist berühmter durch seinen Wein, der sich auch einzig dadurch auszeichnet, daß er sich anzünden läßt. Es gibt 3 Arten davon,

---

[1] Flecken in Etrurien, hieß später Regeta: jetzt Dorf Foro Appio.

herben, süßen und leichten. Einige unterscheiden ihn also: oben auf den Hügeln wachse der caucinische, mitten der faustianische und unten der falernische Wein. Wir wollen es auch nicht unbemerkt lassen, daß von keinem Stocke, dessen Wein geschätzt wird, die Trauben angenehm schmecken.

Zum dritten Range sind abwechselnd die albanischen Weine gekommen, welche in der Nähe von Rom wachsen, sehr süß und selten herbe schmecken; ferner die surrentinischen, welche nur in Weinbergen wachsen und, wegen ihrer Leichtigkeit und heilsamen Wirkung, sich für Rekonvaleszenten am meisten eignen. Der Kaiser Tiberius sagte, die Ärzte hätten beschlossen, den surrentinischen edel zu machen, denn er sei sonst nur ein guter Essig. Der Kaiser Cajus, welcher ihm folgte, nannte ihn einen berühmten kahmigen Wein. Mit diesen streiten um den Rang die massischen Weine, und die, welche von der nach Puteoli und Bajä gerichteten Seite des Berges Gaurus kommen. Denn die statanischen Weine von der falernischen Grenze sind ohne Zweifel zur höchsten Ehre gelangt und haben dadurch klar gezeigt, daß alle Länder, gleichwie der Ursprung und Untergang der Dinge, ihre Zeiten haben. Der ihm benachbarte calenische und der fundanische, welcher in Weinbergen und an Bäumen wächst, pflegten zuweilen noch vorgezogen zu werden. Andere Weine aus der Nähe Roms sind der veliterninische und der privernatische. Denn der, welcher zu Signia gewonnen und seiner außerordentlichen Herbigkeit wegen gegen den Durchfall gebraucht wird, ist ein Arzneimittel.

Den vierten Rang bei den öffentlichen Gastmählern hat der mamertinische, der bei Messana in Sizilien wächst, von Julius Cäsar erhalten, denn er verschaffte

ihm, wie aus seinen Briefen erhellt, zuerst dieses Ansehen. Nächst ihm wird der von seinem Erfinder sogenannte potulanische, welcher von einem Italien zunächst liegenden Distrikte kommt, am meisten geschätzt. Auch steht der taurominitanische in Sizilien in
Ansehen und werden die damit gefüllten Flaschen sehr
oft dem mamertinischen untergeschoben.

Auf welche verschiedene Arten
man den Most behandelt.

Aber ich muß nun auch von den bei der Bereitung des
Weines gebräuchlichen Materialien reden, da die
Griechen besondere Vorschriften dazu gegeben und eine
eigene Kunst daraus gemacht haben, wie Euphronius[1],
Aristomachus, Commiades[2] und Hicesius[3] berichten. In
Afrika benimmt man ihm die Rauhigkeit durch Gips
und in einigen Gegenden daselbst durch Kalk. Die Griechen machen ihn durch Ton, Marmor, Salz oder Seewasser milde; ein Teil von Italiens Bewohnern durch
schwarzes Pech, und sie, nebst den angrenzenden Provinzen, behandeln gewöhnlich den *Most* mit Harz. An
einigen Orten versetzt man denselben mit Hefen vom
früheren Weine oder mit Essig. Auch selbst aus dem
Moste macht man Arzneien; man kocht ihn, damit er im
Verhältnis seiner Kräfte süß werde. Ein solcher soll sich
aber nicht über ein Jahr lang halten. An einigen Orten

---

[1] Ein nicht näher bekannter Schriftsteller.
[2] Ebenfalls unbekannt.
[3] Desgleichen.

siedet man den Most bis zur Sapa[1] ein, und durch
Zugießen desselben benimmt man dem Weine das
Feuer. Doch bei dieser und jeder andern Art tun die
Fässer selbst durch ihre Auspichung Dienste, und wie
man diese bewerkstelligt, wollen wir im nächsten Ab-
schnitte sagen.

Von Pech und Harzen.

Von den Bäumen, aus denen gleich einem Safte *Pech
und Harz* fließt, haben einige den Orient, andere
Europa zum Vaterlande. Asien, welches dazwischen
liegt, hat auf beiden Seiten einige. Im Oriente geben die
Terebinthen das beste und dünnste, die Mastixbäume
den sogenannten Mastix, ferner die Zypressen das
schärfste vom Geschmack. Alle diese Bäume enthalten
einen flüssigen Saft, der nur Harz ist, die Zeder aber
einen dickern und zur Bereitung von Pech geeigneten.
Das arabische Harz ist weiß, von scharfem Geruch und
schwer zu schmelzen, das jüdische ist zäher, der Terpen-
tin noch stärker riechend; das syrische sieht dem attischen Honige gleich; das zyprische übertrifft alle andern, ist aber honigfarben und fleischig; das kolophoni-
sche dunkler als die übrigen, wird durch Reiben weiß,
hat einen starken Geruch und wird deshalb von den
Salbenhändlern nicht gebraucht. Was man in Asien von
der Picea[2] macht, ist sehr weiß und heißt *Spagas*. Alles
Harz löst sich in Öl auf. Einige glauben, dies geschehe
auch durch Töpferkreide. Ich schäme mich zu sagen,

[1] Vergl. XIV. Buch, 11. Kap.
[2] Pinus Abies L. die Rottanne.

daß es jetzt am meisten wegen seines Gebrauchs, die Haare am Körper des Mannes auszurotten, geschätzt wird.

Der Most wird verbessert, wenn man zu Anfang der Gärung, welche meistens nach 9 Tagen zu Ende ist, Pech hineinstreut, damit der Wein davon Geruch und einen scharfen Geschmack annimmt. Man glaubt, dies werde durch den rohen Anbruch des Harzes in noch höherem Grade bewirkt und der Wein dadurch milde. Andererseits werde durch abgesottenes Pech seine allzu große Wildheit gemildert und sein Feuer geschwächt, oder wenn er matt und fade ist, ihm dadurch Feuer gegeben. In Ligurien und den Gegenden um den Po wird der Nutzen der Crapula beim Moste auf folgende Art unterschieden: In starkbrausenden Most wird mehr, in schwachen weniger getan. Einige wollen, man solle ihn auf beiderlei Weise verbessern. Aber das Pech besitzt außer seiner Einwirkung auf den Most auch noch andere gute Eigenschaften. An einigen Orten hat der Most den Fehler, nochmals von selbst zu gären; er verliert dadurch den Geschmack und bekommt dann den Namen Vappa, womit man auch einen Menschen, dessen Gemüt verdorben ist, schimpflicherweise benennt. Verdorbener Wein hat die Kraft des Essigs, welcher so mannigfaltige Anwendung findet und ohne welchen das feinere Leben nicht bestehen könnte.

Übrigens trägt man für die Verbesserung der Weine so große Sorge, daß er bei einigen durch Asche, bei andern durch Gips oder auf die bereits angeführten Weisen verbessert wird. Man zieht aber die Asche von Weinstockreisern oder von der Eiche vor. Sogar wird vorgeschrieben, man solle zu diesem Behufe Seewasser vom hohen Meere holen, dasselbe vom Frühlingsäquinoktium an aufbewahren oder wenigstens in einer Nacht zur Zeit der Sonnenwende oder während der Aquilo (Nordostwind) weht schöpfen oder aber, wenn es um die Zeit der Weinlese geschöpft werde, absieden.

Zu Weinfässern wird in Italien das bruttische Pech am meisten geschätzt. Man bereitet es aus dem Harze der Rottanne; in Spanien aus wilden Fichten, aber dies wird gar nicht gelobt, denn das Harz derselben ist bitter, trocken und stark riechend. Den Unterschied und die Bereitungsart wollen wir im nächsten Buche bei den wilden Bäumen angeben. Seine Fehler sind, außer den angezeigten, eine gewisse Schärfe und ein rauchiger Gestank, bei dem Peche aber das Angebranntsein. Man erkennt dies, wenn die Bruchstücke etwas glänzen, zwischen den Zähnen weich werden und dabei eine angenehme Schärfe entwickeln. Die Asiaten halten das idäische Pech für das beste, die Griechen das pierische, Virgil das narycische. Sorgfältigere Landwirte mischen schwarzen Mastix hinzu, der im Pontus gewonnen wird und dem Erdpech gleicht, ferner die Wurzel und das Öl der Iris hinzu, denn die Erfahrung hat gelehrt, daß, wenn man Wachs in die Fässer tut, die Weine sauer werden. Dagegen ist es besser, den Wein in solche Fässer zu bringen, in denen Essig gewesen ist, als in solche, welche süßen Wein oder Met enthielten. Cato befiehlt, den Wein mit dem 40. Teile Aschenlauge, die mit gesottenem Weine gekocht ist oder mit 1½ Pfund Salz, zuweilen auch mit zerstoßenem Marmor in einem Culeus zu beschicken (denn dieses Wortes bedient er sich). Er erwähnt auch des Schwefels, des Harzes aber nur zuletzt. Vor allem aber soll man dem Weine, wenn er zeitig wird, Most hinzutun, den er Keltermost nennt; wir verstehen aber darunter den zuletzt gepreßten. Auch setzt man, um ihn zu färben, verschiedene Farbstoffe hinzu, wodurch er dann auch fetter werden soll. Durch so viele schädliche Künsteleien bestrebt man sich, den Wein angenehm zu machen, und wir wundern uns noch, daß er schädlich ist. Die Probe, ob ein Wein verderbe, ist, wenn eine Bleiplatte in demselben ihre Farbe verändert.

Von Essig und Hefen.

Unter den Flüssigkeiten hat der Wein die Eigentümlichkeit, kahmig zu werden und sich in *Essig* zu verwandeln, und es existieren ganze Bücher darüber, wie man ihm helfen soll. Die getrocknete *Weinhefe* fängt Feuer und brennt ohne andere Nahrung von selbst. Die Asche hat die Natur des Natrons und dieselben Kräfte, ja noch mehr, je fetter sie sich zeigt.

Von den Gefäßen für den Wein.
Von den Kellern.

Hinsichtlich des nun eingebrachten Weines zeigt sich ein großer Unterschied in dem *Keller*. Am Fuße der Alpen verwahrt man ihn in hölzernen *Gefäßen*, umgibt diese mit Reifen und hält in starken Wintern durch Feuer die Kälte davon ab. Es klingt wunderbar, ist aber doch zuweilen beobachtet worden, daß, wenn die Gefäße gesprungen waren, der Wein eine eisige Masse bildete und so als ein Wunderzeichen galt, denn der Wein hat von Natur die Eigenschaft nicht, zu Eis zu gefrieren, sondern erstarrt nur bei starker Kälte. In milderen Himmelsstrichen hält man ihn in Fässern und vergräbt diese ganz oder zum Teil, je nach der Lage, in die Erde. Auch läßt man ihn unter freiem Himmel, an andern Orten aber macht man Dächer darüber. Ferner werden folgende Vorschriften gegeben: Eine Seite des Kellers oder wenigstens die Fenster sollen nach Norden oder gegen den Äquinoktialaufgang gerichtet sein. Misthaufen und Baumwurzeln sollen fern davon sein und Gerüche aller Art, weil sie leicht in den Wein übergehen, ferner zahme und wilde Feigenbäume vermieden werden. Zwischen den Fässern soll man Raum lassen, damit das Verderben nicht weiter greife, weil ein Wein den andern äußerst schnell ansteckt. Auch von der Gestalt der Gefäße hänge viel ab, denn die bauchigen und weiten wären minder gut. Beim Aufgange des Hundssterns müsse man sogleich auspichen, sodann mit Seeoder Salzwasser ausspülen, hierauf mit Reiserasche oder Ton bestreuen; wären sie darauf abgewischt, sie und öfters auch die Keller mit Myrrhe ausräuchern. Schwache Weine soll man in Fässern, welche in die Erde vergraben sind, aufbewahren, starke dagegen in solchen, die an der Luft stehen. Nie soll man die Fässer ganz anfüllen, und den leeren Raum mit Rosinenweine oder abgesottenem Weine, worunter man Safran, altes Pech und eingedickten Most getan, ausstreichen; ebenso müsse man mit den Deckeln der Fässer verfahren und außerdem noch Mastix und bruttisches Pech darunter mischen. Die Gefäße öffne man nur an heitern Tagen, auch nicht bei Südwinde oder Vollmonde. Der Schaum des Weines soll weiß sein; die rote Farbe desselben ist ein trauriges Zeichen, wenn der Wein selbst nicht diese Farbe hat; ebenso, wenn die Fässer warm werden und die Deckel schwitzen. Der Wein, welcher schnell zu schäumen anfängt und einen Geruch bekommt, soll sich nicht lange halten. Gesottenen und eingekochten Most soll man nur an Tagen, wenn kein Mond am Himmel ist, d. h. bei der Zusammenkunft dieses Gestirns, und sonst nicht, bereiten, ferner dieses nicht in kupfernen, sondern in bleiernen Gefäßen vornehmen, auch welsche Nüsse hinzufügen, denn diese zögen den Rauch an sich. Es scheint am zweckmäßigsten, daß man die edelsten Weine Campaniens der freien Luft und dem Einflusse der Sonne, des Mondes und Regens aussetze.

Von der Trunkenheit.

Wahrlich, bei reiflichem Nachdenken wird man finden, daß die Menschen in keiner andern Hinsicht emsiger sind, als ob uns die Natur nicht das Wasser, dessen sich alle übrigen Tiere bedienen, zum Getränke gegeben hätte. Aber wir zwingen selbst die Lasttiere, Wein zu trinken, und soviel Mühe, soviel Arbeit und Kosten macht dasjenige, was des Menschen Verstand verwirrt und bei denen, welche ihm ergeben sind, eine unsinnige Lust zu tausend Lastern erzeugt, denn sie finden ein solches Vergnügen darin, daß die meisten unter ihnen nichts anderes des Lebens wertachten. Ja, wir schwächen sogar, um desto mehr nehmen zu können, seine Stärke durch Durchseihen; man ersinnt noch andere Reizmittel und bereitet Gift, um es zu trinken, denn einige nehmen vorher Schierling zu sich, damit die Todesfurcht sie zum Trinken zwinge, andere gestoßenen Bimsstein und noch andere Dinge, die ich mich zu nennen schäme. Wir sehen, daß die vorsichtigsten unter ihnen in den Bädern fast gekocht und halbtot herausgetragen werden; andere können nicht einmal das Lager oder ihr Kleid erwarten, sondern noch nackend greifen sie sehnsüchtig nach den großen Humpen, als wenn sie ihre Kräfte zeigen wollten, gießen sie in sich hinein, um das Genommene sogleich wieder von sich zu geben und dann wieder zu trinken, und wiederholen dies noch zwei- oder dreimal. Als wenn diese Menschen dazu auf der Welt wären, um die Weine zu verderben, und der Wein nicht anders als durch den menschlichen Körper gegossen werden könne! Dahin gehören auch die fremdartigen Übungen, das Herumwälzen im Kot, das Vorstrecken der Brust und das Zurückbiegen des Halses. Durch alles dies, heißt es, mache man sich Durst. Und hat man nicht selbst an den Trinkgeschirren ehrbrecherische Bilder angebracht? Als wenn die *Trunkenheit* nicht schon an und für sich Wollust erzeuge. Man trinkt also Wein aus Geilheit, ladet durch Belohnungen zur Trunkenheit ein und erkauft sie also. Dieser bekommt, wenn er so viel ißt, als er getrunken hat, nach dem Gesetze eine Belohnung für seine Trinkbegierde; jener trinkt so viel, als er im Spiele gewonnen hat. Dann suchen die gierigen Augen die Ehefrau, und die matten verraten sich dem Manne; dann werden die Geheimnisse der Seele ausgesprochen. Einige machen ihr Testament, andere führen verderbenbringende Reden und halten die Worte nicht in ihrer Kehle zurück, wenn auch noch so viele auf solche Art ums Leben gekommen sind. Schon allgemein hat man dem Weine Wahrheit zugeschrieben. Wenn es noch gut abgeht, sehen die Trinker die aufgehende Sonne nicht und erreichen kein hohes Alter. Daher die Blässe, die hängenden Wangen, die

eiternden Augen, die vom Ausleeren der vollen Becher
zitternden Hände und (was die unmittelbare Strafe ist)
die schrecklichen Träume, die nächtliche Unruhe, endlich – der größte Lohn der Trunkenheit – eine unbändige Wollust und ein Vergnügen zu sündigen. Den
folgenden Tag die Ausdünstung vom Weinfasse aus dem
Munde, Vergessenheit aller Dinge und der Verlust des
Gedächtnisses. Sie rühmen sich, auf solche Weise
schneller zu leben, da sie den vorigen Tag jedesmal
verlieren, allein auch den bevorstehenden verlieren sie.

Unter der Regierung des Kaisers Tiberius Claudius,
vor 40 Jahren, fing man an, nüchtern zu trinken und den
Wein dem Essen vorangehen zu lassen. Dies war auch
eine von den fremden Künsten und eine Vorschrift von
Ärzten, welche sich durch Neuerungen beliebt machen
wollen. Die Parther suchen hierin einen Ruhm, bei den
Griechen erwarb sich Alcibiades dadurch einen Ruf,
und bei uns hat Novellius Torquatus, ein Mailänder, der
die Ehrenstellen von der Prätur an bis zum Prokonsulate
verwaltete, sogar einen Beinamen davon erlangt, denn
er trank 3 Congius (von denen er den Beinamen erhielt)
auf einmal aus. Ihm sah der Kaiser Tiberius, der damals
schon alt und murrisch und zuweilen selbst grausam, in
seiner Jugend aber auch ein großer Liebhaber vom
Weine war, wundershalber zu. Man hat geglaubt, daß
L. Piso sich eben dadurch bei ihm beliebt gemacht und
die Verwaltung der Stadt Rom bekommen habe, weil er
bei ihm, als er schon Kaiser war, 2 Tage und Nächte
hindurch in einem Trinkgelage ausgehalten hätte. Man
will wissen, Drusus Cäsar habe in keiner andern Hinsicht seinem Vater Tiberius mehr geglichen. Dem Torquatus ward der seltene Ruhm (denn auch diese Kunst
hat ihre Gesetze), in der Rede nicht gestockt, noch sich

durch Brechen oder durch einen andern Teil des Körpers erleichtert zu haben, während er trank; ferner hat er seine Frühwachen gehalten, das meiste in *einem* Zuge getrunken, außerdem noch am meisten in andern kleinern Trunken hinzugefügt, am aufrichtigsten das Nichtabsetzen beim Trinken und das Nichtausspucken gehalten und, um auf dem Fußboden einen Schall hervorzubringen[1], nichts von dem Weine zurückgelassen, denn dies ist ein Hauptgesetz, um dem Betruge beim Trinken zu begegnen. Tergilla[2] wirft dem jüngern M. Cicero vor, er habe gewöhnlich 2 Congius getrunken und im Taumel dem Marcus Agrippa einen Becher an den Hals geworfen. Das sind nämlich die Werke des Rausches. Allein, gewiß hat Cicero dem Mörder seines Vaters, dem M. Antonius, diese Ehre streitig machen wollen; denn dieser hatte vor ihm sehr begierig darnach gestrebt und sogar von seiner Trinksucht ein Buch herausgegeben, und da er in demselben sich selbst zu verteidigen versuchte, so bewies er (meines Bedünkens) klar, welches Unheil von ihm durch die Trunkheit über den Erdkreis gebracht worden ist. Kurze Zeit vor der Schlacht bei Actium vollendete er das Buch, man sieht also leicht ein, daß er schon vom Bürgerblute berauscht und um so begieriger nach demselben war, denn dieses Laster hat die notwendige Folge, daß die Gewohnheit zu trinken die Begierde danach vermehrt; und sehr richtig sind die Worte eines scytischen Gesandten: je mehr die Parther trinken, desto mehr dürstet sie.

---

[1] Nämlich durch das Niedersetzen des Trinkgefäßes.
[2] Ein nicht näher bekannter Autor.

VON DER KULTUR DER BÄUME.

Von der Einwirkung der Luft auf die Bäume.
Nach welcher Himmelsgegend
die Weinberge liegen müssen.

Die *Bäume* stehen am liebsten gegen Nordost und werden durch den aus dieser Himmelsgegend kommenden *Wind* dichter, schöner und fester. Gerade hierin irren die meisten, denn in den *Weinbergen* müssen die Pfähle diesem Winde nicht entgegen gesetzt werden, sondern dies soll man nur gegen Mitternacht beobachten. Ja selbst Kälte, wenn sie zu rechter Zeit kommt, gibt den Bäumen viel Festigkeit und macht, daß sie am besten ausschlagen; werden sie aber von lauen Südwinden angeweht, so verlieren sie, und zwar vorzugsweise in der Blüte, ihre Kräfte. Folgen sogleich nach dem Abblühen starke Regenschauer, so geht das Obst gänzlich verloren. Daher verlieren Mandel- und Birnbäume, wenn es beständig neblig ist und der Südwind weht, ihre Früchte. Regen zur Zeit des Siebengestirns ist dem Weinstock und Ölbaum äußerst schädlich, weil sie sich dann befruchten; dies ist für die Ölbäume der entscheidende 4tägige Zeitpunkt, dies ist die Periode des schlechten, nebligen, von Südwinden begleiteten Wetters, von denen wir bereits geredet haben. Das Getreide wird auch bei Südwind nicht so gut, obgleich schneller reif. Die Kälte, welche von Norden oder zur unrechten Zeit kommt, ist schädlich. Wenn im Winter der Wind aus Nordost weht, gedeihen die Saaten am besten. Daß aber alsdann der Regen wünschenswert sei, ist einleuchtend, denn die Bäume haben sich durch die Frucht erschöpft, sind durch den Verlust der Blätter matt geworden und fühlen also natürlich heftigen Durst; der Regen aber ist ihre Nahrung. Man hält daher nach längerer Erfahrung einen milden Winter, in welchem die Bäume sogleich nach abgenommener Frucht wieder eine neue Befruchtung erleiden, d. h. ausschlagen, und worauf dann eine neue Entkräftung durch das Blühen erfolgt, für sehr schädlich. Ja, wenn mehrere solcher Jahre aufeinander folgen, sollen die Bäume sogar absterben, denn ein jeder weiß, daß die Folge davon Hungersnot unter den Landleuten ist. Wer also heitere Winter wünscht, der hat dabei das Beste der Bäume nicht im Auge. Dem Weinstocke schadet auch bei der Sonnenwende der Regen. Daß durch den Winterstaub die Ernten besser ausfallen, hat wohl ein witziger Kopf aus Mutwillen gesagt. Übrigens muß man den Bäumen sowohl wie dem Getreide wünschen, daß der Schnee lange liegen bleibe, und zwar nicht allein, weil er das belebende Prinzip der Erde, welches durch die Ausdünstung verlorengehen würde, einschließt und zurückhält und zu den Kräften der Saaten und den Wurzeln zurückführt, sondern auch, weil er ihnen allmählich eine reine und äußerst leichte Feuchtigkeit mitteilt, denn der Schnee ist der Schaum des himmlischen Wassers. Diese Feuchtigkeit also dringt nicht gänzlich hinein und zerteilt, sondern tröpfelt nur nach Bedürfnis zu und nährt gleichwie aus einer Brust alles, was sie bedeckt. Die Erde wird selbst auf diese Weise locker, von Safte erfüllt, für die saugenden Saaten nicht entkräftet und lacht, wenn sie sich später öffnet, den warmen Tagen entgegen. So wird das Getreide am fettesten, ausgenommen da, wo die Luft beständig warm ist, wie in Ägypten, denn Dauer und Gewohnheit bewirken das, was anderwärts das Maß tut, und allenthalben besteht der größte Nutzen in der Abwesenheit aller schädlichen Elemente. Auf dem größern Teile des Erdkreises werden die sehr früh ausgebrochenen Knospen, welche durch milde Witterung hervorgelockt sind, durch später eintretende Kälte zerstört. Daher schaden späte Fröste auch den wilden Bäumen, und diese leiden noch mehr dadurch, daß ihr Schatten sie vergrößert und kein Hilfsmittel dagegen schützt, denn bei den wilden ist es nicht ratsam, die zarten mit Stroh zu umwickeln. Daher kommt das Wasser rechtzeitig, zuerst in den Winterregen, sodann in denen, welche der Keimung vorangehen, drittens, wenn die Frucht ansetzt, jedoch nicht im Anfange, sondern wenn dieselbe nicht ganz klein mehr ist. Denjenigen Bäumen, welche ihre Früchte lange behalten und längere Zeit Nahrung bedürfen, wie dem Weinstock, Ölbaum und der Granate, ist später Regen zuträglich; doch bedürfen die verschiedenen Arten der Bäume diesen Regen auf verschiedene Weise, da die einen zu dieser, die andern zu jener Zeit reife Früchte bringen. Daher sieht man, daß durch ein und denselben Regen dem einen geschadet, dem andern genützt wird, ja dies sogar bei *einer* Art, wie bei den Birnen, denn die Winterbirnen bedürfen den Regen zu einer andern Zeit als die Frühbirnen, haben ihn also gleichsam zu allen Zeiten nötig. Die Winterzeit geht dem Ausschlagen voraus, und dieses erfolgt besser beim Nordost als beim Südwinde. Daher zieht man auch die Gegenden mitten im Lande denen an der Seeküste (denn diese sind meistens kälter), ferner bergige Gegenden den Flächen und nächtlichen Regen dem täglichen vor. Die Saaten haben mehr Nutzen von dem Wasser, wenn es nicht sogleich wieder von der Sonne weggenommen wird.

Bei der Anlage von Weinbergen und Baumpflanzungen wird auch erwogen, nach welcher Himmelsgegend hin sie sehen sollen. Virgil widerrät, sie gegen Abend anzulegen; andere dagegen ziehen diese Lage derjenigen gegen Osten vor. Ich finde, daß die meisten die Mittagsgegend gutheißen, glaube aber, daß sich hierüber nichts allgemein Gültiges bestimmen läßt. Man muß vielmehr die Beschaffenheit des Bodens, die örtlichen und klimatischen Verhältnisse hierbei in Erwägung ziehen. Die Lage der Weinberge in Afrika gegen Mittag ist dem Weinstocke schädlich und dem Landmanne unzuträglich, weil das Land selbst in der Mittagslinie liegt; legt er ihn aber gegen Abend oder Mitternacht an, so wird er eine glückliche Mischung zwischen dem Boden und dem Himmel bewirken, obgleich Virgil die Abendseite nicht lobt. Wegen der Mitternachtseite scheint kein Zweifel mehr übrig zu sein, denn in dem diesseits der Alpen gelegenen Italien haben die Weinberge größtenteils diese Lage, und doch sind, wie man weiß, keine fruchtbarer.

Sehr viel kommt ferner auf die Winde an. In der narbonensischen Provinz, in Ligurien und einem Teile von Etrurien hält man es für einen Beweis von Unerfahrenheit, Weinberge gegen Nordnordwest anzulegen, hingegen von Vorsichtigkeit, denselben zur Seite zu haben; denn er mildert dort die Hitze, aber meistens mit solcher Heftigkeit, daß er die Häuser abdeckt. Einige zwingen den Himmel, der Erde zu gehorchen, indem das, was sie an trockne Orte säen, gegen Morgen und Mitternacht, und was sie an feuchte säen, gegen Mittag liegen muß. Selbst bei den Weinstöcken borgen sie fremde Ursachen, indem sie an kalte Orte die frühen pflanzen, damit sie vor dem Eintritt der Kälte reif werden. Die Obstbäume und Weinstöcke, welchen der Tau schadet, setzen sie gegen Osten, damit ihn die Sonne sogleich wegnimmt; die, welchen der Tau wohltut, gegen Abend oder selbst gegen Mitternacht, damit sie ihn um so länger genießen können. Die übrigen sind fast immer den Regeln der Natur gefolgt und haben Weinstöcke und Bäume gegen Nordost zu setzen empfohlen. Demokrit meint auch, eine solche Frucht bekomme einen besseren Geruch. Die Lage des Aquilo (Nordostwind) und der übrigen Winde haben wir bereits im 2. Buche angegeben; im nächstfolgenden werden wir noch mehr auf den Himmel Bezügliches sagen. Inzwischen scheint in dessen[1] Lage ein offenbarer Beweis seiner Gesundheit begründet, denn von Bäumen, welche gegen Mittag stehen, fällt das Laub immer früher ab.

Ähnlich verhält es sich mit den Küstenländern; denn in einigen Gegenden sind die vom Meere her wehenden Winde schädlich, in den meisten aber von günstiger Wirkung. Einigen Pflanzen ist es dienlich, das Meer von ferne im Angesicht zu haben, näherhin schadet ihnen dessen Ausdünstung. Gleiche Rücksichten erfordern die Flüsse und Seen; sie zerstören durch ihre Nebel oder erkälten die hitzigen. Einige, welche wir bereits genannt haben, lieben den Schatten und selbst Kälte. Daher muß man den Erfahrungen den meisten Glauben schenken.

[1] Nämlich des Aquilo.

Welches Erdreich das beste ist.

Nächst der Luft müssen wir zuerst von der Beschaffenheit des *Erdreichs* handeln, eine Materie, deren Durchführung nicht geringere Schwierigkeiten darbietet, denn in den meisten Fällen eignet sich ein und derselbe Boden nicht für Bäume und Getreide. Selbst die schwarze, welche in Campanien vorkommt, oder die, welche feine Nebel aushaucht, ist für den Weinstock nicht überall die beste; auch wird die rote von vielen nicht gelobt. Den Kalk im Gebiete der pompejanischen Albenser und den Ton zieht man in Weinbergen allen übrigen Arten vor, obgleich beide sehr fett sind, was bei diesem Gewächse eine Ausnahme macht. Dahingegen ist im Ticinensischen der weiße und an vielen Orten der schwarze und rote Sand, wenn er auch mit fetter Erde vermischt wird, unfruchtbar.

Die Schlüsse der darüber Urteilenden trügen auch öfters. Fruchtbar ist nicht gerade ein Boden, in welchem hohe Bäume prangen, sondern es liegt an diesen Bäumen selbst. Denn was ist höher als die Tanne? Und welcher andere Baum kann an derselben Stelle ausdauern? Auch sind reiche Weiden nicht immer ein Beweis eines fetten Bodens; denn welche Futterkräuter sind besser als die deutschen? Und gleichwohl findet man dort unter einer sehr dünnen Rasenschicht sogleich Sand. Nicht immer ist das Erdreich, auf welchem hohe Kräuter wachsen, bewässert; gewiß nicht mehr als das, was an den Fingern hängenbleibt, fett ist, wie die Tonarten beweisen. Erde, welche in ein ausgegrabenes Loch wieder zurückgeworfen wird, füllt dasselbe nicht wieder ganz aus; man kann daher eine dichte und lockere auf diese Weise nicht erkennen, und jede Erdart überzieht das Eisen mit Rost. Auch läßt sich eine schwerere oder leichtere nicht wohl durchs Gewicht bestimmen, denn welches Gewicht wäre als das richtige der Erde zu betrachten? Auch das durch Flüsse angeschwemmte Land kann man nicht immer loben, weil einige Pflanzen durch das Wasser matt werden. Selbst die Erde, welche man gut nennt, erweist sich, ausgenommen bei den Weiden, nicht auf lange Zeit dienlich. Ein Beweis davon sind unter andern die Halme, welche in dem berühmten laborinischen Felde Campaniens so stark werden, daß sie die Stelle des Holzes vertreten. Aber dieser Boden ist mühsam zu beackern und zu bestellen und quält den Landmann durch seine Vorzüge fast mehr, als er es durch Fehler tun könnte. Die sogenannte Karbunkel-Erde soll durch magere Weinstöcke verbessert werden. Selbst der rauhe, von Natur leicht zerreibliche Tuffstein wird von den Schriftstellern nicht verworfen. Virgil hält die, in welcher Farnkraut wächst, für nicht unpassend zu Weinstöcken. Viele Gewächse sollen zweckmäßiger in salzige Erde gepflanzt werden, weil sie darin vor den Nachstellungen der in der Erde wohnenden Tier siche-rer sind. Die Hügel werden, wenn man vorsichtig gräbt, durch die Bearbeitung nicht entblößt. Alle Felder be-kommen nicht weniger Sonne und Wind, als nötig ist. Daß einigen Weinstöcken Reif und Nebel zur Nahrung dienen, haben wir bereits gesagt. Alle Dinge haben ihre tiefen Geheimnisse, welche ein jeder mit seinem Ver-stande erforschen muß.

Verändert sich nicht oft das, was man für gut hielt und durch lange Erfahrung bewährt fand? Die Gegend um Larissa in Thessalien wurde, nachdem man einen See abgelassen hatte, kälter, und die dortigen Ölbäume gin-gen ein. Ebenso erfroren um dieselbe Zeit die Wein-

stöcke der Stadt Aenos, als der Hebrus näher geleitet
war. Bei Philippi trocknete man den Boden aus, und
darauf änderte sich das Klima. Im syracusanischen Gebiete aber verlor ein neu angekommener Landwirt, der
sein Feld von Steinen befreiet hatte, sein Getreide so
lange im Kote, bis er die Steine wieder zurückbrachte. In
Syrien zieht man mit der Pflugschar nur eine schmale
Furche, weil Felsen darunter sind, die im Sommer die
Saat verbrennen würden. An einigen Orten gleichen sich
die Wirkungen einer übermäßigen Hitze und Kälte.
Thracien ist durch die Kälte, Afrika und Ägypten durch
die Hitze fruchtbar an Getreide. Auf Chalcia, einer Insel
der Rhodier, ist eine Stelle so fruchtbar, daß man die zur
gewöhnlichen Zeit gesäte Gerste abmähen, das freie
Feld sogleich wieder damit besäen und mit andern
Getreide noch einernten kann. Der kiesige Boden erweist sich im Venafranischen, und der fetteste in Bätica
für die Ölbäume als der beste. Der pucinische Wein reift
auf Felsen, der cäcubische in den pontinischen Sümp-
fen. So große Unterschiede zeigt der Boden in seiner
Natur, und so verschieden sind die Beweise für seine
(gute oder schlechte) Beschaffenheit. Als Cäsar Vopiscus
seine Rechtssache bei den Censoren verteidigte, sagte
er, die Felder von Rosea seien das Fett Italiens, denn das
Gras auf denselben bedecke eine gestern dort zurückge-
lassene Stange; allein man schätzt sie nur als Viehwei-
den. Doch wollte uns die Natur nicht unwissend lassen,
denn sie zeigte uns da, wo sie das Gute nicht deutlich an
den Tag gelegt hatte, die Fehler, und von diesen wollen
wir zuerst reden.

Einen bittern und magern Boden erkennt man an den
schwarzen und entarteten Kräutern, einen kalten an den
dürren, einen sumpfigen an den traurig aussehenden,

199

einen rötelartigen und tonigen an den Augen. Letztere beiden Erdarten sind am schwersten zu bearbeiten und beschweren die Hacken und Pflüge, an welche sie sich in großen Klößen anhängen; indessen erstreckt sich das Widerwärtige bei ihrer Bestellung nicht auf die in ihnen gezogenen Früchte. Das Gegenteil findet bei der aschartigen und weißen sandigen statt. Eine unfruchtbare erkennt man leicht an ihrer dichten Oberschicht sowie beim Einstechen mit einem Spieße. Cato bezeichnet die Fehler auf kurze und ihm eigentümliche Weise: »Treibe weder Wagen noch Vieh auf dürre Erde.« Was glauben wir wohl, warum er in diesen Worten eine solche Furcht zu erkennen gibt, daß er beinahe verbietet, den Fuß darauf zu setzen? Wir wollen zur Fäulnis des Holzes zurückkehren und werden dann die Fehler finden, welche er so sehr verabscheut; sie bestehen in der Trockenheit, Löcherigkeit, Rauheit, der grauen Farbe, dem Ausgefressen- und dem Blasigsein. Er hat durch *eine* Bezeichnung mehr gesagt, als er mit vielen Worten hätte ausdrücken können. Bei der Besprechung der Fehler ist zu erinnern, daß manche Erde nicht durchs Alter (denn davon kann bei ihr keine Rede sein), sondern von Natur veraltet und mithin in jeder Beziehung unfruchtbar und schwach ist.

Ebenderselbe hält denjenigen Acker für den besten, welcher am Fuße eines Berges liegt und gegen Mittag eben ausläuft. Ganz Italien hat diese Lage. Die Erde aber soll nach ihm die zarte, sogenannte schwarze sein. Diese wird sich also zur Bearbeitung und für die Gewächse am besten eignen. Wenn man nun erwägt, daß sie mit dem wunderbaren Ausdruck »die zarte« belegt worden ist, so wird man in diesem Worte alles, was man nur wünschen kann, vereinigt finden. Sie ist gemäßigt fruchtbar, weich und leicht zu bearbeiten, weder naß noch dürre und glänzt, nachdem die Pflugschar sie durchschnitten; Homer, die Quelle des Scharfsinns, sagt, sie sei von einem Gotte auf den Waffen eingeprägt, und fügt als ein Wunder hinzu, sie habe, obgleich in Gold gearbeitet, schwärzlich ausgesehen. Frisch abgeschnitten wird sie von den unersättlichen Vögeln, welche die Pflugschar begleiten, durchspäht, wobei die Raben fast die Fersen des Pflügenden benagen.

Bei dieser Gelegenheit müssen wir auch einen Ausspruch, der sich auf Gegenstände des Luxus bezieht, sowie einiges andere hierher Gehörige anführen. Cicero, der zweite Stern der Gelehrsamkeit, sagt: »Die Salben, welche nach Erde schmecken, sind besser, als die, welche nach Safran schmecken.« Er sagte dies nämlich lieber, als: »welche – riechen«. Wahrlich, so ist es; diejenige Erde, welche nach Salben schmeckt, wird die beste sein. Wenn wir veranlaßt sind anzugeben, von welcher Art der Geruch der Erde sei, den wir suchen, so gelingt uns dies auch oft, wenn sie ruht, gegen den Untergang der Sonne hin, da, wo der Regenbogen sich mit seinen Enden hingeneigt hat; ferner, wenn die Erde nach anhaltender Dürre durch Regen naß geworden ist, denn dann haucht sie ihren von der Sonne empfangenen himmlischen Dunst, welcher eine unvergleichliche Anmut besitzt, aus. Eben dieser Geruch muß in ihr sein, wenn sie aufgegraben wird, und ist er vorhanden, so kann er niemandem entgehen. Der Geruch fällt das sicherste Urteil über die Erde. Von solcher Beschaffenheit findet er sich auf neuen Äckern, wo ein alter Wald ausgehauen ist, und wird hier allgemein als ein gutes Merkmal angesehen.

In betreff der Feldfrüchte hält man ein und dieselbe

Erde für besser, wenn sie durch Brachliegen ausgeruht hat; was bei den Weinbergen nicht der Fall ist. Um so sorgfältiger muß man sie aussuchen, damit nicht die Meinung derer, welche geglaubt haben, der Boden von Italien sei schon erschöpft, Wurzel fasse. Die Möglichkeit des Feldbaues beruht bei einigen Erdarten auch auf der Witterung, denn manche kann nach dem Regen nicht gepflügt werden, weil sie durch zu viel Feuchtigkeit zähe wird. Dahingegen haben wir im Byzacischen Gebiete von Afrika ein bis zum 150. Korne fruchtbares Feld gesehen, welches trocken durch keine Stiere gepflügt werden konnte, nach dem Regen aber durch einen schlechten Esel, an dessen anderer Seite ein altes Weib den Pflug mit zog, beackert ward. Erde aber durch Erde zu verbessern (wie einige lehren), indem man auf magere Erde fette oder auf feuchte und allzu fette magere und sandige werfen solle, ist ein törichtes Bemühen; denn was kann der hoffen, der eine solche Erde bebaut?

Von den Erden, welche man in Griechenland und Gallien rühmt.

Eine andere Methode, Erde durch Erde zu düngen, haben die Britannier und Gallier erfunden und nennen diese Erdart *Mergel*. Er besitzt eine dichtere Reichhaltigkeit und ist gleichsam das Schmalz der Erde, in welcher sich, wie in den Drüsen des Körpers, ein Kern von Fett verdichtet. Auch dies ist den Griechen nicht entgangen, denn was haben die nicht alles versucht? Leucargillon nennen sie einen weißen Ton, dessen sie sich in dem megarischen Gebiete, jedoch nur in feuchter und kalter Erde, bedienen.

Jene Erde, welche Gallien und Britannien reich machen, müssen wir sorgfältig in Betracht ziehen. Früher gab es nur 2 Arten davon; kürzlich aber hat man in Folge der fortgeschrittenen Kenntnisse noch mehrere einzuführen angefangen, denn es gibt eine weiße, rötliche, taubenfarbige, tonartige, tuffartige und sandige. Ihre Beschaffenheit ist zweifach, entweder rauh oder fett; beides erkennt man durch die Hand. Auch ihr Gebrauch ist zweifach, entweder dienen sie bloß zum Ernähren der Feldfrüchte, oder sie bringen auch Viehfutter hervor. Früchte wachsen auf der weißen tuffartigen, und findet sie sich zwischen Quellen, so ist sie ins Unendliche fruchtbar; sie fühlt sich aber rauh an, und wird zuviel davon auf den Boden gebracht, so verbrennt sie ihn. Ihr am nächsten steht die rötliche, welche Rauchmergel genannt wird und aus Steinen mit untermischter feiner, sandiger Erde besteht. Die Steine werden auf dem Felde selbst zerstoßen, und in den ersten Jahren lassen sich deshalb die Halme schwierig abmähen. Er wird jedoch mit den geringsten Kosten herbeigeschafft, da er um die Hälfte leichter als die übrige ist. Man streut ihn dünn aus; er soll mit Salz vermischt werden. Wenn diese beiden Arten nur einmal auf den Acker gestreut sind, so zeigt sich ihre Wirkung 50 Jahre lang durch den bedeutenden Ertrag von Getreide und Heu.

Unter den sogenannten fetten ist die weiße die vorzüglichste und zerfällt wieder in mehrere Arten. Von der fressendsten haben wir schon oben geredet. Die zweite Art der weißen heißt Tripel[1], man holt sie tief aus der

---

[1] Creta argentaria, zum Polieren des Silbers.

Erde hervor, zu welchem Behuf man gegen 100 Fuß tiefe Schächte gräbt, die oben eng sind und innerhalb, gleichwie in den Bergwerken, weite Gänge haben. Dieser bedient man sich in Britannien am meisten. Sie hält 80 Jahre lang an, und man kennt kein Beispiel, daß jemand dieselbe 2mal auf sein Land gebracht hat. Die dritte Art der weißen heißt Gleißmergel[1], ist eine mit fetter Erde vermischte Walkerkreide und gibt mehr Futterkräuter als Getreide, dergestalt, daß nach vollendeter Ernte vor der neuen Saatzeit noch eine reichliche Menge davon erhalten werden kann. Ist sie auf einem Kornfelde, so läßt sie kein anderes Gras aufkommen; sie hält 30 Jahre lang an, liegt sie aber zu dicht, so erstickt sie wie die Signinische den Boden. Den taubenfarbigen Mergel nennen die Gallier in ihrer Sprache Eglecopala; er wird wie Steine in großen Klößen ausgegraben, durch Sonne und Kälte aber so locker gemacht, daß er in sehr dünne Blätter zerfällt, und ist ebenso fruchtbar wie der vorige. Des sandigen bedienen sie sich, wenn sie keinen anderen haben, auf sumpfigem Boden aber stets, auch wenn es an anderen nicht fehlt. Die Ubier sind die einzigen Völker, welche den fruchtbarsten Boden bebauen, jeden Acker über 3 Fuß tief ausgraben und durch 1 Fuß hoch darüber gestreuten Mergel düngen; aber er nützt nicht länger als 10 Jahre. Die Heduer und Pictoner haben ihre Äcker durch Kalk sehr fruchtbar gemacht, und in der Tat findet man denselben für Ölbäume und Weinstöcke sehr zuträglich. Aller Mergel muß aber auf gepflügtes Land geworfen werden, damit dieses Verbesserungsmittel schnell eindringe; derjenige, welcher anfangs mehr rauh ist, sowie der, welcher nicht auf Gras

---

[1] Glyssomarga, vom Altdeutschen: glizen d. h. gleißen, glänzen.

geworfen wird, erfordert ein wenig Mist, sonst schadet er, von welcher Art er auch sei, durch seine Neuheit dem Boden, denn er zeigt sich nicht einmal im nächstfolgenden Jahre fruchtbar. Es ist auch nicht einerlei, auf welchen Boden er gebracht wird, denn der trockene eignet sich eher für einen feuchten, der fette für einen trockenen, die Creta oder der taubenfarbige Mergel aber für einen nicht zu feuchten und zu trockenen.

Vom Gebrauche der Asche.

Die Völker jenseits des Pos lieben den Gebrauch der Asche so sehr, daß sie dieselbe dem Miste des Zugviehs vorziehen, und da dieser sehr leicht ist, so brennen sie ihn aus. Jedoch bedienen sie sich beider nicht zugleich auf ein und demselben Felde, auch, wie wir bereits gesagt haben, der Asche nicht in Weingärten[1] oder auf gewissen Saatfeldern. Einige sind der Meinung, die Trauben ernährten sich vom Staube, bestreuen daher die heranwachsenden und die Wurzeln der Weinstöcke und Bäume damit. Soviel ist gewiß, daß in der narbonensischen Provinz der Wein eher dadurch reif wird, denn dort trägt der Staub mehr dazu bei als die Sonne.

[1] Arbusta, in denen der Wein an Bäumen gezogen wird.

Vom Miste.

Der *Mist* bietet mehrere Unterschiede dar; sein Gebrauch selbst ist sehr alt. Schon bei Homer findet man einen königlichen Greis, welcher auf diese Weise seinen Acker mit seinen Händen düngt. Man sagt, der König Augias in Griechenland habe seine Anwendung erfunden, Herkules sie aber in Italien verbreitet, und dieses Land erkannte seinem Könige Stercutus, einem Sohne des Faunus, wegen jener Erfindung die Unsterblichkeit zu.

M. Varro gibt dem Drosselmiste aus den Vogelhäusern den Vorzug vor allen anderen; auch zur Weide für Ochsen und Schweine schätzt er ihn hoch und versichert, daß sie bei keinem anderen Futter schneller fett würden. Man kann aus unseren Sitten gute Hoffnungen schöpfen, wenn unsere Vorfahren so große Vogelhäuser gehabt haben, um daraus die Felder düngen zu können. Den nächsten Rang räumt Columella dem Tauben- und nach diesem dem Hühnermiste ein, verwirft aber den der Schwimmvögel. Die übrigen Schriftsteller bezeichnen einstimmig den Menschenkot als ein vorzügliches Düngemittel. Einige von diesen ziehen den Urin vor, mit welchem in den Gerbereien die Haare angefeuchtet waren. Andere wenden ihn für sich an, mischen aber Wasser hinzu, und zwar noch reichlicher, als man es trinkt; denn hier gibt es noch mehr Böses zu mildern, weil zu dem Gifte des Weines auch noch das des Menschen kommt. Dies sind die eifrigen Bemühungen, denen sich die Menschen hingegeben haben, um die Erde zu ernähren. Nächstdem loben sie den Kot der Schweine, nur Columella verwirft ihn. Andere loben den Mist eines jeden vierfüßigen Tieres, welches Cytisus frißt. Andere ziehen den Taubenmist vor. Dann folgt der der Ziegen, hierauf der der Schafe, des Rindviehs und endlich der Pferde. Dies waren die verschiedenen Miste bei den Alten, dies (wie ich finde) die Vorschriften zu seiner Anwendung, und man muß gestehen, daß es auch hierin früher besser stand als jetzt. Bei einigen Bewohnern der Provinzen, welche eine bedeutende Menge Vieh besitzen, sieht man sogar, daß der Mist gleich dem Mehle durch Siebe geschlagen wird, nachdem der Geruch und das Ansehen durch die Kraft der Zeit eine gewisse Annehmlichkeit bekommen haben. Neulich fand man, daß die Asche aus Kalköfen der beste Dünger für die Ölbäume ist.

Varro fügt diesen Vorschriften noch hinzu, mit Pferdemist, welcher am leichtesten sei, solle man die Saaten düngen; die Wiesen aber mit schwererem, der aus dem Genuß der Gerste hervorginge und viel Gras erzeuge.

Einige ziehen den Mist des Zugviehs dem Kuhmiste, den Schafmist dem Ziegenmiste, den Eselsmist aber allen anderen vor, weil diese Tiere am langsamsten kauen; allein nichts gegen beides spricht die Erfahrung. Gewiß ist das aber besser, als das Kraut der Wolfsbohne, ehe es Schoten treibt, mit dem Pfluge oder der Hacke unterzuackern oder Hände voll davon abzuschneiden und an die Wurzeln der Bäume und Weinstöcke zu verscharren. Auch da, wo kein Vieh sei, düngt man, wie es heißt, selbst durch Stroh oder Farnkraut.

Cato gibt folgende Vorschriften zur Bereitung des Düngers: Man nehme Stroh, Wolfsbohne, Spreu, Bohnenkraut, Laub von Stecheichen und gemeinen Eichen; ferner sammele man von den Saatfeldern: Attich, Schierling sowie das um die Weidenbüsche häufig

207

wachsende Kraut und Wassergras[1]. Dieses und faules Laub streue man den Schafen unter. Wenn dein Weinberg mager wird, so verbrenne Weinreben und pflüge die Asche davon in demselben unter. Da wo du Getreide säen willst, laß die Schafe weiden.

Cato sagt auch, daß selbst durch *einige Saaten der Boden genährt werde*. Die Felder werden durch folgende Getreidearten gedüngt: Wolfsbohnen, Saubohnen und Wicken. Ebenso wirken auf entgegengesetzte Weise die Kichererbse, weil sie ausgezogen wird und salzig ist, die Gerste, der Bockshorn, die Erve; alle diese sowie alles, was ausgerissen wird, *saugen die Saatfelder aus*. Man streue keine Kerne in die Saaten. Virgil ist der Meinung, die Felder würden auch durch Lein, Hafer und Mohn ausgebrannt (ausgesogen).

Wie die Bäume gepflanzt werden.

Die Mistgruben soll man unter freiem Himmel an einem tiefen Platze, wo sich die Feuchtigkeit sammeln kann, anlegen, mit Stroh bedecken und mit eichenen Pfählen umgeben; auf diese Weise werden keine Schlangen darin entstehen. Es ist äußerst vorteilhaft, den *Mist* mit Erde zu vermischen, wenn der Favonius (Westwind) weht und der Mond dürstet[2]. Viele verstehen dies unrichtig und glauben, es müsse beim Anfange des

---

[1] Ulva.

[2] Nach älterer Idee nährte sich der Mond (und andere Gestirne) von den Erddünsten, welche auch sein Leuchten verursachen sollten. Im Neumond verzehrte ihm die Sonne die Feuchtigkeit, und der Mond sei daher durstig.

Favonius und bloß im Februar geschehen, während doch die meisten Pflanzen dies in anderen Monaten erfordern. Tue man es nun, wann man wolle, so muß man dafür Sorge tragen, daß es geschieht, wenn der Wind gerade von Abend her weht und der Mond abnimmt und trocken ist. Beobachtet man dies, so wird die Fruchtbarkeit und die Wirkung auf eine wunderbare Weise vergrößert.

VON DER SÄEZEIT DER FELDFRÜCHTE UND DEM EINFLUSS DER GESTIRNE.

Von der rechten Säezeit.

Ich komme nun auf die bis jetzt verschobene, die größte Sorgfalt bedürfende Untersuchung über die *rechte Säezeit* der Feldfrüchte, welche meistenteils mit dem Laufe der Gestirne im Zusammenhange steht, und will alle hierher gehörige Ansichten mitteilen. Hesiodus, der erste, welcher über den Ackerbau handelt, setzte *eine* Saatzeit, nämlich nach dem Untergange des Siebengestirns, fest. Er schrieb nämlich in Böotien, einem Teile von Hellas, wo, wie wir bereits gesagt haben, um jene Zeit gesät wird. Die aufmerksamsten Landwirte kommen darin überein, daß, sowie den Vögeln und vierfüßigen Tieren, auch der Erde ein gewisser Trieb zur Begattung innewohne, was die Griechen daran erkennen, wenn sie warm und feucht ist. Nach Virgil soll man den Weizen und Dinkel nach dem Untergange des Siebengestirns, die Gerste zwischen dem Herbstäquinoktium und dem kürzesten Tage, die Wicke, Schwertbohne und Linse nach dem Untergange des Bootes säen. Daher müssen der Aufgang und Untergang dieser und anderer Gestirne auf ihre Tage zurückgeführt werden. Nach einigen soll man, wenigstens in trocknes Land und in heißen Gegenden, schon vor dem Untergange des Siebengestirns säen; denn der Same werde hier gegen die zerstörende Nässe geschützt und breche nach dem nächsten Regen in einem Tage hervor. Andere säen sogleich nach dem Untergange des Siebengestirns, denn sieben Tage später falle Regen. Einige schreiben vor, in kalten Gegenden nach dem Herbstäquinoktium, in warmen dagegen später zu säen, damit die Pflanzen vor dem Winter nicht üppig aufschießen. Alle aber kommen darin überein, um die Zeit des kürzesten Tages müsse man nicht säen, und zwar aus dem wichtigen Grunde, weil die vor dieser Zeit in die Erde gekommenen Wintersaaten schon am 7., die nach dem kürzesten Tage gesäten kaum am 40. Tage hervorbrechen. Einige sind sehr eilfertig, denn sie sagen, frühes Säen betrüge oft, spätes immer. Im Gegenteil sagen andere: säe lieber im Frühjahre als in einem schlechten Herbste, und wo es erforderlich ist, in der Zeit zwischen dem Wehen des Favonius (Westwind) und dem Frühlingsäquinoktium.

Manche lassen den Einfluß des Himmels als etwas Unnützes unbeachtet und bestimmen die Säzeit nach den Jahreszeiten. Lein, Hafer und Mohn im Frühlinge und, wie es noch jetzt bei den Völkern jenseits des Po geschieht, bis zum Feste der Minerva; Bohnen und Siligo im November; Dinkel am Schlusse des Septembers bis zur Mitte des Oktobers, nach andern von hier an bis zum ersten November. Man sieht, daß diese Leute sich um die Natur nicht kümmern, vielmehr eine ängstliche und daher blinde Genauigkeit beobachten. Aber dies darf nicht Wunder nehmen, wenn man bedenkt, daß den Landleuten, welche so handeln, die Kenntnis der Gestirne und anderer Wissenschaften abgeht. Gleichwohl muß man gestehen, daß fast alles auf den Himmel ankommt. So sagt Virgil, man solle sich namentlich mit den Winden und dem Laufe der Gestirne vertraut machen und sie ebenso wie die Seefahrer beobachten. Es ist eine schwierige und großartige Hoffnung zu glauben, die himmlische Gottheit könne sich mit der Unwissenheit[1] einlassen, nichtsdestoweniger aber muß man sie zu einem so bedeutenden Lebenszwecke zu erlangen suchen. Zuvor jedoch haben wir die Schwierigkeit bei der Beobachtung der Gestirne, welche selbst Unterrichtete eingesehen, in Erwägung zu ziehen, und dann erst möge man freudigeren Sinnes vom Himmel abgehen und die Tatsachen wahrnehmen, welche man nicht vorher wissen kann.

*Einteilung der Gestirne in irdische Tage
und Nächte.*

Vor allem bietet selbst die Berechnung der Tage des Jahres und der Bewegung der Sonne fast unauflösliche Schwierigkeiten dar. Zu den 365 Tagen zählt man noch eingeschaltete Viertel des Tages und der Nacht, und dies macht, daß die *Zeiten der Gestirne* nicht sicher angegeben werden können. Dazu kommt noch die anerkannte Dunkelheit des Gegenstandes, denn bald geht die Anzeige der Witterung vorher, und zwar nicht wenige Tage, was die Griechen mit dem Namen »vorhergehendes Winterwetter«, bald folgt sie nach, was sie »nachfolgendes Winterwetter« nennen. Die Wirkung des Himmels kommt also bald schnell, bald langsamer zur Erde, und wir hören, wenn gutes Wetter eingetreten ist, gemeiniglich sagen, das Gestirn sei wieder vollendet.

[1] D. i. mit dem Menschen.

Da dies alles sich auf die beständigen und am Himmel befestigten Sterne bezieht und bei der Bewegung der Sterne Hagel und Regen, selbst unter nicht unbedeutender Wirkung, wie bereits angegeben wurde, zwischen sie treten, so entsteht dadurch eine Störung der Ordnung und der gehegten Hoffnung. Man glaube aber nicht, daß dergleichen bloß uns Menschen begegne, nein auch die Tiere, welche doch in dieser Beziehung viel schlauer sind, weil ihre Existenz damit verknüpft ist, werden dadurch betrogen, denn unzeitige oder zu frühe Fröste töten die Sommervögel, Hitze die Wintervögel. Daher schreibt Virgil vor, man solle sich mit den Irrsternen[1] bekannt machen und den Durchgang des kalten Sternes Saturn beobachten. Einige halten das Erscheinen des Schmetterlings für das sicherste Zeichen des Frühlings, weil dieses Tier so schwach sei; allein selbst in dem Jahre, wo ich dieses schreibe, hat man beobachtet, daß ihre Brut 3mal durch die Kälte vernichtet wurde und daß die am 27. Januar angelangten Vögel, von denen man sich einen baldigen Frühling versprach, bald darauf mit der heftigsten Kälte zu kämpfen hatten.

Die Sache ist also zweifelhaft; zuerst muß man das Gesetz vom Himmel hernehmen, darauf dasselbe durch Gründe zu unterstützen suchen. Die Hauptsache liegt in der gewölbten Form des Himmels und in der Verschiedenheit der Länder unseres Erdballes, denn ein und dasselbe Gestirn erscheint in dieser Zeit diesem, in jener jenem Volke, und daher kommt es, daß dessen Wirkung in ein und denselben Tagen nicht überall gleich stark ist. Die Schriftsteller haben die Schwierigkeit noch dadurch vermehrt, daß sie teils an verschiedenen Orten beobach-

---

[1] D. i. Planeten.

teten, teils an ein und demselben sogar Verschiedenes aufzeichneten. Es gab in der Sternkunde 3 Schulen: die chaldäische, ägyptische und griechische. Dazu fügte der Diktator Caesar noch eine vierte; er regulierte nämlich unter Mitwirkung des in diesem Fache gelehrten Sosigenes ein jedes Jahr nach dem Laufe der Sonne. Aber auch die Berechnung selbst wurde, nachdem man den Fehler eingesehen, verbessert, so daß man 12 Jahre hintereinander nichts einschaltete, weil das Jahr, welches früher vorherging, angefangen hatte, die Gestirne aufzuhalten. Und selbst Sosigenes trug, obgleich er gelehrter als die übrigen war, in 3 Abhandlungen kein Bedenken, seine Zweifel auszusprechen und sich selbst zu verbessern. Die Schriftsteller, welche wir vor diesem Buche angeführt haben, teilen dies mit, aber selten stimmt die Aussage des einen mit der des andern überein. Bei den übrigen ist dies noch weniger zu verwundern, denn sie werden durch die verschiedenen Aufenthaltsorte entschuldigt. Von denen, welche in ein und derselben Gegend abweichen, will ich nur *eine* widersprechende Angabe als Beispiel anführen. Hesiodus nämlich (denn auch unter seinem Namen existiert eine Schule der Astrologie) sagt, der Morgenuntergang des Siebengestirns finde statt, wenn das Herbstäquinoktium vorbei sei; Thales, am 25. Tage nach demselben; Anaximander, am neunundzwanzigsten; Euctemon[1], am achtundvierzigsten.

Wir wollen den Beobachtungen Caesars folgen, weil sie für Italien wohl am zutreffendsten sein möchten; doch auch anderer Meinungen sollen nicht verschwiegen werden, denn wir beschreiben ja nicht *bloß ein*

---

[1] Atheniensischer Astronom um 432 v. Chr.

Land, sondern die ganze Natur, nicht die Schriftsteller (denn dies würde sehr weitläufig sein), sondern die Gegenden. Nur mögen sich die Leser erinnern, daß, wenn Attika genannt wird, wir der Kürze wegen zugleich die Cycladischen Inseln mit verstehen; bei Macedonien auch Magnesien und Thracien; bei Ägypten auch Phönicien, Zypern und Zilizien; bei Böotien auch Locris, Phocis und stets die angrenzenden Landstriche; beim Hellesponte den Chersones und den Distrikt bis zum Berge Athos; bei Jonien auch Asien und dessen Inseln; beim Peloponnes auch Achaja und die gegen Abend gelegenen Länder. Die Chaldäer begriffen in ihre Beobachtungen zugleich auch Assyrien und Babylon. Daß wir von Afrika, Spanien und Gallien schweigen, wird niemanden wundern, denn in diesen Ländern hat von denen, welche den Aufgang der Gestirne angegeben, keiner Beobachtungen angestellt; doch wird man sie auch hier nicht schwer erkennen, wenn man die Einteilung der Himmelsstriche, wie wir sie im 6. Buche gemacht haben, berücksichtigt. Hieraus erkennt man die Verwandtschaft des Himmels nicht nur mit den Völkern, sondern auch mit einzelnen Städten; bekannt ist sie bereits von den obengenannten Ländern, wenn man die krumme Linie des Zirkels, welcher zu den Ländern, die man sucht und die zu dem Aufgange ihrer Gestirne gehört, durch gleiche Schatten aller Zirkel zieht. Auch ist zu bemerken, daß die Witterung innerhalb 4 Jahren einen besondern Höhepunkt hat und daß sie mit geringem durch die Sonne bewirktem Unterschiede wiederkehrt, in 8 Jahren aber, wenn der Mond zum hundertsten Male wieder scheint, vermehrt wird.

Dies ganze Verhalten hat man auf dreierlei Weise beobachtet, durch den *Aufgang der Gestirne*, durch ihren *Untergang* und durch die *Kardinalzeiten*[1] selbst. Den Aufgang und Untergang erkennt man auf zweierlei Weise; entweder werden die Sterne durch die Ankunft der Sonne verborgen und dadurch unsichtbar, oder sie treten bei deren Fortgang wieder hervor. Letztere Erscheinung hätte man lieber den Austritt als den Aufgang und erstere lieber die Verdeckung als den Untergang nennen sollen. Ferner beobachtet man, an welchem Tage sie erscheinen oder verschwinden, beim Aufgange oder Untergange der Sonne, daher man sie Morgen- oder Abendsterne nennt, je nachdem sich dies bei ihnen frühmorgens oder abends ereignet. Es sind wenigstens ¾ Stunden Zeit vor dem Aufgange oder nach dem Untergange der Sonne erforderlich, um sie zu sehen. Außerdem gehen einige zweimal auf und unter. Alles dies bezieht sich auf solche Sterne, welche, wie wir gesagt haben, am Himmel festsitzen.

Von den Kardinalzeiten.

Die *Kardinalzeiten* beruhen auf der Einteilung des Jahres in 4 Teile, nach der Zunahme des Lichts. Dieses vermehrt sich vom kürzesten Tage an und kommt nach 90 Tagen, um 3 Stunden verlängert, in dem Frühlingsäquinoktium, der Nacht gleich. Hierauf übertrifft

---

[1] D. i. Frühlings-, Sommer-, Herbst- und Winteranfang.

es nach 93 Tagen, zur Zeit des Sommersolstitiums, die Nacht um 12 Stunden, nimmt dann wieder ab und verliert, nachdem im Herbstäquinoktium Tag und Nacht gleich geworden sind, bis zum kürzesten Tage, in 89 Tagen, noch 3 Stunden. Bei allen diesen Zunahmen werden Äquinoktialstunden, nicht solche eines jeden andern Tages, gerechnet, und alle diese Abweichungen geschehen in den achten Teilen (Graden) der himmlischen Zeichen. Den kürzesten Tag haben wir im Steinbocke, am 23. Dezember; das Frühlingsäquinoktium im Widder, das Solstitium im Krebse, das Herbstäquinoktium in der Waage. Diese Tage dienen nicht selten als Wetterpropheten.

Diese Kardinalzeiten werden noch in einzelne Zeitpunkte geteilt, welche sich nach der mittleren Zeit aller Tage richten. Nämlich zwischen dem Solstitium und dem Herbstäquinoktium, am 46. Tage, beginnt mit dem Untergange der Leier der Herbst; von diesem Äquinoktium an bis zum kürzesten Tage, am 44. Tage, mit dem Morgenuntergange des Siebengestirns der Winter; zwischen dem kürzesten Tage und dem Frühlingsäquinoktium, am 45. Tage, mit dem Wehen des Favonius der Frühling; endlich beginnt am 48. Tage nach dem Frühlingsäquinoktium, mit dem Morgenaufgange des Siebengestirns der Sommer. Wir wollen mit der Säezeit des Getreides, d. h. mit dem Morgenuntergange des Siebengestirns, anfangen, ohne aber hernach unsere Untersuchung durch Anführen der kleinern Gestirne zu zerstükkeln, was die Schwierigkeiten nur vermehren würde, denn der heftige Stern Orion weicht an jenen Tagen weit ab.

Von der rechten Zeit zum Säen der Winterfrüchte.

Die meisten benutzen die *Zeiten zum Säen* vorher und bringen ihr Getreide 11 Tage nach dem Herbstäquinoktium in die Erde, wenn sich die Krone ihrem Aufgange nähert, weil sie dann eines mehrtägigen Regens fast gewiß ist. Xenophon sagt, Gott müsse erst das Zeichen dazu gegeben haben. Cicero meint, darunter sei der Regen im November zu verstehen; denn man dürfe nicht eher säen, als bis die Blätter anfingen abzufallen. Einige meinen, wie bereits gesagt wurde, daß dies beim Untergange des Siebengestirns selbst, am 11. November, geschehe. Dies Gestirn ist am leichtesten am Himmel zu bemerken, und auch die Kleiderverkäufer beobachten es; aus dessen Untergange nämlich schließen die, welche, durch die Habsucht des Kaufmanns verleitet, andere zu betrügen trachten, auf den Winter. Geht es neblig unter, so deutet dies auf einen regnerischen Winter, und sogleich steigen die Preise der Regenkleider. Ist der Untergang heiter, so wird der Winter strenge, und die Preise der übrigen Kleider gehen in die Höhe. Derjenige Landmann aber, welcher die himmlischen Zeichen nicht kennt, halte sich nur an das Zeichen in seinen Dornhecken, und wenn er auf seinem Boden abgefallene Blätter sieht. So kündigt sich die jährliche Witterung da früher, dort später an. Man sät daher nach der Beschaffenheit des Wetters und Bodens, und dies Verfahren verdient deshalb den Vorzug, weil es in der ganzen Welt allgemein anwendbar und einer jeden Gegend eigentümlich ist. Wundern wird sich der darüber, welcher nicht weiß, daß selbst am kürzesten Tage der Polei in den Speisekammern blüht. Die Natur wollte nichts verborgen sein lassen, gab daher dies Zeichen zum Säen. Das ist die wahre Erklärung, welche den Beweis aus der Natur in sich schließt; diese rät nämlich die Erde zu suchen, verspricht gleichsam eine Art Dünger, verkündigt, sie wolle das Erdreich gegen Kälte und Winde schützen, und mahnt zur Eile.

Ursachen der Unfruchtbarkeit.

Vor allem aber muß man sich erinnern, daß es zwei Arten der durch den Einfluß des Himmels erzeugten Unfälle gibt. Eine nennen wir Ungewitter und verstehen darunter Hagel, Sturm und dergleichen, und wenn diese kommen, bezeichnen wir sie als die größere Kraft; sie gehen, wie wir schon öfters gesagt haben, von rauhen Gestirnen, wie dem Arcturus, Orion und den Böcken, aus. Die andern Unfälle entstehen bei ruhiger Luft in heitern Nächten und werden nicht eher wahrgenommen, bis sie geschehen sind. Sie sind allgemein und sehr verschieden von den erstern, heißen bei einigen Rost, bei andern Brand, bei andern Karbunkel, bei allen aber *Unfruchtbarkeit*. Von dieser zweiten Art, welche vor mir noch kein Schriftsteller behandelt hat, wollen wir nunmehr reden, vorher jedoch die *Ursachen* ihrer Entstehung angeben.

Außer dem Einflusse des Mondes sind noch 2 Ursachen vorhanden, und diese bestehen nur an wenigen Stellen des Himmels. Das Siebengestirn nämlich wirkt ausschließlich auf die Feldfrüchte, denn bei seinem Aufgange beginnt der Sommer, bei seinem Untergange der Winter, und es umfaßt in diesem halbjährigen Zeitraume die Ernte, die Weinlese und das Reifwerden aller Früchte. Ferner befindet sich am Himmel die sogenannte Milchstraße, welche schon mit bloßem Auge leicht zu sehen ist. Durch ihren Ausfluß werden, wie aus einer Brust, alle Saaten genährt, wozu noch 2 Gestirne in Betracht kommen, der Adler in der nördlichen und der Hundsstern in der südlichen Region, dessen wir bereits an seinem Orte erwähnt haben. Sie selbst geht durch den Schützen und die Zwillinge und schneidet im Mittelpunkte der Sonne zweimal den Äquinoktialzirkel, dessen Fugen an er einen Seite der Adler, an der andern der Hundsstern einnimmt. Deshalb also erstreckt sich beider Wirkung auf alle fruchttragenden Länder, weil bloß an diesen Orten die Mittelpunkte der Sonne und Erde zusammentreffen. Daher wachsen an den Tagen dieser Gestirne, wenn eine reine und milde Luft jenen schaffenden Milchsaft zur Erde sendet, die Saaten fröhlich empor. Wenn aber der Mond auf die schon angegebene Weise seine tauige Kälte daruntermischt, so tötet die hinzugekommene Bitterkeit, wie bei der Milch, die Frucht. Das Maß dieses Unfalls in den Ländern, welches er bei jeder Krümmung macht, ist von beiden Ursachen begleitet; daher nimmt man ihn nicht zugleich auf der ganzen Erde, auch nicht am Tage wahr. Wir haben gesagt, daß der Adler in Italien am 19. Dezember aufgeht, und die Natur leidet nicht, daß man vor diesem Tage sichere Hoffnung auf die Saaten baue. Wenn aber Neumond eintritt, müssen alle Winter- und Frühsaaten leiden.

Das Leben der Alten war rauh und unwissenschaftlich; daß aber ihre Beobachtungen nicht minder scharfsinnig waren als jetzt die Gründe, wird sogleich erhellen. Sie fürchteten nämlich für ihre Früchte 3 Zeiten, um derentwillen sie auch Feiertage und Feste anordneten: das Kornbrandfest, das Blütenfest und das Weinfest. Das Kornbrandfest stiftete Numa im 11. Jahre seiner Regierung; jetzt wird es am 24. April gefeiert, weil etwa um diese Zeit die Saaten vom Brande befallen werden. Eben diesen Zeitpunkt setzt Varro, wie es damals die Rechnung mit sich brachte, in die Periode, wo die Sonne im 10. Grade des Stiers steht. Die wahre Ursache ist aber, daß 19 Tage nach dem Frühlingsäquinoktium, jene 4 Tage hindurch, nach verschiedener Völker Meinung am 27. April, der an und für sich heftige Hundsstern, vor welchem noch der kleine Hund untergehen muß, verschwindet. Unsere Vorfahren setzten auch auf den 27. April nach dem Ausspruche der Sibylla im 516. Jahre der Stadt das Blütenfest ein, damit alles besser abblühte. Varro verlegt diesen Tag in die Zeit, wo die Sonne im 4. Grade des Stiers steht. Wenn also in diese 4 Tage der Vollmond fällt, so muß alles, was blüht, leiden. Das erste Weinfest, welches vor diese Tage auf den 22. April zum Behuf des Weinkostens eingesetzt ist, hat mit den Früchten nichts gemein; ebensowenig die bisher angeführten Feste mit den Weinstöcken und Ölbäumen, weil deren Fruchtansatz mit dem Aufgange des Siebengestirns am 10. Mai, wie schon gesagt, beginnt. Dies ist ein anderer Zeitraum von 4 Tagen, in dem selbst die Benetzung mit Tau schadet, denn jene Gewächse fürchten den tags darauf untergehenden kalten Arcturus; noch mehr Nachteil aber bringt ihnen der Vollmond.

Am 1. Junius geht abends der Adler wieder auf, und dies ist ein entscheidender Tag für die blühenden Ölbäume und Weinstöcke, wenn gerade Vollmond eintritt. Ich möchte die Sonnenwende am 23. Juni aus demselben Grunde anführen sowie den 23 Tage darauf erfolgenden Aufgang des Hundssterns, doch nur beim Vollmonde, weil in seinem Dunste die Schuld liegt, daß die Beeren hart werden. Wiederum nachteilig ist der Vollmond am 4. Juli, wenn in Ägypten der kleine Hund aufgeht, oder wenigstens am 16. Juli, wenn er in Italien sichtbar wird; desgleichen am 19. Juli, wenn der Adler untergeht, bis zum 22. desselben Monats. Außerdem gibt es noch ein zweites Weinfest am 19. August. Varro setzt es in die Zeit, wo die Leier anfängt, frühmorgens unterzugehen, nimmt auch damit zugleich den Beginn des Herbstes an und sagt, dieser Festtag sei zur Milderung der Ungewitter eingeführt. Jetzt beobachtet man den Untergang der Leier am 8. August.

In diese Periode fällt die Unfruchtbarkeit, welche vom Einflusse des Himmels herrührt; doch will ich nicht in Abrede stellen, daß sie sich nach dem Gutachten der Leser, wenn sie die Beschaffenheit der Länder erwägen, ändere. Indessen genügt es, die Ursachen angegeben zu haben; das übrige richtet sich nach eines jeden Beobachtung. Daß aber eins von beiden, entweder der Vollmond oder der Neumond, die Ursache sei, leidet keinen Zweifel. Hierbei kann man nicht umhin, die Güte der Vorsehung zu bewundern; denn erstens kann dieser Unfall sich wegen des bestimmten Laufes der Gestirne nicht alle Jahre, ferner nur in wenigen Nächten ereignen, und man kann es leicht vorher wissen, wann er kommt. Und damit man nicht alle Monate in Furcht zu sein braucht, besteht die gesetzmäßige Einteilung, daß im Sommer die Neumonde, im Winter die Vollmonde, mit Ausnahme von 2 Tagen, sicher sind; auch ist die Furcht nur in den kürzesten Sommernächten gegründet, am Tage dagegen überflüssig. Noch ist hierzu zu merken, daß die Ameise, ein außerordentlich kleines Tier, bei Neu-

monde ruhet, bei Vollmonde aber selbst des Nachts
arbeitet. Der Vogel Parra[1] läßt sich, wenn der Hundsstern aufgeht, am Tage nicht sehen, so lange, bis jener
untergeht; hingegen kommt der Vireo[2] am Tage der
Sonnenwende zum Vorschein. Keiner von beiden
Mondständen aber ist schädlich, selbst nicht bei Nacht,
wenn diese nicht heiter sind und keine Luft geht, weil
weder bei bewölktem Himmel noch beim Winde Tau
fällt. Auch stehen uns noch einige *Hilfsmittel* dagegen zu
Gebote.

Voranzeigen der Witterung: von der Sonne.

(...) Zuerst die *Voranzeigen von der Sonne.* Geht sie rein
und feurig auf, so verkündet sie einen heitern Tag, ist sie
blaß, einen stürmischen Hagel. Wenn sie den Tag vorher heiter unterging und ebenso wieder aufgeht, kann
man um so sicherer auf schönes Wetter bauen. Wenn sie
hohl aufgeht, zeigt sie Regen an, ebenso wenn unter
roten Wolken schwarze sind, und Winde, wenn die
Wolken vor ihrem Aufgange rot werden. Wenn ihre
Strahlen beim Auf- und Untergang rot sind, wird viel
Regen fallen. Wenn die um sie stehenden Wolken beim
Untergang rot sind, wird der folgende Tag heiter sein.
Stehen beim Aufgange die Wolken gegen Süden und
Nordost zerstreut, so kündigen diese, wenn auch der
Himmel um sie herum klar ist, Regen und Wind an.
Wenn die Strahlen beim Auf- und Untergange kurz
erscheinen, erfolgt Regen. Regnet es bei ihrem Unter-

[1] Der Grünspecht oder Kiebitz.
[2] Grünfink.

gange oder ziehen die Strahlen Wolken an, so bedeutet dies ungestümes Wetter am folgenden Tage. Wenn die Strahlen beim Aufgange, auch ohne von Wolken umgeben zu sein, nicht schimmernd hervorbrechen, so kündigen sie Regen an. Wenn sich die Wolken vor dem Aufgange haufenweise vereinigen, so prophezeien sie einen rauhen Winter; werden sie aber von Morgen gegen Abend getrieben, heiteres Wetter. Wenn die Wolken die Sonne einschließen, so wird die Witterung um so stürmischer, je weniger Licht sie durchlassen; ist aber der sie umgebende Kreis doppelt, um so heftiger. Findet solches beim Aufgange statt und sind dabei die Wolken zugleich rot, so darf man des heftigsten Sturmes gewärtig sein. Umgeben sie die Wolken nicht, sondern stehen sie über ihr, so zeigen sie, welcher Wind auch wehen mag, dasselbe an. Kommen sie von Süden, bedeuten sie Regen. Wenn die aufgehende Sonne mit einem Kreise umgeben ist, so darf man von der Seite, wo er sich öffnet, Wind erwarten; verteilt sich aber der Kreis gleichmäßig, so erfolgt heiteres Wetter. Wenn die Sonne beim Aufgange ihre Strahlen weit durch die Wolken schickt, aber mitten frei davon ist, so zeigt dies Regen an; wenn sich vor dem Aufgange Strahlen zeigen, Nässe und Wind. Steht beim Untergange ein weißer Kreis um dieselbe, so tritt in der Nacht gelinder Sturm ein; ist Nebel vorhanden, so wird der Sturm heftiger; scheint die Sonne durch denselben, so gibt es Wind. Ist der Kreis schwarz, so kommt starker Wind daher, wo derselbe sich öffnet.

Mit Recht lassen wir hierauf zunächst die *Voranzei-gen des Mondes* folgen. Den vierten Tag desselben berücksichtigt man am meisten in Ägypten. Wenn er mit reinem Glanze aufgeht und hell scheint, so verkündigt er heiteres Wetter; ist er rötlich, Wind; ist er schwarz, so vermutet man Regen. Am fünften Tage deuten seine stumpfen Ausläufer (Enden) Regen an; sind dieselben hochgerichtet und spitz, stets Wind, doch meistens am 4. Ist seine nördliche Spitze scharf und starr, erfolgt Nordwind; ist die untere Spitze so beschaffen, wird Südwind kommen, und stehen sie beide gerade, gewärtigt man eine windige Nacht. Umgibt ihn am 4. Tage ein rötlicher Kreis, so kündigt er Wind und Platzregen an. Varro sagt folgendes hierüber: Wenn der Mond am 4. Tage gerade steht, so deutet er auf großen Seesturm, ausgenommen, wenn ihn ein klarer Kranz umgibt, denn dies zeigt an, daß es vor dem Vollmonde nicht stürmt. Ist er im Vollmonde zur Hälfte klar, so folgen heitere Tage; ist er rot, Winde, und ist er schwarz, Regen. Schließt sein dunkler Kreis eine Wolke ein, so erfolgt Wind, und zwar daher, wo jene sich bricht; umgeben ihn 2 Kreise, großer Sturm, und noch größerer, wenn 3 Kreise vorhanden oder wenn sie schwarz, unterbrochen und zerrissen sind. Wenn der zunehmende Mond mit der obern verdunkelten Spitze aufgeht, bringt er beim Abnehmen Regen; findet dies an der untern Spitze statt, so regnet es vor dem Vollmonde, und ist er in der Mitte schwarz, während des Vollmondes. Wenn der Vollmond einen Kreis (Hof) um sich hat, bekommen wir Wind von der Seite, wo er am meisten glänzt. Sind beim Aufgange die Spitzen dick, so stellt sich höchst rauhe Witterung ein. Wenn er vor dem 4. Tage nicht zum Vorschein kommt und der Westwind weht, wird es den ganzen Monat hindurch kalt sein. Wenn er am 16. Tage feurig ist, kündigt er rauhe Witterung an. Auch hat der Mond selbst 8 Knoten[1]; er bildet nämlich mit der Sonne ebenso viele Winkel, und die meisten beobachten seine Vorbedeutungen nur innerhalb derselben, d. h. am 3., 7., 11., 15., 19., 23., 27. Tage und im Neumonde.

Voranzeigen der Witterung: von den Sternen.

Den dritten Rang muß die *Beobachtung der Sterne* einnehmen. Sie scheinen zuweilen hin und her zu laufen, und bald darauf kommt Wind. Sie geben in dieser Beziehung folgende Anzeigen: Wenn der ganze Himmel in den bereits genannten Zeitabschnitten gleichmäßig glänzt, wird der Herbst heiter und kalt sein. Wenn der Frühling und Herbst etwas naß waren, machen sie den Herbst heiter, kräftig und minder windig. Einem heitern Herbste folgt ein windiger Winter. Wenn der Glanz der Sterne plötzlich und weder durch Wolken noch durch Finsternis verdunkelt wird, erfolgt Regen und schweres Ungewitter. Wenn viele Sterne umherzufliegen scheinen, kündigen sie Wind aus derjenigen Gegend an, wohin sie mit weißem Lichte ziehen; wenn sie oft hin und her laufen, bestimmte; wenn dies von vielen Seiten her geschieht, unbeständige Winde. Wird irgendein Irrstern von Kreisen eingeschlossen, so entsteht Regen. Im Zeichen des Krebses befinden sich 2

[1] articuli, Zeitabschnitte.

Sterne, genannt die Eselchen, zwischen welchen ein dunkler Fleck, die sogenannte Krippe, einen sehr kleinen Raum einnimmt; wird diese bei heiterm Himmel unsichtbar, so bekommen wir einen strengen Winter. Wenn der eine von diesen Sternen, der gegen Osten steht, verdunkelt wird, tobt der Südwind; verdeckt sich der südliche, so stürmt der Nordostwind. Ein doppelter Regenbogen bedeutet Regen; nach dem Regen, nicht immer dauernde Heiterkeit. Neue Kreise um gewisse Sterne kündigen Regen an.

ARZNEIMITTEL
VON DEN
GARTENGEWÄCHSEN.

Jetzt wollen wir zu dem wichtigsten Werke der Natur übergehen, die für den Menschen bestimmten Speisen aufzählen und ihn zu dem Geständnis zwingen, er kenne das nicht, wovon der lebt. Niemand lasse sich durch die Geringfügigkeit der Namen verleiten, diese Materie für klein und mittelmäßig zu halten. Wir werden dabei vom Frieden und Kriege der Natur, vom Hasse und Freundschaft der fühllosen und der Sinne ermangelnden Geschöpfe reden und müssen es um so mehr bewundern, daß alles dies um der Menschen willen existiert. Dieses Verhältnis, wodurch alles besteht, Wasser das Feuer auslöscht, die Sonne das Wasser verzehrt, der Mond dasselbe erzeugt, das eine Gestirn durch die Gewalt des andern verfinstert wird, haben die Griechen Sympathie und Antipathie genannt. Und um uns von erhabenern Gegenständen zu niedrigern zu wenden, so bedenke man, daß ein Magnet das Eisen anzieht, der andere es abstößt, daß der Diamant, die Freude der Reichen, durch keine mechanische Gewalt gebrochen und besiegt wird, aber in Bocksblute zerspringt und dergleichen ähnliche und noch größere Wunder mehr, von denen wir gehörigen Ortes ausführlicher sprechen wollen. Nur verzeihe man mir, wenn ich mit den kleinsten, aber heilsamsten, nämlich den Gartengewächsen beginne.

Vom Schnittlauch.

Das *Schnittlauch* stillt das Nasenbluten, wenn man es zerreibt und die Nasenlöcher damit verstopft oder mit Gallapfel oder Minze vermischt, ferner die Blutflüsse nach unzeitigen Geburten, wenn der Saft desselben mit Frauenmilch getrunken wird. Auch gebraucht man es gegen langwierigen Husten, Brust- und Lungenübel. Durch Auflegen der Blätter werden Brandschäden und die sogenannten Epinyctiden oder Syce, ein Geschwür, welches in den Augenwinkeln entsteht und beständig läuft, geheilt; mit letztern Namen belegen auch einige gewisse bleifarbige Blattern, die des Nachts so beschwerlich fallen. Ferner heilt der Schnittlauch, mit Honig zerrieben, noch andere Geschwüre, mit Essig die Bisse wilder Tiere und Schlangen; mit Ziegengalle oder gleichviel Honigmet die Ohrenübel, mit Frauenmilch das Brausen in den Ohren, in die Nasenlöcher gebracht das Kopfweh, und den Schlafsüchtigen gießt man ein Gemisch von 2 Löffel voll Lauchsaft und 1 Löffel voll Honig in die Ohren. Den Saft trinkt man bei Schlangen- und Skorpionsbissen mit lauterm Weine und bei Lendenschmerzen mit einer Hemina gewöhnlichem Wein. Gegen Blutspeien, Schwindsucht und langwierigen Schnupfen hilft der Saft oder der Genuß des Lauches selbst; desgleichen gegen Gelbsucht, Wassersucht, Nierenschmerzen, 1 Acetabulum voll mit Gerstentrank. Ein gleiches Quantum mit Honig genommen, reinigt die weibliche Scham. Man ißt es gegen giftige Pilze und legt es auf Wunden. Es reizt zum Beischlaf, stillt den Durst und vertreibt die Trunkenheit, soll aber die Augen schwächen und Blähungen erregen, welche jedoch dem Magen nicht schaden und den Leib erregen. Die Stimme macht es hell.

Vom Knoblauch.

Der *Knoblauch* besitzt bedeutende Kräfte und erweist sich sehr heilsam gegen den Wechsel des Wassers und der Wohnorte. Sein Geruch vertreibt Schlangen und Skorpione, und wie einige angeben, hilft er, verspeist, im Tranke oder aufgelegt, wider den Biss jedes wilden Tieres. Besonders dient er, mit Wein ausgebrochen, gegen Hämorrhoiden. Und damit wir uns nicht darüber wundern, daß er den giftigen Biß der Spitzmäuse heilt, so bedenke man, daß er das Aconitum, welches auch Pardalianches[1] heißt, den Bilsen und den Hundsbiß, in dessen Wunden er mit Honig gebracht wird, unschädlich macht. Gegen Schlangenbiß kann er zwar mit den Blättern getrunken werden, jedoch am wirksamsten zeigt er sich mit Öl übergeschlagen, ferner gegen gescheuerte Teile des Körpers, wenn sie auch schon in Blasen aufgeschwollen sind. Hippokrates sagt, Räuchern mit Knoblauch befördere die Nachgeburt, und die Asche desselben, mit Öl aufgestrichen, heile laufende Geschwüre vollständig. Engbrüstigen gibt man denselben roh zerrieben oder gekocht. Diokles empfiehlt ihn den Wassersüchtigen mit Tausendgüldenkraut oder mit dem Doppelten Feigen zur Ausleerung des Leibes, und diese Wirkung erreicht man noch vollständiger,

---

[1] Nicht unser Aconitum, sondern Doronicum Pardalianches L.

wenn er grün mit Koriander in reinem Weine genommen wird. Einige geben ihn, in Milch verteilt, den Engbrüstigen. Praxagoras mischte ihn auch gegen Gelbsucht mit Wein, gegen Darmgicht mit Öl und Brei und äußerlich gegen Kröpfe. Die Alten gaben ihn auch roh den Wahnsinnigen; Diokles gesotten den Verrückten. Wider die Bräune legt man ihn zerrieben auf und gurgelt sich damit. Das Zahnweh vergeht, wenn man 3 Köpfe in Essig zerreibt oder den Mund mit Knoblauchabsud ausspült und ihn selbst in die hohlen Zähne steckt. Den Saft tröpfelt man, mit Gänsefett vermischt, in die Ohren; die Knollen, mit Essig und Natron vermischt eingenommen, heilen Läusesucht und Räude, mit Milch oder mit weichem Käse zerrieben, die Flüsse, auf dieselbe Weise die Heiserkeit oder, mit Bohnen getrunken, die Schwindsucht. Überhaupt ist er gekocht besser als roh und gedämpft besser als gebraten, in welcher Form er auch die Stimme verbessert. In Essigmet gekocht treibt er die Spulwürmer und alle übrigen Eingeweidetiere aus. Er heilt den Stuhlgang, in einem Breie gegeben; die Schmerzen der Schläfen, gekocht aufgelegt; das Rotlauf, mit Honig gekocht und zerrieben; den Husten, mit altem Fette oder Milch gekocht, oder bei Blut- und Eiterauswurf, unter Kohlen gebraten und mit ebensoviel Honig; Verrenkungen und Bauchschäden, mit Salz und Öl genommen. Mit Schmalz heilt er verdächtige Geschwulste. Mit Schwefel und Harz vermischt zieht er das Schädliche aus Fistelgeschwüren und mit Pech die Pfeile heraus. Mit Dost allein oder seine Asche mit Öl und Fischtunke aufgelegt, zieht er Krätze, Flechten, Sommerflecken und die Rose aus und heilt sie. Gebrannt und mit Honig vermischt, gibt er aufgelaufenen und blauen Stellen ihre vorige Farbe wieder. Auch die Epilepsie soll geheilt werden, wenn der damit Behaftete Knoblauch ißt oder einen Trank davon nimmt, und ein Knollen, mit 1 Obolus Laserpitium in herbem Wein genommen, soll das 4tägige Fieber vertreiben. Husten und jegliche Brusteiterung heilt er, wenn man ihn mit zerbrochenen Bohnen kocht und dies Gemenge bis zur Genesung speist. Er macht auch Schlaf und verleiht dem Körper eine rötere Farbe. Mit grünem Koriander zerrieben und mit lauterm Weine getrunken, reizt er zum Beischlafe. Seine nicht empfehlenden Eigenschaften bestehen darin, die Sehkraft zu verringern, Blähungen zu erregen, zu reichlich genommen den Magen zu schwächen und Durst zu erzeugen. Unter das Futterkorn gemengt, heilt er den Pips bei den Hühnervögeln. Wenn man die Zeugungsteile des Zugviehes mit zerriebenem Knoblauch bestreicht, so soll es den Harn leicht lassen und keine Schmerzen dabei haben.

Vom Kohl.

Vielseitig sind die Vorzüge des *Kohls*, denn der Arzt Chrysippus hat ihm ein eignes, über alle Glieder des menschlichen Körpers sich erstreckendes Buch gewidmet, und Dieuches, vor allen aber Pythagoras und Cato sind seines Ruhmes voll. In die Ansichten des letztern müssen wir um so genauer eingehen, damit man wisse, welcher Arznei sich das römische Volk seit 600 Jahren bedient hat. Die ältesten Griechen unterschieden 3 Arten; den krausen, nach der Ähnlichkeit mit den Blättern des Eppichs der eppichartige genannt, welcher dem Magen dienlich ist und auf den Unterleib gelinde erweichend wirkt. Die zweite heißt Lea, hat breite aus dem Stengel gehende Blätter, weshalb ihn einige den Stengelkohl nennen, und ist in medizinischer Beziehung von keiner Bedeutung. Die dritte Art heißt Crambe, hat einfache, zartere und dicht stehende Blätter, schmeckt bitterer, ist aber die kräftigste. Cato schätzt am meisten den krausen, dann den glatten mit großen Blättern und Stengel. Er rühmt ihn für Kopfweh, Dunkelheit und Blinzeln der Augen, die Milz, den Magen und die Brust, zu welchen Zwecken man ihn roh mit Essig und Honig, Koriander, Raute, Minze und Laserwurzel frühmorgens zu 2 Acetabeln nehmen soll; seine Kraft sei so groß, daß schon der, welcher diese Mischung bereite, sich dadurch gestärkt fühle. Um so größer müsse die Wirkung sein, wenn die Mischung selbst oder der Kohl da hineingetaucht genommen werde. Gegen Podagra und Gliederkrankheiten soll er mit Raute, Koriander, Salz und Gerstenmehl aufgelegt werden; und sein Absud den Nerven und Gelenken sehr zuträglich sein. Umschläge davon auf neue und alte Wunden, selbst auf Krebsschäden gelegt, helfen, wenn auch kein anderes Mittel mehr anschlägt, zu diesem Behufe aber sollte man ihn erst mit warmem Wasser anbrühen und dann zerquetscht zweimal des Tages auflegen. So heile man auch Fistelschäden, Verrenkungen, Flüsse und was sonst zu zerteilen ist. Gekocht und nüchtern reichlich mit Öl und Salz gegessen, vertreibe er die Schlaflosigkeit; und nochmals gekocht, mit Zusatz von Öl, Salz und Graupen das Leibweh. Ißt man ihn so zubereitet ohne Brot, so soll er noch wirksamer sein. Mit schwarzem Weine genommen, vertreibt er auch die Galle. Den Harn dessen, der Kohl gegessen hat, hebe man auf, denn er ist warm gemacht gut für die Nerven. Der Deutlichkeit wegen will ich die eigenen Worte dieses Schriftstellers anführen: »Wenn du kleine Knaben in solchem Urin wäschst, werden sie nie schwächlich.« Er rät auch, gegen das schwere Hören den Saft warm mit Wein vermischt in die Ohren zu tröpfeln sowie gegen die Flechte anzuwenden, welche dadurch heile, ohne Geschwüre zu bilden.

Von der gemeinen Minze.

Der Geruch der *Minze*[1] erfrischt das Gemüt, und ihr Genuß macht Appetit, daher sie gewöhnlich den Tunken zugesetzt wird. Sie verhindert das Sauer- und Dickwerden der Milch, dient daher als Zusatz zu den Milchtränken, damit die Trinkenden nicht durch die geronnene erstickt werden. Man gibt sie in Wasser oder Met. Ebenso soll sie der Zeugung entgegenwirken, weil sie die Geschlechtsteile nicht straff mache. Bei Männern und Frauen stillt sie das Blut und verhindert die Reinigung der letztern; mit Stärkemehl und Wasser heilt sie Unterleibsbeschwerden. Sie vertreibt die Geilheit und die Beulen der weiblichen Scham, Leberleiden zu 3 Obolen in Met genommen, und das Blutspeien. Geschwüre auf den Köpfen der Kinder heilt sie vortrefflich, trocknet feuchte Luftröhren und zieht trockne zusammen. Bösartigen Schleim reinigt sie mit Met und Wasser; der Saft verbessert die Stimme im Streite, bei geschwollenem Zapfen gurgelt man sich damit unter Zusatz von Raute, Koriander und Milch. Sie leistet auch gute Dienste bei geschwollenen Mandeln mit Alaun, bei

---

[1] D. h. der nicht wilden.

rauher Stimme mit Honig und für sich allein bei innerlichen Verrenkungen und Lungenübeln. Das Schlucken und Erbrechen hemmt sie, wie Demokrit angibt, mit Granatsaft. Der Saft der frischen Minze, in die Nase eingezogen, heilt die Fehler dieses Organs, das Kraut selbst, zerrieben und mit Essig eingenommen, die Gallensucht; innere Blutflüsse mit Graupen aufgelegt die Darmgicht und geschwollene Brüste. Bei Kopfweh legt man es auf die Schläfe, gegen Skolopender, Skorpione und Schlangen nimmt man es ein. Gegen Flüsse, jede Art von Kopfausschlag, Afterübel wird es äußerlich angewandt, hindert auch, bloß in der Hand gehalten, das Wundwerden beim Gehen. Mit Mehl tröpfelt man es ins Ohr. Es soll auch die Milz heilen, wenn man davon, ohne es abzupflücken, 9 Tage lang in einem Garten ißt und dabei sagt, man heile seine Milz. Von dem Pulver soviel in Wasser eingenommen, wie man mit 3 Fingern fassen kann, vertreibt die Magenschmerzen und die Eingeweidewürmer.

Vom Mohn. Vom Opium.

Von dem *Gartenmohn* haben wir 3 Arten angeführt und dort versprochen, die des wilden Mohns nachzutragen[1]. Von dem Gartenmohn zerreibt man die Kapsel des *weißen* mit Wein und nimmt davon zur Beförderung des Schlafes ein. Der Same heilt die Elephantiasis. Aus dem *schwarzen* gewinnt man einen Saft durch Einschneiden des Stengels, nach Diagoras[2], während er im

[1] Im XIX. Buch, 53. Kap.
[2] Ein unbekannter Arzt.

vollen Wachsen, nach Jollas nach der Blüte zu einer heitern Tageszeit, d. h., wenn der Tau schon abgetrocknet ist. Man schreibt auch vor, ihn unter dem Kopfe und diesen selbst zu ritzen, während bei keiner andern Art die Kapsel selbst eingeschnitten wird. Der Saft wird, wie es auch bei jedem andern Kraute geschieht, in Wolle, oder wenn, wie beim Lattich, nur sehr wenig da ist, auf dem Daumennagel aufgefangen, meistens aber erst am folgenden Tage das, was trocken geworden, abgenommen. Der reichlich ausfließende Saft des Mohns wird eingedickt, in Kügelchen geformt und im Schatten getrocknet; er erregt nicht allein Schlaf, sondern kann, in größerer Menge genommen, selbst den Tod nach sich ziehen. Man nennt ihn *Opium*. So wissen wir, um nur *ein* Beispiel anzuführen, daß der Vater des Konsulars Licinius Caecina zu Bavilis in Spanien aus Lebensüberfluß in Folge einer bösen Krankheit sich damit das Leben genommen hat. Daraus entspann sich eine große Meinungsverschiedenheit. Diagoras und Erasistratus verwarfen ihn gänzlich als ein tödliches Gift und warnten auch deshalb, ihn einzunehmen, weil er den Augen nachteilig sei. Andreas[1] fügt hinzu, man würde darum nicht so leicht davon blind, weil man ihn in Alexandrien verfälsche. Späterhin jedoch hat man keinen Anstand genommen, ihn der berühmten Arznei, welche Diacodion heißt, hinzuzusetzen. Der Same wird zerrieben, in Kügelchen geformt und mit Milch für den Schlaf, auch mit Rosenöl gegen Kopfweh, eingenommen; gegen Ohrenweh tröpfelt man letzteres Gemisch in die Ohren. Mit Frauenmilch legt man ihn (ebenso die Blätter) gegen Gift auf; mit Essig gegen die Rose und Wunden.

[1] Aus Karystos, nach andern aus Panormos, Leibarzt des Ptolemaeus Philopator.

Ich kann es nicht gutheißen, ihn den Augensalben, und noch viel weniger den sogenannten Fieber-, Verdauungs- und eröffnenden Mitteln, zuzusetzen. Der schwarze wird jedoch den an Verstopfung Leidenden mit Wein gegeben. Der Gartenmohn ist stets größer und hat runde Köpfe, der wilde längliche und kleine und besitzt mehr Wirksamkeit. Man kocht daraus einen Trank gegen die Schlaflosigkeit und spült damit den Mund aus. Der beste wächst in trocknen Gegenden und wo es selten regnet. Der aus den Köpfen und Blättern gekochte Saft heißt *Meconium* und ist viel schwächer als das Opium. Das erste Prüfungsmittel des Opiums ist der Geruch, denn der des echten ist fast unerträglich; nächstdem seine Verbrennung, das reine nämlich gibt eine leuchtende Flamme und riecht nach dem Verlöschen; das verfälschte zeigt diese Merkmale nicht, läßt sich schwieriger anzünden und verlöscht leicht wieder. Auch erzeugt das echte in Wasser eine Trübung, das nachgemachte dagegen bildet Bläschen. Merkwürdigerweise läßt es sich auch an der Sonne prüfen, das echte nämlich wird weich und zuletzt so dünn wie der frische Saft. Mnesides[1] ist der Meinung, es lasse sich am besten mit Zusatz von Bilsensamen aufbewahren; andere empfehlen dazu eine Bohne.

[1] Ein unbekannter Arzt.

VON NEUEN
KRANKHEITEN.

Auch *neue*, in früheren Zeiten gänzlich unbekannte *Gesichtskrankheiten* haben sich nicht bloß in Italien, sondern fast durch ganz Europa eingestellt, anfangs allerdings nicht überall, z. B. nicht durch ganz Italien, auch nicht in Illyrien, Gallien, Spanien oder anderen Ländern, sondern nur zu Rom und in dessen Umgegend – Krankheiten, welche zwar schmerzlos und nicht lebensgefährlich, aber so scheußlich sind, daß man ihnen jede Todesart vorziehen möchte.

Was man unter Flechten versteht.

Die schwerste derselben hat man mit dem griechischen Namen *Flechten* bezeichnet; im Lateinischen aber nannte man sie anfangs einen scherzhaften Mutwillen (denn der Mensch spottet nur zu gern über das Elend anderer), später aber, weil sie fast immer am Kinn beginnt, Kinnkrankheit. Bei vielen verbreitet sie sich über das ganze Gesicht mit Ausnahme der Augen, steigt auch auf Hals, Brust und Hände hinab und bedeckt die Haut mit häßlichen Schuppen.

Unsere Voreltern und Eltern kannten diese Seuche noch nicht. Erst mitten in der Regierungszeit des Kaisers Tiberius Claudius hat sie sich in Italien eingeschlichen, und zwar war es ein gewisser, aus Perusia stammender römischer Ritter, der in Asien die Stelle eines Sekretärs bei einem Quästor versah und sie von dort einschleppte. Weiber, Diener, die niedere und Mittelklasse werden nicht davon befallen, sondern nur die Vornehmen, unter denen sie sich durch den Kuß schnell verbreitete und von denen viele, welche Geduld genug besaßen, sich einer anhaltenden Kur zu unterwerfen, in Folge der zurückgebliebenen Narben häßlicher geworden waren, als sie während der Krankheit aussahen. Man wandte nämlich zu ihrer Bekämpfung kaustische Mittel an, erreichte aber nur dann den Zweck, wenn das Fleisch bis auf die Knochen ausgebrannt wurde. Aus Ägypten, dem Vaterlande von dergleichen Übeln, fanden sich Ärzte ein, welche bloß diese Krankheit behandelten und ihren Säckel reichlich füllten; wie es denn bekannt ist, daß der in der Provinz Aquitanien als kaiserlicher Statthalter fungierende Prätorianer Manlius Cornutus für seine Heilung zweihundert Sestertia (200 000 Sestertii) ausgegeben hat. Und nicht selten stellten sich darauf eine Menge neuer Krankheiten ein. Ist es nicht wunderbar, daß manche Übel ganzer Länder an gewissen menschlichen Teilen und Gliedmaßen, bei einem gewissen Alter oder bei gewissen Glücksumständen, auftauchen, gleichsam als ob dieselben eine Auswahl träfen, da einige bei Kindern, andere bei Erwachsenen, wieder andere bei Vornehmen und abermals andere bei Armen wüten!

Vom Karbunkel.

Die Jahrbücher des Staats berichten, daß der *Karbunkel*, eine der narbonensischen Provinz eigene Krankheit, sich zuerst unter den Zensoren L. Paullus und Q. Marcius in Italien gezeigt hat und daß zwei gewesene Konsuln, Julius Rufus und Q. Lecanius, in eben demselben Jahre daran gestorben sind, jener in Folge eines Schnittes durch einen unwissenden Arzt, dieser, nachdem er sich mit einer Nadel am linken Daumen verletzt hatte und obgleich die dadurch entstandene Wunde kaum sichtbar war. Der Karbunkel entsteht an den verborgensten Teilen des Körpers und meistens unter der Zunge, ist hart und mannigfaltig rot, an der Spitze schwärzlich, zuweilen auch blaugrau, greift den ganzen Körper an, schwillt nicht auf, erregt weder Schmerz noch Jucken, gibt sich nur durch Schlaf zu erkennen und tötet die darin Verfallenen binnen drei Tagen. Zuweilen stellen sich auch Schauder und ringsum kleine Bläschen, seltener Fieber ein; wenn aber das Übel den Schlund und Magen angegriffen hat, erfolgt der Tod auf der Stelle.

Von der Elephantiasis.

Ich habe schon angegeben, daß die *Elephantiasis* vor dem Zeitalter des großen Pompejus in Italien unbekannt war. Sie entspinnt sich *auch* in der Regel auf dem Gesichte, nämlich auf der Nase in Form einer kleinen Linse, geht dann trocknend über den ganzen Körper hin, bildet verschiedenfarbige Flecke, macht die Haut uneben, hier dick, dort dünn, dort hart wie bei der bösartigen Krätze, zuletzt schwarz, drückt das Fleisch an die Knochen, schwellt die Finger und Zehen an. Sie ist in Ägypten endemisch, und wenn Könige davon befallen wurden, trauerte das ganze Volk, denn dann wurden, zum Behuf der Heilung, die Wannen zu den Bädern mit Menschenblut erwärmt. Diese Krankheit ist in Italien bald wieder verschwunden; ebenso samt dem Namen diejenige, welche die Alten Gemursa nannten und die sich zwischen den Zehen entwickelte.

Von der Kolik.

Auch ist merkwürdig, daß einige Krankheiten bei uns verschwinden, andere hingegen nicht, wie z. B. die *Kolik*. Sie zeigte sich zum ersten Male unter der Regierung des Kaisers Tiberius, und gerade er selbst wurde zuerst davon befallen, wobei ich noch bemerken will, daß damals die ganze Stadt im Zweifel blieb, als man in dem öffentlichen Ausschreiben, worin er sich wegen Unwohlseins entschuldigte, einen unbekannten Namen las. Wie soll ich dieses Übel charakterisieren, und welche Art des göttlichen Zorns wird dadurch geoffenbart? War es nicht genug, daß der Mensch bereits gegen dreihundert Krankheiten hatte, mußte er noch mit neuen erschreckt werden? Doch, der Mensch bürdet sich ja durch seine eigenen Bemühungen nicht weniger Lasten auf. (...)

VON DER HEILKUNST.

Vom Ursprung der Heilkunst.

Die Natur der Arzneimittel, die Menge derer, welche bereits abgehandelt, und derer, welche noch zu besprechen sind, veranlassen mich, etwas ausführlicher über die *Heilkunst* selbst zu reden. Allerdings ist mir keineswegs unbekannt, daß ich in dieser Beziehung keinen Vorgänger in der lateinischen Sprache habe, daß eine neue Bahn schlüpfrig und nur mit Gefahr zu betreten ist, daß ich dabei mit Schwierigkeiten kämpfen muß und auf wenig Dank Anspruch machen kann. Da sich indessen wahrscheinlich allen, welche in dieser Materie bewandert sind, die Frage aufdrängt, wie es gekommen sein mag, daß viele so leicht zu verschaffende und so wirksame Mittel nicht mehr gebraucht werden, so will ich meinen einmal gefaßten Vorsatz auch ausführen. Hierbei fällt mir sogleich die wunderbare und unwürdige Tatsache ein, daß keine Kunst unbeständiger gewesen ist und bis auf unsere Zeit öfter Veränderungen erlitten hat als die Medizin, während sie doch als die fruchtbarste von allen angesehen werden muß. In den frühesten Zeiten setzte man ihre Erfinder unter die Götter und weihte sie dem Himmel, und selbst noch heutigen Tags befragt man von vielen Seiten her die Orakel in medizinischen Angelegenheiten. Dann vermehrte man ihren Ruf durch ein Verbrechen, da man fabelte, Aesculap sei vom Blitze erschlagen worden, weil

er den Sohn des Tyndareus[1] wieder ins Leben zurückge-
rufen hätte, und war nicht müßig, auch noch andere
Fälle der Erweckung vom Tode durch Hilfe der Medizin
namhaft zu machen. Großen Ruhm genoß sie in den
trojanischen Zeiten, von wo die Nachrichten schon
glaubwürdiger lauten, doch beschränkte sich derselbe
nur auf die zur Heilung von Wunden gebräuchlichen
Mittel.

Von Hippokrates.

Merkwürdigerweise lag in den folgenden Jahrhunderten bis zum peloponnesischen Kriege die Heilkunst in dickster Nacht verborgen, und damals war es
Hippokrates, gebürtig von der berühmten, mächtigen,
dem Aesculap geheiligten Insel Cos, der sie wieder ans
Licht zog. Dort pflegten nämlich die von Krankheiten
Geheilten das, was ihnen geholfen hatte, zum Nutzen
anderer in dem Tempel des genannten Gottes niederzu-
schreiben; Hippokrates soll nun diese Notizen exzerpiert
(wie Varro glaubt), den Tempel in Brand gesteckt und
dasjenige Heilverfahren, welches *Klinik* genannt wird,
eingeführt haben. Später suchte man die Kunst auf alle
Weise auszubeuten; so erfand Prodicus aus Selymbria,
ein Schüler des vorigen, die sogenannte *Salbenheilkunst*
und errichtete eine Steuer für die Salbenschmierer und
sonstigen Handlanger der Ärzte.

[1] Kastor.

Von Chrysippus und Erasistratus.

Deren Prinzipien wurden mit gewaltiger Schwatz-haftigkeit von Chrysippus und dessen Schüler Era-sistratus, dem Tochtersohne des Aristoteles, modifiziert. Und damit ich auch anfange, der ansehnlichen Beloh-nungen für geleistete ärztliche Dienste zu gedenken, so möge man hier erfahren, daß genannter Erasistratus für die Heilung des Königs Antiochus von desen Sohne, dem Könige Ptolemaeus, ein Honorar von hundert Ta-lenten empfing.

Von der empirischen Arzneikunst.

Eine andere Partei, welche ihr Verfahren nach den angestellten Versuchen das *empirische* nannte, tauchte in Sizilien auf, und hier war es der Agrigentiner Acro, welcher, gestützt auf das Ansehen des Physikers Empedocles, sich sehr beliebt machte.

Von Herophilus und den übrigen berühmten Ärzten.

Alle diese Schulen waren lange Zeit hindurch unter sich uneinig, bis sie endlich Herophilus sämtlich verwarf und den Pulsschlag je nach den Altersgraden auf musikalische Takte zurückführte. Aber auch sein System wurde wieder verlassen, weil man es ohne wis-senschaftliche Bildung nicht aufzufassen vermochte.

Selbst das System, welches (wie ich angegeben)[1] Asclepiades erfunden hatte, erlitt eine Veränderung, denn sein Zuhörer Themison änderte, da jener bald nachher starb, was er anfangs nachgeschrieben hatte, nach seinen Ansichten um; aber auch hieran makelte Antonius Musa unter der Protektion des Kaisers Augustus, den er durch eine entgegengesetzte Behandlung aus großer Gefahr gerettet hatte. Viele andere Ärzte und unter diesen die berühmten Cassier, Calpetaner, Arruntier, Albutier und Rubrier, welche unter den Kaisern einen Jahresgehalt von 250 000 Sesterzen bezogen, übergehe ich. Q. Stertinus aber gab den Kaisern prahlend zu verstehen, daß er mit 500 000 Sesterzen jährlich zufrieden sei, während er zugleich seine Kundhäuser herzählte und damit bewies, daß ihm seine städtische Praxis 600 000 einbringe. An dessen Bruder verschwendete der Kaiser Claudius eine gleiche Summe, und obgleich derselbe bedeutende Summen für Ausschmückung der Stadt Neapel mit Bauwerken ausgab, hinterließ er doch seinen Erben 30 000 000 Sesterzen, eine Summe, die bis zu dieser Zeit niemand als Arruntius hinterlassen hatte. Hernach tauchte Vectius Valens auf, welcher sich durch den Ehebruch mit der Messalina, des Kaisers Claudius Gemahlin, bekannt gemacht hat, auch das Studium der Beredsamkeit eifrig betrieb und, nachdem er sich gehörig emporgeschwungen hatte, eine neue Schule stiftete. In demselben Zeitalter unter Neros Regierung trat noch ein gewisser Thessalus hervor; dieser verwarf alle Ansichten seiner Vorgäner und zog in seinen Reden mit wahrer Wut gegen die Ärzte aller Zeiten zu Felde – mit welcher Klugheit und welchem Scharfsinn, kann man

[1] XXVI. Buch, 7. Kap.

aus der einen Tatsache entnehmen, daß er sich auf seinem Grabsteine, welcher an der Appischen Straße steht, Arztbesieger nennt. Kein Schauspieler, kein Lenker eines Dreigespanns ging mit zahlreicherer Begleitung aus als er. Crinas aus Massilien, ein vorsichtigerer und religiöser Mann, lief ihm durch Einführung einer zweiten Kunst in sein Fach den Rang ab, denn er verordnete die Speisen aus einem mathematischen Tagebuche nach der Bewegung der Gestirne und beobachtete die Stunden mit Genauigkeit. Sein vor kurzem hinterlassenes Vermögen betrug 10 000 000 Sesterzen, und eine nicht geringere Summe hatte er auf die Erbauung der Mauern seiner Vaterstadt und anderer Bauten verwendet. Während er und seine Anhänger das Schicksal der Menschen beherrschten, erschien auf einmal aus ebendemselben Massilien ein gewisser Charmis, welcher zwar die Systeme seiner Vorgänger nicht verwarf, aber zugleich zu Bädern und zu Waschungen mit kaltem Wasser bei Winterkälte riet. Er tauchte seine Kranken in Teiche, ich selbst habe Greise von konsularischem Range aus eitler Prahlerei vor Kälte erstarren sehen, und von Annaeus Seneca existiert ein Dokument, worin dieses Verfahren bestätigt wird. Unstreitig treiben alle diese Männer, welche sich durch irgendeine Neuerung Ruf zu erwerben suchen, mit unserm Leben einen Handel. Daher jene erbärmlichen Zänkereien in betreff der Kranken und ihrer Behandlung, wobei keiner des andern Meinung teilt, damit es nicht scheine, als pflichte er ihm bei. Daher jene Worte auf dem Grabmale eines Unglücklichen: »er sei durch die vielen Ärzte ums Leben gebracht worden.« Täglich wird die Kunst verändert und neu zugestutzt, und wir werden von dem Winde des griechischen Erfindungsgeistes umhergetrieben. So viel ist gewiß, daß derjenige unter ihnen, welcher die Zunge am fertigsten zu führen versteht, alsbald der Herrscher über unser Leben und unsern Tod wird; gleichwohl leben Tausende von Völkern ohne Ärzte, jedoch nicht ohne Arzneimittel; das römische Volk, welches sonst in der Aufnahme der Künste nicht lässig ist, zeigte erst nach dem sechshundertsten Jahre Verlangen nach der Arzneikunst, verwarf sie aber, nachdem es sich damit bekannt gemacht hatte, wieder.

Wer und wann der erste Arzt in Rom war.

Ich halte es für passend, die bemerkenswertesten hierher gehörigen Data hervorzuheben. Cassius Hemina, einer der ältesten Schriftsteller, berichtet im fünfhundertfünfunddreißigsten Jahre der Stadt, unter den Konsuln L. Aemilius und M. Livius sei *zuerst ein Arzt nach Rom* gekommen, nämlich Archagathus, des Lysanias Sohn, aus dem Peloponnes, dem man das römische Bürgerrecht verliehen und eine Bude zur Ausübung seiner Praxis an dem acilischen Kreuzwege auf öffentliche Kosten gekauft habe. Man habe ihn anfangs den Wundarzt genannt und seine Anwesenheit sehr gern gesehen, später aber ihm wegen seines schonungslosen Schneidens und Brennens den Namen Henker gegeben und alle Ärzte samt ihrer Kunst verwünscht. Am deutlichsten geht dies aus dem Ausspruche des M. Cato hervor, eines Mannes, dessen Ruhm und Ansehn so sehr in seinem innern Werte begründet sind, daß ihnen Triumphe und Zensoramt das geringste Gewicht verleihen. Ich will daher seine eigenen Worte hierhersetzen:

Urteil der Römer über die alten Ärzte.

Ich will Dir, mein Sohn Marcus, am geeigneten Orte von jenen Griechen das mitteilen, was ich über sie zu Athen erfahren habe, und Dir beweisen, daß es gut sei, ihre Wissenschaften in Augenschein zu nehmen, aber nicht völlig sich zu eigen zu machen. Das ist ihre nichtswürdigste und zur Nachahmung am wenigsten zu empfehlende Seite, und nimm den folgenden Ausspruch von mir als eine Weissagung an: Wenn einmal dieses Volk seine Wissenschaften einem andern mitteilt, wird es letzteres ins Verderben stürzen, und um so mehr, wenn es seine Ärzte schickt. Sie haben sich untereinander verschworen, alle Ausländer durch Arzneien umzubringen, und lassen sich für solche Dienste noch obendrein bezahlen, damit man ihnen Zutrauen schenke und sie ihr Unwesen leichter treiben können. Sie nennen auch uns Barbaren, ja gehen noch weiter in ihrer Beschimpfung als bei andern Völkern, indem sie sagen, wir seien Dummköpfe. Dies diene Dir zur Warnung vor den Ärzten.«

Schattenseiten der Arzneikunst.

Und dieser Cato starb im sechshundertundfünften Jahre Roms und im fünfundachtzigsten seines Lebens, was ich hier hervorhebe, damit niemand auf den Gedanken kommt, es habe ihm an Zeit und Gelegenheit gefehlt, Erfahrungen zu sammeln. Wie, möchte man nun fragen, hat denn Cato eine so höchst nützliche Sache verworfen? Mitnichten, denn er gibt zugleich an, durch welche Arznei er nebst seiner Gattin ein so hohes Alter erreicht habe (wovon ich alsbald reden werde), und fügt hinzu, er besitze einen Kommentar, welcher ihn bei der Heilung seiner kranken Kinder, Knechte und sonstigen Hausgenossen unterstütze und den ich nach seinen einzelnen Abteilungen hier benutzen will. Die Alten verwarfen keineswegs die Sache (das Prinzip), sondern nur die daran hängenden Künsteleien; am meisten waren sie aber dagegen, daß man andern die Erhaltung des Lebens um ungeheuern Preis bezahlen solle. Ebendarum sollen sie den Tempel des Aesculap, als auch dieser unter die Götter aufgenommen wurde, außerhalb der Stadt und das zweite Mal auf einer Insel errichtet, ferner erst lange nach Catos Tode, als sie die Griechen aus Italien getrieben hatten, Ärzte aufgenommen haben. Folgendes wird die Vorsicht unserer Alten noch mehr ans Licht stellen. Die ernsten Römer üben von allen griechischen Künsten bloß die Heilkunst bis jetzt noch nicht in solchem Grade; nur sehr wenige Bürger haben sich dieselbe zu eigen gemacht, und diese gingen sogleich als Flüchtlinge zu den Griechen über; ja niemand unter ihnen besitzt selbst bei Ungebildeten und der griechischen Sprache Unkundigen Ansehn, wenn er sie nicht wie die Griechen ausübt. Man hat zu Dingen, welche das Wohl des Menschen betreffen, weniger Vertrauen, wenn man sie kennt. In der Tat kommt einzig und allein bei dieser Kunst der Fall vor, daß man einem jeden, der sich für einen Arzt ausgibt, Glauben schenkt, während gerade hier die Lüge am gefährlichsten ist; doch darauf achtet man nicht, denn die Hoffnung für das eigne Beste ist zu verführerisch. Überdem existiert kein Gesetz, welches hier die Unwissenheit bestrafte, und kein von tödlichem Ausgange begleitetes Beispiel liegt vor, daß sie gerächt worden wäre. Die Ärzte lernen durch unsere Gefahren, experimentieren mit dem Tode, und sie sind es, welche beim Menschenmorde am ungestraftesten wegkommen. Aber sie kehren die Anklage gegen uns, rügen unsere Unmäßigkeit und wälzen endlich die Schuld auf die Gestorbenen. Die Decurien[1] werden nach hergebrachter Sitte von den Kaisern gemustert, die Handlungen der Bürger durch die Wände hindurch zu erforschen gesucht, und man holt von Gades und den Säulen des Herkules jemanden her, welcher unser Geld beurteile; bei den Landesverweisungen wird von den betreffenden Männern erst am fünfundvierzigsten Tage der Beschluß ausgefertigt. Aber was sind das für Leute, welche über ihre Richter selbst zu Rate gehen und sie alsbald dem Tode überliefern? Wir verdienen es nicht besser, denn wir wollen nun einmal nicht wissen, was wir zu unserer eignen Wohlfahrt bedürfen. Wir gehen auf fremden Füßen, sehen mit fremden Augen, grüßen nur die, an welche uns ein anderer erinnert hat, leben durch die Bemühung anderer, haben uns um den Wert der Natur gebracht und wissen nicht, warum wir leben. Wir halten weiter nichts mehr als Vergnügungen für unser Eigentum. Ich will beweisen, daß Cato recht hatte, eine so ehrgeizige Kunst zu hassen, daß jener Senat recht hatte, wider dieselbe Beschlüsse zu fassen; man sei aber versichert, daß ich mich bei dieser Beweisführung keiner künstlich herbeigezogenen Beschuldigung bedienen werde. Denn wo findet man wohl ein fruchtbareres Feld zu Vergiftungen, wo mehr Hinterlist, um günstige Testamente zu erschleichen? Mußte man sogar ehebrecherische Handlungen von ihr

---

[1] Abteilung der Reiterei von 10 Mann.

in den kaiserlichen Palästen erleben, wie z. B. des Eude-
mus mit der Livia, Drusus Caesars Gemahlin, ferner des
Valens mit der schon genannten Kaiserin. Allerdings
können solche Fälle nicht der Kunst selbst, sondern nur
einzelnen ihrer Jünger zur Last gelegt werden; Cato
glaubte aber, wie mir scheint, dergleichen sei für Rom
weniger als die Kaiserinnen selbst zu fürchten. Ich will
nicht einmal ihren Geiz, ihre gierigen Geldforderungen
noch vor dem Ausgange der Krankheit, den von den
Leidenden für die ausgestandenen Schmerzen begehrten Preis, den Kaufschilling für den Tod und gewisse
geheime Vorschriften, z. B. daß man die Schuppen in
den Augen mehr an die Seite schieben als herausschaf-
fen müsse, rügen; lauter Dinge, welche bewirkt haben,
daß uns nichts wohltätiger vorkommt, als von einem
Schwarme dieser Leute umgeben zu sein, denn nicht die
Scham, sondern das von dem Nebenbuhler zu begeh-
rende Honorar stimmt ihre Anmaßungen herab. Man
weiß, daß der obengenannte Charmis einen Kranken
aus der Provinz für 200 000 Sesterzen in die Kur nahm,
daß der Kaiser Claudius dem Wundarzte Alcon eine
Geldbuße von 10 000 000 Sesterzen auferlegte, daß letzterer in Gallien als Verbannter lebte, später die Erlaub-
nis zur Rückkehr erhielt und in wenigen Jahren wieder
ebensoviel verdiente. Dieses muß man also den Personen in Rechnung bringen; von der niedrigen und unwissenden Klasse der Ärzte will ich nicht einmal reden,
welche bei Behandlung der Krankheit ihr unsinniges
Wesen treiben, ihre eigene Unkenntnis beim Gebrauche
des kalten Wassers zu bemänteln suchen, einigen stren-
ges Fasten verordnen, Schwachen hingegen täglich
mehrere Male Speisen in den Mund stopfen, tausend-
mal ihr Verfahren abändern, tausend Vorschriften für

251

die Küche geben, Tausende von Salbenmischungen bereiten und dabei keine Art von Reizmitteln unbenutzt lassen. Einführen fremder Waren und Anschaffen auswärtiger teurer Dinge würden unsere Vorfahren sicherlich nicht gern gesehen haben, und Cato dachte gewiß nicht hieran, als er die Kunst verwarf. Theriak heißt eine zur Wollust ausgedachte Komposition, zu der ausländische Ingredienzien genommen werden, während uns doch die Natur so viele Mittel gespendet hat, deren jedes einzeln zu jenem Zwecke ausreichen würde. Das mithridatische Gegengift wird aus 54 verschiedenen Bestandteilen zusammengesetzt, keines Gewicht ist dem des andern gleich und von einigen nur der sechzigste Teil eines Denars vorgeschrieben; wer aber von den Göttern ist der Urheber dieses Betrugs, da die Spitzfindigkeit der Menschen unmöglich so weit gehen konnte? So liegt denn die Prahlerei in der Kunst und die ungeheuere Feilbieterei in der Wissenschaft klar am Tage. Aber ihre Jünger kennen nicht einmal das, womit sie umgehen. Ich habe in Erfahrung gebracht, daß wegen Unkunde des Namens statt indischem Cinnabaris[1] gewöhnlich Minium[2] zu den Arzneien genommen wird, welches, wie ich bei den Farben lehren werde, ein Gift ist. Doch hierbei handelt es sich nur um das Wohl einzelner. Das aber, was Cato befürchtete und vorhersah, ist nach dem Bekenntnis der Meister der Heilkunst viel unschuldiger und unbedeutender, jene Gebräuche nämlich, welche die Sitten unseres Reiches verdorben haben, jene Kuren, deren wir uns im gesunden Zustande unterziehen, wie das Ringen, das Bestreichen mit Wachssalben, beide zur Erhaltung der Gesundheit empfohlen, ferner die bren-

[1] Drachenblut, ein blutrotes Harz.
[2] Zinnober.

252

nendheißen Bäder, angeblich zur bessern Verdauung der genossenen Speisen, aus denen niemand kräftiger, die Gehorsamsten aber als Leichen hervorgehen; ferner jene Tränke und Brechmittel für Nüchterne, andererseits jene übermäßig genossenen Flüssigkeiten, jene durch Harze bewirkte Vertilgung der Haare, jene Entblößung der Schamhaare bei den Weibern. Ja wahrlich, die Sittenverderbnis, deren bedeutendste Quelle die Heilkunst ist, macht täglich den Ausspruch des Cato »man möge sich begnügen, die Kenntnisse der Griechen anzusehen, solle sich dieselben aber nicht zu eigen machen« zum Orakel. Diese Worte hätte man im sechshundertsten Jahre der Stadt vor dem Senate aussprechen sollen, erstens wider eine Kunst, in welcher sich die schlechtesten Menschen auf Kosten redlicher durch die hinterlistigsten Mittel Ansehn verschaffen, und zweitens wider die sinnlosen Behauptungen mancher, daß nur das, was teuer sei, Nutzen habe. Ich zweifle zwar nicht, daß die Tiere, von denen ich jetzt reden will, einigen ekelhaft vorkommen mögen; allein dem Virgil waren sie es nicht, denn er spricht ohne Zwang von den Ameisen, Kornwürmern und den von den lichtscheuen Schaben zusammengetragenen Lagern; auch dem Homer nicht, welcher zwischen dem Treffen der Götter der Unverschämtheit einer Fliege gedenkt, endlich auch der Natur, der Schöpferin des Menschen nicht, denn sie erzeugt ja alle diese Tiere. Daher wäre zu wünschen, daß ein jeder nicht die Sache, sondern deren Ursachen und Wirkungen gehörig würdige.

VON DER MAGIE.

Vom Ursprunge der Magie.

Ich habe zwar in dem vorhergehenden Teile dieses Werkes schon öfter, je nachdem Ort und Gelegenheit es erforderten, die Prahlereien der *Magier* in das gebührende Licht gestellt und bin entschlossen, dies auch fernerhin zu tun; allein der Gegenstand ist doch an und für sich wichtig genug, um näher besprochen zu werden, zumal wenn man bedenkt, daß diese trügerischste aller Künste von jeher in der Welt am meisten gegolten und sich so viele Jahrhunderte lang in diesem Ansehn erhalten hat. Niemand darf sich wundern, daß sie in solchem Ansehn gestanden, denn sie allein ist es, welche drei andere, den menschlichen Geist am meisten beherrschende Fächer umfaßt und in sich zu einem vereinigt. Es unterliegt keinem Zweifel, daß die *Magie* aus der Medizin entstanden ist, daß sie unter dem Deckmantel der Heilsamkeit gleichsam als eine erhabenere und heiligere Medizin sich eingeschlichen und dann den lockendsten und erwünschtesten Verheißungen noch die Kräfte des religiösen Aberglaubens, welche bis auf diesen Tag den Menschen in finsterer Unwissenheit halten, hinzugefügt hat. Als ihr auch dieses gelungen war, nahm sie noch die Astrologie zu Hilfe, denn ein jeder ist begierig, sein zukünftiges Schicksal zu erfahren, und glaubt, dies könne ihm am sichersten vom Himmel verheißen werden. Nachdem sie dergestalt durch ein

dreifaches Band den menschlichen Geist an sich geket-
tet hatte, sproßte sie so üppig empor, daß sie noch jetzt
bei vielen Völkern eine vorwiegende Bedeutung hat und
im Oriente die Könige der Könige beherrscht.

Wann und von wem sie gegründet ist;
welche Personen sich vorzüglich
mit ihr befaßt haben.

Nach der übereinstimmenden Ansicht der Schriftsteller kann es als ausgemacht gelten, daß die Magie in Persien, und zwar durch Zoroaster, entstanden ist;
indessen weiß man nicht genau, ob nur eine Person oder
später noch eine andere dieses Namens existiert hat.
Eudoxus, welcher die Magie für die berühmteste und
nützlichste aller gelehrten Schulen hielt, sagt, Zoroaster
habe 6000 Jahre vor Plato gelebt. Dieselbe Angabe
findet sich bei Aristoteles. Hermippus[1], welcher die aus-
führlichsten Mitteilungen über die Magie gemacht hat,
gibt an, Zoroaster habe 2 000 000 Verse geschrieben,
erklärt auch den Inhalt von dessen Schriften und fügt
hinzu, dessen Lehrer habe Azonax geheißen, er selbst
aber 5000 Jahre vor dem trojanischen Kriege gelebt. Es
ist zu bewundern, daß diese Kunst sich so lange erhalten
hat und die Schriften darüber nicht verlorengegangen
sind, da doch die nachfolgenden Zeitabschnitte derselben weder berühmt noch zu ihrer dauernden Erhaltung
geeignet genannt werden können. Denn wer kennt die

[1] Aus Smyrna, im 3. Jahrh., lebte zu Alexandrien, Schüler des
Callimachus, schrieb über Mythologie, Geographie, Geschichte,
Astronomie, Magie etc.

Meder Apuscorus und Zaratus, die Babylonier Marmarus und Arabantiphocus, den Assyrier Tarmoenda anders als von Hörensagen, da keine Schriften von ihnen existieren? Darüber muß man sich aber am meisten wundern, daß Homer beim trojanischen Kriege so still davon ist, hingegen bei den Irrfahrten des Ulysses ihrer so oft gedenkt, daß das ganze Werk beinahe aus nichts anderm besteht; denn man will die Geschichte mit dem Proteus, dem Gesange der Sirenen, der Erweckung der Toten durch die Circe nicht anders erklärt wissen. Nirgends findet sich später angegeben, auf welche Weise die Magie nach Telmessus, einer äußerst religiösen Stadt, wann sie nach den thessalischen Städten gelangt ist, deren Beinamen sie als die Kunst eines fremden Volks lange Zeit bei uns behauptet hat. Zur Zeit des trojanischen Krieges begnügte sich Thessalien mit den Arzneien des Chiron und dem blitzenden Kriegsgotte; ich muß daher erstaunen, daß den Völkern des Achilles der Ruf der Magie so sehr anklebte, daß Menander, unstreitig einer der scharfsinnigsten Gelehrten, ein Lustspiel, welches von den geheimnisvollen Handlungen der Weiber, die den Mond vom Himmel bannen, handelt, das thessalische nannte. Ich würde der Ansicht sein, Orpheus, der des Aberglaubens und der Medizin wegen zu den benachbarten Völkern reiste, habe sie zuerst dort eingeführt, wenn sie nicht in Thracien, seinem Wohnsitze, völlig unbekannt gewesen wäre. Der erste (unter den Neuern), von dem man mit Sicherheit sagen kann, daß er über die Magie geschrieben habe, ist Osthanes, welcher den persischen König Xerxes auf seinem Kriegszuge gegen Griechenland begleitete; er ist es, der gleichsam den Samen dieser seltsamen Kunst ausstreute und die Menschheit, wohin er sich wendete, ansteckte. Einige nennen noch einen zweiten Zoroaster, den Proconnesius, welcher kurz vor ihm gelebt habe. Soviel ist gewiß, daß dieser Osthanes die griechischen Völker nicht begierig, sondern rasend nach dieser Kunst machte, wobei ich indessen nicht unerwähnt lassen darf, daß nicht bloß in ältern Zeiten, sondern fast stets die Kenntnis derselben als das ruhmvollste Ziel der Wissenschaften erstrebt worden ist. Wenigstens gingen, um sie zu erlernen, Pythagoras, Empedokles[1], Democritus, Plato zu Schiffe, und ihre Reisen verdienen eher den Namen Exile als Wanderungen; nach ihrer Rückkehr priesen sie dieselbe, hielten sie aber geheim. Democritus machte den Appollobeches Coptites und den Dardanus aus Phönizien dadurch berühmt, daß er des letztern Schriften aus dessen Grabe holte und die Grundsätze dieser beiden Männer seinen eigenen literarischen Arbeiten anpaßte; nur ist es ein Wunder, daß dergleichen Erzeugnisse von andern Menschen angenommen und auf die Nachwelt übergegangen sind, denn denselben geht alle Glaubwürdigkeit so sehr ab, daß diejenigen, welche alles übrige von Democrit gutheißen, jene Werke als ihm angehörend leugnen. Doch vergebens; man weiß ja, daß gerade er es gewesen, der dem menschlichen Geiste jenen süßen Betrug am festesten eingeprägt hat. Nicht weniger merkwürdig ist es, daß beide Künste, die Medizin und die Magie, gleichzeitig blühten, nämlich während des peloponnesischen Krieges, der nach dem dreihundertsten Jahre Roms geführt wurde, und zwar jene durch Hippocrates, diese durch Democritus. Es gibt noch eine andere Sekte der Magie, welche von den Juden Moses und Lotapes ausgegangen, aber viele

[1] Aus Agrigent, Philosoph um 444 v. Chr., der Urheber der alten Lehre der vier Elemente.

tausend Jahre neuer als die Zoroastersche ist. Um so viel neuer ist auch die zyprische. Ein nicht geringes Ansehn verschaffte ein zweiter Osthanes zu Alexander des Großen Zeiten der Magie; derselbe hatte die Ehre, dessen Begleiter zu sein, und durchwanderte, woran niemand zweifeln wird, fast die ganze Erde.

Ob sie in Italien geübt worden ist.

Auch bei den Völkern *Italiens* finden sich Spuren der Magie, wie unsere zwölf Gesetztafeln und andere Dokumente, deren ich früher erwähnte, beweisen. Erst im 657sten Jahre Roms, unter den Konsuln Cn. Cornelius Lentulus und P. Licinius Crassus, wurde vom Senate der Beschluß gefaßt, keinen Menschen mehr zu opfern, woraus erhellt, daß bis auf diese Zeit dergleichen unnatürliche Gebräuche stattgefunden hatten.

Von den Druiden der Gallier.

In *Gallien* existierte sie ganz sicherlich, und zwar bis auf unsere Zeiten, denn unter der Regierung des Kaiser Tiberius wurden dort die *Druiden* und ähnliche Wahrsager und Ärzte abgeschafft. Doch was führe ich dies von einer Kunst an, die sich noch viel bedeutender verbreitete, nämlich selbst den Ozean überschritt und in den leeren Raum der Natur drang? Britannien ist es, wo sie noch jetzt so stark betrieben wird, daß man fast meinen sollte, die Perser hätten die Kenntnis derselben von daher bekommen. So stimmen in der ganzen Welt, welche sonst aus lauter Gegensätzen besteht und sich selbst in ihren Teilen so unbekannt ist, jene Lehren wunderbar miteinander überein. Man kann den Römern nicht genug danken, daß sie dergleichen frevelhafte Gebräuche, welche die Tötung eines Menschen für das Heiligste, das Aufzehren desselben aber für das Heilsamste hielten, aufgehoben haben.

Von den Arten der Magie.

Nach Osthanes' Angabe gibt es *mehrere Arten der Magie*, denn man weissagt aus dem Wasser, der Luft, aus Kreisen, Sternen, Lampen, Becken, Äxten usw., hält auch Unterredungen mit Geistern und Verstorbenen. Der Kaiser Nero hat alles dies geprüft und als falsch erkannt; denn ihm, der mit den höchsten menschlichen Glücksgütern ausgerüstet war, behagten die tiefsten Laster der Seele mehr als die Klänge der Laute und der Gesang der Trauerspiele. Vor allem wünschte er sehnlichst, den Göttern befehlen zu können; überhaupt aber legte er sich auf keine Kunst mit mehr Eifer, und hierzu fehlten ihm weder pekuniäre Mittel noch geistige Anlagen und sonstige Hilfsquellen, die nicht einem jeden zu Gebote stehen. Nero hat der Welt einen ungeheuern und unzweifelhaften Beweis der Falschheit jener Kunst hinterlassen; und es wäre nur zu wünschen gewesen, daß er lieber die höllischen und andern Götter in bezug auf seine argwöhnischen Gedanken um Rat gefragt, als daß er dergleichen Spionerien den Hurenhäusern und Buhlerinnen aufgetragen hätte.[1] In der Tat, seine Gedanken übertrafen alle noch so barbarischen und wilden Opfer an Grausamkeit und veranlaßten zahlreiche und schmähliche Morde.

Von den Ausflüchten der Magier.

Die *Magier* bedienen sich auch gewisser *Ausflüchte;* so sagen sie, Leute mit Sommersprossen fänden bei den Göttern keinen Gehorsam oder würden von ihnen nicht gesehen. Hatte etwa Nero einen solchen Fehler? Nichts weniger als das, vielmehr war sein Körper von vollendeter Ausbildung. Auch stand es ihm frei, bestimmte Tage auszuwählen, und vollkommen schwarzes Vieh ließ sich leicht herbeischaffen. Ja, Menschen zu opfern, war ihm sogar das liebste. Der Magier Tiridates, welcher das ganze armenische Siegesgepränge mit sich führte und dadurch den Provinzen sehr lästig fiel, war bei ihm angekommen. Er hatte nicht zu Schiffe gehen wollen, weil er es für unerlaubt hielt, ins Meer zu spucken und durch andere menschliche Notdurft diesen Teil der Schöpfung zu beleidigen. Er brachte noch andere Magier mit und weihte ihn in die magischen Strafen ein; allein, obgleich er durch Nero wieder in den Besitz seines Reiches kam, so gelang letzterm die Erlernung jener Kunst doch nicht. Man kann sich daher sicher überzeugt halten, daß dieselbe schändlich, trügerisch und eitel ist, jedoch darin einen Schatten von Wahrheit hat, daß sie nicht magische Künste, sondern

[1] Nero bediente sich nämlich leichtfertiger Personen, um die Geheimnisse solcher Personen zu erfahren, welche er stürzen wollte.

Giftmischereien lehrt. Man möchte nun fragen, was alles die alten Magier gelogen haben, da dergleichen jetzt noch vorkommt? Ich weiß aus meinen Jünglingsjahren, daß der Grammatiker Apion behauptete, das Kraut Cynocephalia, welches in Ägypten Osyrites genannt wird, sei göttlich und helfe gegen alle Zauberei, wer es aber ganz aus der Erde ziehe, sterbe auf der Stelle; er habe auch Geister zitiert, die den Homer fragen sollten, woher dieser gebürtig und wer seine Eltern gewesen seien, getraute sich aber doch nicht auszusprechen, was für eine Antwort er bekommen hätte.

Urteil der Magier über die Maulwürfe.

Ein Hauptbeweis ihrer nichtigen Prahlerei ist wohl der, daß sie den *Maulwurf*, welchen doch die Vorsehung so offenbar vernachlässigte, daß sie ihn mit beständiger Blindheit schlug, in die Finsternis verbannte und gleich wie einen Begrabenen unter die Erde verwies – für das bewunderungswürdigste aller Tiere halten. Sie vertrauen auf keine andern Eingeweide so sehr als auf die des Maulwurfs, kein Tier eignet sich nach ihnen besser zum Götterdienste, ja sie versprechen dem, der dessen frisches noch schlagendes Herz verzehrt, glücklichen Ausgang der ihm gemachten Weissagungen und noch zu vollendender Geschäfte. Ein einem lebenden Maulwurfe ausgerissener Zahn soll angebunden das Zahnweh vertreiben. Was sonst noch von diesem Tiere angeführt wird, will ich an den geeigneten Orten melden. Am wahrscheinlichsten, wird man noch die Behauptung finden, daß der Maulwurf gegen die Bisse der Spitzmaus helfe, weil letzterer (wie schon oben gesagt) die durch Gleisen niedergedrückte Erde verderblich ist.

Mittel gegen Zahnschmerzen.

Übrigens vergehen (wie die Magier angeben) die *Zahnschmerzen*, wenn man die aus den vom Fleische befreiten Köpfen solcher Hunde, welche an der Wut gestorben sind, bereitete Asche mit Zyperöl in dasjenige Ohr bringt, an dessen Seite der schmerzende Zahn sitzt. Man reibt auch den schmerzenden Zahn ringsherum mit dem linken größten Zahne eines Hundes oder mit einem Knochen aus dem Rückgrat eines Drachen, ferner mit dem größten Zahne einer weißen männlichen Wasserschlange. Schmerzen die obern Zähne, so bindet man zwei obere Zähne dieser Schlange, und schmerzen die untern, zwei untere Zähne derselben an; mit ihrem Fette bestreichen sich die, welche Krokodile fangen wollen. Ferner reibt man die Zähne mit den Knochen aus der Stirn einer Eidechse, welche beim Vollmonde herausgenommen sind und die Erde noch nicht berührt haben. Mit Wein, welcher mit Hundszähnen zur Hälfte eingekocht ist, spült man den Mund aus. Die Asche dieser Zähne wird Kindern, welche spät zahnen, mit Honig gegeben; auch gebraucht man sie als Zahnpulver. In hohle Zähne steckt man die Asche von Mäusemist oder trockne Eidechsenleber; auch hält man das Zerbeißen oder Anbinden eines Schlangenherzens für wirksam. Um keine Zahnschmerzen zu bekommen, soll man zweimal im Monate eine

Maus essen. Öl, worin Regenwürmer gekocht sind, in dasjenige Ohr, an dessen Seite die schmerzenden Zähne sitzen, gegossen, verschafft Linderung. Steckt man die durch Verbrennen in einer Schale bereitete Asche der Regenwürmer in hohle Zähne, so fallen sie leicht aus, und legt man sie an gesunde schmerzende, so werden sie beruhigt. Man kocht auch die Regenwürmer mit Maulbeerbaumwurzeln in Meerzwiebelessig und spült mit diesem Absude den Mund aus. Der Wurm, welcher sich auf dem Kraute Labrum Veneris findet, wird mit sehr günstigem Erfolge in hohle Zähne gesteckt; berührt man mit demselben die Kohlraupen, so fallen sie ab. Die Blattläuse von der Malve steckt man mit Rosenöl in die Ohren. Die in den Fühlhörnern der Schnecken vorkommenden Sandkörner beruhigen sogleich schmerzende hohle Zähne, wenn man sie hineinsteckt. Die Asche der Schneckengehäuse wendet man mit Myrrhe für das Zahnfleisch an, die Asche einer mit Salz in einem Topfe verbrannten Schlange wird mit Rosenöl in das entgegengesetzte Ohr, die mit Öl und Fichtenharz erwärmte abgelegte Schlangenhaut in das eine oder andere Ohr gebracht; einige setzen noch Weihrauch und Rosenöl hinzu, auch soll diese Haut, wenn man sie in hohle Zähne steckt, bewirken, daß sie leicht ausfallen. Ich halte die Angabe, daß die weißen Schlangen erst beim Aufgange des Hundssterns ihre Haut ablegen, für falsch, denn man findet dieselben nirgends in Italien, und um so unwahrscheinlicher ist es, daß sie sich in wärmeren Ländern so spät häuten. Die Haut aber soll selbst alt mit Zusatz von Wachs die Zähne rasch entfernen. Auch ein angebundener Schlangenzahn lindert die Schmerzen. Einige behaupten, eine mit der linken Hand gefangene und mit Rosenöl zerriebene Spinne solle die

Schmerzen vertreiben, wenn man sie in dasjenige Ohr stecke, wo die Zähne sitzen. Wenn man mit einem hohlen Hühnerknochen, der in der Wand aufbewahrt worden und noch heil ist, den schmerzenden Zahn berührt, das Zahnfleisch reibt und dann den Knochen wegwirft, so soll der Schmerz auf der Stelle vergehen; ähnlich wirkt Rabenmist in Wolle aufgebunden oder Sperlingsmist mit Öl erwärmt und in das nächstliegende Ohr gegossen. Letzteres Mittel erregt zwar ein unerträgliches Jucken, ist aber noch immer eher auszuhalten als Einreibungen der Asche von mit jungen Reisern verbrannten jungen Sperlingen in Essig.

Mittel gegen Krankheiten des ganzen Körpers.

Ich wende mich nun wieder zu solchen *Übeln, welche den ganzen Körper befallen* können. Nach Angabe der Magier wird ein Haus vor allen Unfällen und Verhexungen bewahrt, wenn man es mit der Galle eines schwarzen Hundes durchräuchert, ferner wenn man die Wände mit Hundsblut bespritzt und das Geschlechtsglied dieses Tieres unter der Türschwelle vergräbt. Dies erscheint nicht auffallend, wenn man bedenkt, wie sehr die Magier den Ricinus, das widerwärtigste unter allen Tieren, preisen, welcher nach längerem Hungern so unersättlich im Fressen ist, daß nur der Tod ihm darin eine Schranke setzen kann; er soll schon sieben Tage lang ununterbrochen gefressen haben, aber auch schon nach kürzerer Zeit, wenn er gesättigt war, geborsten sein. Wenn er, aus dem linken Ohre eines Hundes genommen, angebunden werde, vertreibe er alle Schmerzen. Sie halten ihn

auch für einen Propheten der Lebensdauer; wenn nämlich jemand dieses Tier zu einem Kranken bringt, letztern, während er zu seinen Füßen steht, nach seinem
Befinden fragt und der Kranke die Frage beantwortet, so
soll die Genesung sicher erfolgen; antworte der Kranke
aber nicht, so werde er sterben. Übrigens müsse der
Ricinus aus dem linken Ohre eines total schwarzen
Hundes genommen sein. Nigidius schreibt, Hunde flö-
hen den ganzen Tag über den Anblick eines Menschen,
welcher ein solches Ungeziefer einem Schweine abgenommen habe. Ferner berichten die Magier, Wahnsin-
nige würden wieder vernünftig, wenn man sie mit Maul-
wurfsblut besprenge; diejenigen aber, welche von nächtlichen Göttern und Faunen gequält würden, könnten
sich davon befreien, wenn sie die Zunge, Augen, Galle
und Eingeweide eines Drachen in Wein und Öl kochten,
das Ganze über Nacht unter freiem Himmel abkühlen
ließen und sich morgens und abends damit einrieben.

Mittel gegen Epilepsie.

Gegen *Epilepsie* hilft Wollfett mit ein wenig Myrrhe
und zwei Bechern Wein versetzt, einer Haselnuß
groß nach dem Bade genommen, getrocknete und zerriebene Widderhoden zu einem halben Denar mit Wasser oder einer Hemina Eselsmilch, doch soll man sich
fünf Tage vor und nach der Kur des Weintrinkens enthalten. Andere innerlich wirksame Mittel sind Schafs-
blut, Galle besonders von Lämmern mit Honig, ein noch
saugender junger Hund, nach abgeschnittenen Kopf
und Füßen, mit Wein und Myrrhe, Schorf von einer

Mauleselin mit drei Bechern Sauerhonig, die Asche einer überseeischen Sterneidechse mit Essig, die Haut dieses Tieres, welche dasselbe ebenso ablegt wie die Schlangen, auch das mit einem Rohre ausgenommene und getrocknete Tier selbst in einem Tranke oder an einem hölzernen Spieße gebraten. Es ist der Mühe wert zu wissen, wie man sich der Haut dieses Tiers bemächtigt, wenn es dieselbe abstreift, weil es sie sonst verschlingt; auch soll es alle andern Tiere an neidischer List, dem Menschen gegenüber, übertreffen und daher der Name Sterneidechse zu einem Schimpfworte geworden sein. Man merkt sich nun seinen Aufenthaltsort im Sommer, welcher an den Bekleidungen der Türen und Fenster, an Gewölben und Grabstätten ist, und stellt zu Anfang des Frühlings aus gespaltenem Rohre geflochtene Käfige davor, deren enge Maschen ihm ganz gelegen kommen, weil es dadurch um so leichter seine steif gewordene (alte) Haut abstreifen kann. Nach Zurücklassung derselben kann es aber nicht wieder heraus. Diese Haut ist das geschätzteste Mittel gegen Epilepsie. Von Nutzen ist auch das getrocknete Gehirn eines Wiesels, dessen Leber, Hoden, weiblichen Geburtsteile oder getrockneter Magen mit Koriander, wie ich bereits gesagt habe; auch dessen Asche, ein wildes Wiesel aber ganz verspeist. Dieselbe Anwendung macht man von dem Frettchen, ferner von der grünen Eidechse, welche nach Entfernung der Beine und des Kopfes mit Gewürzen versetzt wird, um den Ekel zu benehmen. Schnekkenasche mit Zusatz von Lein- und Nesselsamen und Honig heilt die, welche sich damit einreiben. Noch besser ist es, sich einen Drachenschwanz in einem Stück Gazellenhaut mit Hirschriemen oder die kleinen Steine aus dem Leibe junger Schwalben auf den linken Oberarm zu binden; die alten Schwalben sollen nämlich ihren eben ausgeschlüpften Jungen einen kleinen Stein geben. Wenn man jemanden, der den ersten Anfall von Epilepsie bekommt, beim Beginne der Mahlzeit dasjenige Schwalben-Küchlein verspeisen läßt, welches zuerst ausgekrochen ist, so soll die Krankheit nicht wiederkehren. Hiernächst hilft auch das Blut der Schwalben mit Weihrauch oder ihr frisches Herz; ja man sagt, ein Stein aus ihrem Neste soll, aufgelegt, sogleich Linderung verschaffen und, angebunden, auf immer davor schützen. Weitere innerliche Mittel sind die Leber eines Falken, die abgestreifte Haut einer Schlange, die Leber eines Geiers, in dessen Blute verteilt und 21 Tage lang gebraucht; auch bindet man das Herz eines jungen Geiers an; andere aber empfehlen den Genuß eines ganzen Geiers, der sich an menschlichen Leichen satt gefressen habe. Einige lassen die Brust des Geiers in Form eines Trankes aus einem eichenen Becher nehmen; auch die getrockneten Hoden eines Hahns mit Wasser und Milch, doch dürfe man fünf Tage zuvor keinen Wein trinken. Manche verordnen auch 21 gestorbene Fliegen im Getränk, schwächeren Personen jedoch eine geringere Zahl.

Mittel gegen Gelbsucht.

G elbsucht heilt man mit Ohrenschmalz oder mit dem Schmiere am Euter der Schafe, wovon man ein Denar schwer mit ein wenig Myrrhe und zwei Bechern Wein versetzt; andere Mittel sind: die Asche eines Hundskopfs in Met, Tausendfüße in einer Hemina

Wein, Regenwürmer mit Myrrhe in Essigmet, Wein, der mit gereinigten gelben Hühnerfüßen digeriert worden ist, das Gehirn eines Rebhuhns oder Adlers in drei Bechern Wein, die Asche der Federn oder der Eingeweide von Tauben in Met zu drei Löffeln voll, die Asche der mir Reisig verbrannten Sperlinge in Wassermet zu zwei Löffeln voll. Es gibt einen Vogel, der seiner (gelben) Farbe wegen Icterus genannt wird; wenn ein Gelbsüchtiger denselben ansieht, soll er genesen, der Vogel hingegen sterben. Ich halte ihn für denselben, der bei uns den Namen Galgulus führt.

Mittel gegen weibliche Krankheiten.

Gegen *weibliche Krankheiten* helfen die Häute, worin die Schafe ihr Junges zur Welt bringen, wie ich bei den Ziegen erzählt habe, desgleichen Schafmist. Räuchern mit Heuschrecken hebt besonders bei den Weibern die Strangurie. Wenn eine Frau, nachdem sie schwanger geworden, zuweilen Hahnenhoden ißt, soll sie Knaben gebären. Einnehmen von Stachelschweinasche hält die Leibesfrucht in der Gebärmutter, Trinken von Hundemilch zeitigt sie, die Haut von der Nachgeburt der Hunde befördert die Entbindung, wenn sie die Erde noch nicht berührt hat. Die Lenden der Kreißenden stärkt das Trinken von Milch; in Regenwasser verteilter Mäusekot bewirkt, daß sich nach der Entbindung die Brüste mit Milch anfüllen. Weiber, welche sich mit einem Gemisch von Igelasche und Öl einreiben, abortieren nicht; sie gebären leichter, wenn sie vorher Gänsekot mit zwei Bechern Wasser oder das aus der Gebärmutter eines Wiesels durch das Geburtsglied fließende Wasser trinken. Auflegen von Regenwürmern stillt die Schmerzen in den Nerven des Nackens und der Schulterblätter; um die Nachgeburt auszutreiben, läßt man sie in Rosinenwein nehmen; für sich aufgelegt, zeitigen sie die Eitergeschwüre der Brüste, öffnen, entleeren und vernarben sie; in Met genommen, befördern sie die Sekretion der Milch. Die hie und da sich findenden kleinen Würmer halten die Frucht an, wenn man dieselben an den Hals bindet, doch muß man sie, wenn die Zeit des Gebärens eintritt, wieder abbinden, weil sie sonst hindernd wirken; auch ist dahin zu sehen, daß sie die Erde nicht berühren. Damit eine Frau empfange, gibt man ihr fünf bis sieben solcher Würmer in einem Tranke ein oder legt Schnecken mit Safran auf. Das Essen von Schnecken befördert die Entbindung; mit Stärkemehl und Traganth aufgelegt, hemmen sie die Blutflüsse. Ihr Genuß reinigt auch; setzt man noch Hirschmark, ein Denar schwer, auf *eine* Schnecke, und Zyperwurzel hinzu, so nimmt die verkehrt liegende Gebärmutter ihre natürliche Lage wieder ein. Aus den Gehäusen genommen und mit Rosenöl abgerieben, verteilen sie die Blähungen in der Gebärmutter; hierzu bedient man sich aber besonders der astypaläischen Schnecken. Eine andere Behandlung besteht darin, daß man den Unterleib erst mit Irissaft einreibt und dann mit einem Gemisch von zwei afrikanischen Schnecken, drei Fingern voll Foenum graecum und vier Löffeln voll Honig belegt. Die hier und da vorkommenden kleinen langen weißen Schnecken trocknet man auf Ziegelsteinen an der Sonne, stößt sie, vermengt sie mit gleichen Teilen Bohnenmehl und gebraucht dies Mittel zur Erlangung einer weißen und glatten Haut. Gegen das Jucken der Haut helfen die kleinen breiten Schnecken mit Polenta. Wenn eine Schwangere über eine Viper oder eine Amphisbaena, wenn diese auch tot ist, schreitet, abortiert sie; wenn sie aber ein solches Tier, sei es lebend oder tot, in einer Büchse bei sich trägt, so kann sie ohne Nachteil darüber hingehen, und wenn sie dasselbe, lebend oder tot, aufbewahrt, entbindet sie leichter. Merkwürdig ist, daß, wenn eine Schwangere über eine nicht aufbewahrte Schlange geschritten ist, es ihr doch nicht schadet, wenn sie gleich darauf über eine aufbewahrte hingeht. Räuchern mit alter Schlangenhaut befördert die Menstruation.

Mittel gegen die Sucht des Beischlafs.

Die *Sucht des Beischlafs vergeht* bei dem, welcher in seinem Harne eine Eidechse getötet hat; dieses Tier gehört nämlich bei den Magiern zu den Liebesmitteln. Dieselbe Wirkung besitzt Schnecken- und Taubenmist, mit Öl und Wein genommen. Bindet man Männern den rechten Lungenflügel eines Geiers in einer Kranichhaut an, so fühlen sie Reiz zum Beischlaf; desgleichen, wenn sie das Gelbe von fünf Taubeneiern nebst einem Denar Schweineschmalz mit Honig einnehmen, Sperlinge oder ihre Eier verzehren, den rechten Hoden eines Hahns in Widderfell an sich tragen. Einreibung mit einem Gemisch von Ibisasche, Gänsefett und Lilienöl nach der Empfängnis soll bewirken, daß die Leibesfrucht gehörig ausgetragen wird. Mittel gegen die Sucht des Beischlafs sind noch: Anbinden der mit Gänsefett eingeschmierten Hoden eines Streithahns in Widderfell, Unterlegen der Hoden irgendeines Hahns mit Hahnenblut unter das Bett. Haare, aus dem Schwanze einer angespannten Mauleselin gerissen, bewirken, daß Weiber selbst wider ihren Willen empfangen, wenn man sie während des Beischlafs zusammenbindet. Wer seinen Harn in den eines Hundes läßt, soll in Erfüllung der ehelichen Pflichten träge werden. Als etwas Wunderbares (ob auch Wahres?) gibt man an, daß die Asche einer Sterneidechse in Leinwand gewickelt und in der linken Hand gehalten, zum Beischlaf reize, dagegen in der rechten Hand gehalten, die entgegengesetzte Wirkung ausübe. Weiber werden geil, wenn man ihnen Flockwolle, welche mit Fledermausblut getränkt ist, unter den Kopf legt oder eine Ganszunge zu essen gibt.

VON DER HEILWIRKUNG
DES WASSERS.

Wunderbare Dinge vom Wasser.

Es folgen nun die heilenden Wirkungen des *Wassers*, denn die Vorsehung ist auch in dieser Beziehung nicht lässig gewesen, sondern sie hat in die Wogen, Brandungen und reißenden Ströme unendliche Kräfte niedergelegt; ja wir müssen, in Erwägung der Herrschaft dieses Elements über alle andern, bekennen, daß ihre Macht sich nirgends größer zeigt. Das Wasser verschlingt die Erde, verlöscht das Feuer, steigt in die Höhe, maßt sich selbst den Himmel als Wohnsitz an und bildet Wolken, welche dem Menschen das Leben rauben, obwohl der gemeine Mann über die Ursache des Blitzes noch nicht recht im klaren ist. Was kann wohl wunderbarer sein, als daß Wasser am Himmel steht? Aber, gleichsam, als wenn es noch zu geringfügig wäre, zu solcher Höhe emporzusteigen, reißen die Gewässer noch Fische, ja selbst Steine mit sich dahin und entschwinden mit fremdartigen Lasten. Fällt das Wasser dann wieder nieder, so wird es die Ursache alles Wachstums auf der Erde; abermals ein bewunderungswürdiger Umstand, wenn man bedenkt, daß, um Feldfrüchte zu erzeugen, Bäume und Sträucher zu erhalten, Wasser zum Himmel hinwandert und sogar von daher den Pflanzen die Lebenskraft mitbringt; hieran müssen wir aber mit Recht erkennen, daß alle Kräfte der Erde vom

272

Wasser ausgehen. Daher will ich vor allem einige Beispiele der großen Macht desselben mitteilen, denn, alle aufzuzählen, wer wäre dies wohl im Stande?

Verschiedenheiten des Wassers.

Das Wasser quillt in den meisten Ländern an verschiedenen Orten zum Wohle des Menschen und der übrigen Geschöpfe hervor, und zwar bald kalt, bald heiß, bald beides zusammen wie bei den Tarbellern, einem aquitanischen Volke, und in den Pyrenäen, wo die ungleiche Temperatur zeigenden Quellen nur durch einen kleinen Zwischenraum voneinander geschieden sind; bald ist es nur warm oder lau, besitzt heilende Kräfte in verschiedenen Krankheiten und bricht in diesem Falle nur des Menschen wegen hervor. Es vermehrt die Zahl der Götter mit verschiedenen Namen, ist die Ursache der Gründung mehrerer Städte, wie Puteoli in Campanien, Statyellae in Ligurien, Sextiae in der narbonensischen Provinz; aber nirgends findet man es reichlicher und von mannigfacherer Wirkungsweise als im Meerbusen von Bajae, denn es gibt dort Schwefel-, Alaun-, Salz-, Natron-, bituminöses Wasser, wieder anderes, was gleichzeitig sauer und salzig ist, manches wirkt auch durch die davon aufsteigenden warmen Dämpfe, und die Kraft der letztern ist so groß, daß sie Bäder erwärmen, kaltes Wasser in Badewannen siedend machen, die man im Bajanischen nach einem Freigelassenen des Kaisers Claudius die posidianischen Badwannen nennt. Selbst Gemüse kann man vermittels desselben garkochen. Das Mineralbad, welches Licinius Crassus gehörte, dampft aus dem Meere selbst hervor, und so sehen wir mitten in den Fluten etwas für die Gesundheit Heilsames entstehen.

Von der Heilsamkeit des Wassers.

Die Meinungen der Ärzte, welches Wasser das nützlichste sei, stimmen nicht miteinander überein. Mit Recht verwerfen sie das stillstehende und faule und ziehen das fließende vor, denn durch die Bewegung und das Zusammenrütteln wird es verdünnt und verbessert; um so mehr wundere ich mich, daß einige glauben, das Wasser der Zisternen habe die vorzüglichsten Eigenschaften. Als Grund dieser Ansicht führen sie an, das Regenwasser sei das leichteste von allen, weil es hätte aufsteigen und in der Luft schweben können. Sie ziehen sogar den Schnee dem Regenwasser und selbst das Eis dem Schnee vor, weil darin die Teilchen aufs zarteste verbunden seien, denn der Schnee sei leichter, das Eis aber noch weit leichter als das Wasser. Es verlohnt sich wohl der Mühe, diese Ansicht zu widerlegen. Vor allem läßt sich jene Leichtigkeit kaum anders als durch die Sinne begreifen; nun sind aber die Wässer[1] durch keine merkliche Gewichtsdifferenz untereinander verschieden. Ferner liegt darin, daß das Regenwasser in die Luft gestiegen ist, kein Beweis seiner größern Leichtigkeit, denn man weiß ja, daß jenes beim Niederfallen mit den Ausdünstungen der Erde vermischt wird. Daher kommt es denn auch, daß das Regenwasser viel Schmutz mit

[1] D. h. gleiche Raumteile derselben.

sich führt und eben darum am schnellsten erwärmt werden kann. Ich erstaune, wie man Schnee und Eis als die subtilste und beste Art dieses Elements ansehen kann, da der Hagel als Gegenbeweis dienen kann, von dem man weiß, daß ein daraus bereiteter Trank äußerst schädlich wirkt. Dagegen gibt es aber auch nicht wenig Ärzte, welche die aus Eis und Schnee bereiteten Getränke für sehr ungesund halten, weil das darin ursprünglich befindliche zarte Wesen nun ausgetrieben sei. Soviel ist wenigstens Erfahrungssache, daß jede Flüssigkeit durch Frieren verringert wird, daß allzu häufiger Tau Krätze, Reif Brennen auf der Haut erzeugt, und die Bildung des Schnees beruht ja auf ähnlichen Ursachen. Auch darin, daß das Regenwasser am schnellsten fault und auf Seereisen sich nur kurze Zeit hält, stimmt man überein. Epigenes aber behauptet, Wasser, welches siebenmal gefault und gereinigt sei, faule fernerhin nicht mehr. Viele Ärzte gestehen auch, daß das Zisternenwasser nichts taugt, im Unterleibe und Halse Erhärtungen erzeugt; sie müssen ferner zugeben, daß in keinem Wasser mehr Schlamm und Tiere, was alles Ekel verursacht, zu finden sind. Aber selbst das Wasser der Flüsse und jedes Gießbaches ist nicht ohne weiteres das beste, dagegen enthalten die meisten Seen sehr kräftiges Wasser, und zwar findet man es bald dort, bald da am anwendbarsten. Die Könige der Parther trinken nur aus dem Choaps und Eulaeus und führen es aus diesem Grunde selbst auf ihren weitesten Reisen mit sich; auch ziehen sie dieses Wasser nicht etwa bloß deshalb vor, weil es aus Flüssen kommt, denn sie trinken weder aus dem Tigris noch Euphrat, noch aus einem andern Flusse.

Schlamm ist eine *Verunreinigung des Wassers;* wenn sich aber in solchem Wasser viele Aale befinden, hält man es für gesund, sowie es für einen Beweis von Kälte eines Wassers gilt, wenn Würmer darin sind. Vorzüglich aber verwirft man das bittere und das, welches gleich, nachdem es getrunken ist, sättigt, wie z. B. das zu Troezene. Das alkalische und säuerlich salzige Wasser machen die durch die Wüsten nach dem roten Meere Reisenden durch Zusatz von Polenta innerhalb zwei Stunden trinkbar, und die Polenta verzehren sie auch noch. Ferner verwirft man das Quellwasser, welches Kot absetzt und den dasselbe Trinkenden eine schlechte Farbe erteilt; auch hat man bei der Beurteilung des Wassers zu berücksichtigen, ob es die kupfernen Gefäße angreift, Hülsenfrüchte langsam garkocht, beim behutsamen Abgießen einen erdigen Rückstand hinterläßt oder beim Kochen die Gefäße mit dicken Krusten überzieht. Auch soll es nicht nur nicht übel, sondern überhaupt nach nichts schmecken, obgleich man zugeben muß, daß der Geschmack eher ein milder und angenehmer zu nennen ist und nicht selten dem der Milch nahe kommt. Gesundes Wasser muß der Luft am ähnlichsten sein.[1] Eine einzige Quelle auf der ganzen Erde, nämlich zu Chabura in Mesopotamien, soll wohlriechendes Wasser enthalten; der Grund zu diesem Märchen ist, weil Juno damit begossen sei. Übrigens darf gesundes Wasser nicht nur keinen Geschmack, sondern auch keinen Geruch haben.

---

[1] D. h. in seiner Farb- und Geschmacklosigkeit.

Von der Güte des Wassers.

Einige beurteilen die *Güte des Wassers* mit Hilfe der Waage, was aber eine nutzlose Mühe ist, denn es trifft sich sehr selten, das eins eine größere Leichtigkeit besitzt als ein anderes. Zuverlässiger urteilt man, wenn man unter mehreren Arten das für das beste hält, welches heißgemacht am schnellsten wieder erkaltet. Ja, wenn man es mit Gefäßen schöpft, ohne daß die Hände daran hängenbleiben, und die Gefäße auf die Erde setzt, soll es lauwarm werden. Welches möchte nun wohl das beste sein? Ohne Zweifel das aus den Brunnen, wie ich in den Städten bestätigt finde, aber nur aus denen, welche fleißig benutzt werden, weil nur auf solche Weise das durch die Erde geseihte Wasser jene Dünne beibehält. Damit sie gesundes Wasser liefern, hat man noch dahin zu sehen, daß sie kühl, schattig und an offener Luft liegen, vor allem aber, daß der stete Zufluß des Wassers nicht von den Seiten her, sondern von unten herauf erfolgt. Daß das Wasser beim Anfühlen kalt erscheint, läßt sich auch durch die Kunst erreichen, z. B. dadurch, daß man es in die Höhe treibt oder hoch heruntergießt, weil es dabei Luft aufnimmt. Schwimmenden erscheint das Wasser kälter, wenn sie den Atem an sich halten. Wasser zu kochen und dann durch Einsetzen des damit gefüllten Glases in den Schnee abzukühlen hat der Kaiser Nero erfunden; dies Verfahren verschafft die Vorteile des kalten Wassers ohne die Nachteile des Schnees. Man stimmt darin überein, daß alles Wasser durchs Kochen verbessert werden kann, und eine scharfsinnige Beobachtung hat gelehrt, daß solches, welches einmal erwärmt war, schneller erkaltet als anderes. Verdorbenes Wasser braucht man nur zur

277

Hälfte einzukochen, um es wieder anwendbar zu machen. Durch Aufgießen von kaltem Wasser stillt man das Blut. Man fühlt die Hitze in den Bädern weniger, wenn man kaltes Wasser im Munde hält. Viele Menschen wissen aus täglicher Erfahrung, daß Wasser, welches beim Trinken sehr kalt erscheint, es nicht allemal beim Anfühlen ist und umgekehrt.

Von der Aqua Marcia.

Das berühmteste Wasser auf der ganzen Erde, dem, nach dem Urteile Roms, wegen seiner Kälte und gesunden Beschaffenheit die Palme gebührt, ist das *marcische,* und wir müssen hierin einen neuen Beweis des Wohlwollens der Götter gegen unsere Stadt erkennen. Früher hieß es das aufejische, die Quelle selbst aber Pitonia. Es entspringt in den entferntesten Bergen der Peligner, geht durch das Land der Marser, den fucinischen See und eilt offenbar nach Rom; sodann verschwindet es in einem Abgrunde, kommt im Tiburtinischen wieder zum Vorschein und wird von da auf eine Strecke von 9000 Schritten durch künstliche Bogen weitergeleitet. Der erste, welcher es der Stadt zuführte, war der König Ancus Marcius, später machte sich der Prätor Q. Marcius Rex dabei verdient, und aufs neue stellte M. Agrippa die Leitung wieder her.

Von der Leitung des Wassers.

Die *Leitung des Wassers* von seiner Quelle an geschieht am besten in irdenen, zwei Zoll dicken Röhren, welche so ineinandergefügt werden, daß die obere in der nächstuntern steckt und zur Erreichung eines vollkommenen Schlusses mit einer Mischung von gebranntem Kalk und Öl bestrichen sind. Das Gefälle des Wassers muß auf eine Strecke von hundert Fuß wenigstens ¼ Zoll betragen; tritt es in einen unterirdischen Gang, so müssen in Entfernungen von je zwei Actus Lichtlöcher angebracht werden. Die Röhren, durch welche es in die Höhe steigen soll, müssen von Blei sein; es steigt aber ebenso hoch, als die Stelle liegt, wo es entsprungen war. Hat es einen weiten Weg zu machen, so muß es öfter steigen und fallen, damit das nötige Gefälle erreicht wird. Die beste Länge für die Röhren ist 10 Fuß; sind ihrer fünf, sollen sie 60 Pfund, sind ihrer acht, 100 Pfund, sind ihrer zehn, 120 Pfund wiegen, und so im Verhältnis fort. Eine Röhre heißt zehnzöllig, wenn die Platte, aus der sie geformt werden soll, zehn Zoll breit, und fünfzöllig, wenn die Platte fünf Zoll breit ist. Bei einer Krümmung an einem Hügel, wo die Macht des andringenden Wassers gebrochen werden soll, legt man je nach Erfordernis nur fünfzöllige Röhren oder bringt Brunnenkasten an.

Wie man die Mineralwässer gebrauchen soll.

Es wundert mich, daß Homer der warmen Quellen gar nicht gedenkt, da er doch so oft vom Waschen mit warmem Wasser spricht; vielleicht liegt der Grund darin, daß dieser Zweig der Medizin, nämlich die *arzneiliche Anwendung der Mineralwässer,* damals noch nicht existierte. Die schwefligen Wässer zeigen sich aber heilsam bei Nervenleiden, die alaunhaltigen bei Lähmungen und ähnlichen Zuständen von Erschlaffung; die bituminösen oder alkalischen, wie z. B. das cutilische, trinkt man zur Reinigung. Die meisten Menschen rühmen sich, die Hitze solcher Wässer mehrere Stunden lang ertragen zu können, ohne zu bedenken, wie höchst schädlich dies ist; zwar muß man etwas länger darin ausharren als in gewöhnlichen Bädern, aber hernach kaltes Wasser nebst Öl anwenden, was jedoch der gemeine Mann für überflüssig hält, weshalb er auch mehr Schaden als Nutzen von der Kur hat, denn der Kopf wird von dem starken Geruche angegriffen, und die schwitzenden Glieder leiden durch Erkältung, während der übrige Teil des Körpers im Wasser steckt. In einem ähnlichen Irrtum befinden sich die, welche mit reichlichem Trinken der Mineralwasser prahlen. Ich habe Leute gesehen, die dadurch so aufgedunsen waren, daß man ihnen Ringe um den Leib legen mußte, weil sie sonst das viele Wasser nicht wieder hätten von sich geben können. Überhaupt aber soll man beim Trinken von Mineralwasser öfters Salz zu sich nehmen. Auch bedient man sich mit Nutzen des Schlammes aus den Quellen selbst, dergestalt, daß man ihn aufstreicht und an der Sonne trocknen läßt. Man darf aber nicht glauben, daß alle warmen Wässer auch heilsam sind, wie z. B. das zu Segesta in Sizilien, in Larissa, Troas, Magnesia, Melos und Lipara. Auch ist die blasse Kupferoder Silberfarbe des Wassers kein Beweis seiner Heilkraft, wie viele meinen, da man in den patavinischen

Quellen nichts Derartiges, nicht einmal einen Unterschied im Geruche wahrnimmt.

Vom Gebrauche des Meerwassers.
Was uns die Schiffahrt nützt.

Dasselbe Heilverfahren findet auch Anwendung auf das *Meerwasser*, welches zur Vertreibung von Nervenschmerzen, zur Heilung von Knochenbrüchen und Quetschungen und zur Austrocknung des Körpers erwärmt wird; doch gebraucht man es für den letztgenannten Zweck auch kalt. Außerdem hat es noch vielen andern Nutzen, namentlich werden schwindsüchtige oder Blut auswerfende Personen durch *Seereisen* kuriert; auf diese Weise wurde, wie ich mich erinnere, noch vor kurzem Annaeus Gallio nach der Führung seines Konsulats geheilt. Man reist nicht nach Ägypten des Landes, sondern der langen Seefahrt wegen. Ja selbst das durch das Schwanken des Schiffes hervorgerufene Erbrechen heilt viele Krankheiten des Kopfs, der Augen, Brust und alle andere, für welche man den Elleborus einnimmt. Auch halten die Ärzte das Seewasser an sich für kräftiger zur Verteilung der Geschwulste und, mit Gerstenmehl gekocht, zur Heilung der Ohrengeschwüre. Sie setzen es ferner den Pflastern, namentlich den weißen, und den Salben zu, gießen es auch mit Erfolg in einem Strahle auf den Leib. Getrunken wird es, jedoch nicht ohne Nachteil für den Magen, um den Leib zu reinigen, die schwarze Galle oder geronnenes Blut nach oben oder unten zu entfernen. Einige verordnen es innerlich gegen das viertägige Fieber, ferner alt gegen Stuhlzwang und

Gliederkrankheiten, da es durch Stehen seine nachteiligen Eigenschaften verliert. Andere geben es abgesotten, alle aber nur das aus der Tiefe geschöpfte und durch keine Beimischung von süßem Wasser verdorbene, und lassen zuvor ein Brechmittel nehmen; alsdann reichen sie auch wohl eine Mischung von Seewasser, Essig und Wein. Diejenigen, welche es unvermischt verordnen, lassen Rettig mit Essigmet hinterher essen, um noch einmal Brechen zu erregen. Auch den Klistieren setzt man erwärmtes Seewasser zu. Sehr geschätzt wird es zum Bähen geschwollener Hoden, bei Frostbeulen, ehe dieselben in Geschwüre übergegangen sind, bei Hautjucken, Krätze und Flechten. Nissen und Ungeziefer auf dem Kopfe werden dadurch vertrieben und blaue Flekken wieder zu ihrer natürlichen Farbe gebracht; in allen diesen Fällen ist es aber gut, später Umschläge von warmem Essig zu machen. Ja selbst gegen Stiche giftiger Tiere, wie der Erdspinnen und Skorpione, sowie gegen den Geifer der kleinen Giftschlangen soll es helfen, wenn man es zuvor erwärmt. Gegen Kopfschmerzen wendet man den aus einer heißen Mischung von Seewasser und Essig aufsteigenden Dampf an. Warm den Klistieren zugesetzt, vertreibt es Bauchgrimmen und Cholera. Wer sich mit Meerwasser erwärmt hat, erkältet sich nicht so leicht. Verhärtung der Brüste, Herzbeklemmung und Magerkeit werden durch Baden in Meerwasser, Schwerhörigkeit und Kopfweh durch den aus einer heißen Mischung von Seewasser und Essig aufsteigenden Dampf behoben. Es befreit das Eisen schnell vom Roste, heilt auch die Räude der Schafe und macht die Wolle weich.

VON GOLD UND EISEN.

Von den Metallen.

Ich will nun von den *Metallen,* den Schätzen (der Erde) selbst und dem materiellen Werte der Dinge reden, denn der Mensch ist auf vielerlei Weise bemüht, das Innere der Erde zu durchforschen; hier nämlich gräbt er nach Reichtümern, Gold, Silber, Elektrum und Erz, dort sucht er Edelsteine zum Schmuck und farbige Zieraten für Wände und Finger, dort Eisen für seine Keckheit, und dieses letztere Metall wird bei Krieg und Mord sogar dem Golde vorgezogen. Wir verfolgen alle ihre Adern, wohnen auf einer ausgehöhlten Erde und wundern uns noch, daß sie zuweilen voneinanderspaltet und erzittert, wie wenn dergleichen Ereignisse etwas anderes wären als der Ausdruck des Unwillens der heiligen Mutter über unser Treiben. Wir steigen in ihr Inneres und spüren bei den Wohnsitzen der Verstorbenen nach Schätzen, als ob sie da, wo wir sie mit den Füßen berühren, nicht gütig, nicht fruchtbar genug wäre. Und diese Sucht ist am allerwenigsten von dem Wunsche, Arzneimittel zu sammeln, begleitet, denn der wievielte Mensch gräbt wohl um derentwillen? Doch auch diese Mittel spendet sie auf ihrer Oberfläche in reichlichem Maße, und alle heilsamen Dinge können wir uns leicht von ihr verschaffen. Jene Gegenstände aber, welche sie verborgen und in ihr Inneres versenkt hat, welche nicht jählings emporwachsen, drücken uns nieder und bringen uns zur Unterwelt. Möge der menschliche Geist, nach oben gerichtet, bedenken, welches Ende bevorsteht, wenn nach Jahrhunderten die Erde erschöpft ist, und wohin die Habsucht noch führen wird. Wie unschuldig, glückselig, ja wie prächtig wäre das Leben, wenn wir nichts anderes, als was über der Erde, kurz nichts, als was um uns ist, begehrten.

Vom Golde.

D icht neben dem *Golde* gräbt man die Chrysocolla[1] aus, eine Materie, welche, nur damit sie um so kostbarer scheine, nach dem Golde benannt worden ist. Man begnügte sich nicht damit, *eine* Pest für den Menschen entdeckt zu haben, sondern verlieh auch noch dem Abschaume des Goldes einen hohen Wert. Die Habsucht trieb zum Aufsuchen von Silber, zeigte sich inzwischen auch zufrieden mit der Entdeckung des Minium[2], denn sie wußte diese rote Erde brauchbar zu machen. O wunderbare Talente der Menschen! Auf wie mannigfache Weise habt Ihr den Wert der Dinge vermehrt? Zum Golde und Silber, die wir durch das Bearbeiten teurer gemacht haben, kam noch die Malerkunst, welche uns in den Stand setzte, die Natur zum Wettstreite herauszufordern. Auch die Reizungen der Laster haben die Kunst herausgefordert, denn es beliebte, auf Bechern unzüchtige Bilder anzubringen und aus solchen obszönen Geschirren zu trinken. Später kam man hiervon ab, man verachtete dergleichen, denn man hatte des

[1] XXXIII. Buch, 26. Kap.
[2] Siehe im XXXIII. Buch, 36. Kap.

Goldes und Silbers zuviel; dafür grub man aus eben derselben Erde murrhinische und kristallene Gefäße, denen die Zerbrechlichkeit selbst den Wert verlieh. Man meinte, es sei ein Beweis von Reichtum, und darin liege der wahre Ruhm des Luxus, wenn man etwas besäße, was sogleich gänzlich zu Grunde gehen könne. Aber auch das genügte noch nicht; wir trinken aus angehäuften Edelsteinen, setzen Becher aus Smaragden zusammen, der Trinkgelage wegen freuen wir uns, die Schätze Indiens zu besitzen, und das Gold dient jetzt nur als Zusatz.

Welches seine erste Empfehlung ist.

Wollte der Himmel, daß das *Gold* aus dem Leben gänzlich verbannt werden könnte, dieser Gegenstand eines verfluchten Hungers, wie es die berühmtesten Schriftsteller bezeichnet haben, diese von den vortrefflichsten Männern mit Schimpfworten überhäufte und zum Verderben der Menschheit entdeckte Materie; denn um wie vieles glücklicher war jene Zeit, wo man nur einen Tauschhandel trieb, wie z. B., nach dem Zeugnisse Homers, um die Periode des trojanischen Krieges. Ich glaube nämlich, daß der Handel ursprünglich nur zum Zwecke des Lebensunterhalts entstanden ist. Der genannte Dichter erzählt, einige hätten sich die Nahrungsmittel für Ochsenhäute, andere für Eisen und erbeutete Sachen erworben, doch ist er auch ein Bewunderer des Goldes und drückt die Schätzung der Dinge auf die Weise aus, daß er sagt, die goldenen Waffen des Glaucus seien für 100 Ochsen, die Waffen des Diomedes für 9 Ochsen eingetauscht worden. Daher besteht auch in vielen alten, selbst römischen Gesetzen die Strafe in Vieh.

Vom Ursprunge der goldenen Ringe.

Das größte Verbrechen beging der, welcher zuerst einen *goldenen Ring* an die Finger steckte; sein Name ist auch unbekannt geblieben, denn alles was man vom Prometheus erzählt, halte ich für Fabel; die Alten berichten nämlich, er habe einen eisernen Ring getragen, jedoch nicht als Zierat, sondern als Fessel. Wer möchte nun nicht die Geschichte von dem Ringe des Midas, welcher den Besitzer, wenn er ihn umdrehte, unsichtbar machte, für noch märchenhafter halten? Man hat der Hand und besonders der linken durch Gold das größte Ansehn verschafft, jedoch nicht bei den Römern, denn ihre Ringe waren von Eisen und ein Ehrenzeichen für im Kriege bewiesene Tapferkeit. Über die römischen Könige läßt sich in dieser Beziehung nur schwierig ein Urteil aufstellen. Die Bildsäule des Romulus auf dem Kapitol hat keinen Ring, alle übrigen, mit Ausnahme der des Numa und Servius Tullius, ebenfalls nicht, und nicht einmal die des L. Brutus. Am meisten wundert mich dies von den Tarquiniern, weil sie aus Griechenland stammen, von wo die Sitte, Ringe zu tragen, ausgegangen ist; doch muß ich sogleich beifügen, daß die Lacedämonier noch jetzt eiserne Ringe tragen.

Von dem Rechte, goldene Ringe zu tragen.

In Rom hatte man lange Zeit hindurch nur sehr wenig *Gold;* wenigstens konnte man nach der Eroberung der Stadt durch die Gallier, um den Frieden zu erkaufen, nicht mehr als tausend Pfund davon aufbringen. Allerdings ist mir wohl bekannt, daß während des Pompejus drittem Konsulate 2000 Pfund Gold unter dem Fußgestelle des Jupiter Capitolinus wegkamen, welche Camillus daselbst versteckt hatte, daher denn viele glauben, diese 2000 Pfund seien damals durch Sammlung zusammengekommen. Allein, was dazukam, war die den Galliern abgenommene Beute, welche diese in einem Teile der eroberten Stadt aus den Tempeln geraubt hatten. Daß aber die Gallier mit Gold geschmückt zu streiten pflegten, bewies uns Torquatus.[1] Es erhellt daher, daß das Gold der Gallier und Tempel zusammengenommen jene Summe betrug, und die Richtigkeit dieser Tatsache liegt auch in der Weissagung, der capitolinische Gott hätte das Geld doppelt zurückerstattet. Beiläufig will ich auch nicht unerwähnt lassen, weil gerade von Ringen die Rede ist, daß ein zum Schutze jenes Goldes angestellter Tempelhüter, welcher beim Diebstahle ergriffen wurde, dadurch, daß ein an einem Ringe befindlicher Edelstein in seinem Munde zersprang, augenblicklich starb, weshalb weitere Nachforschungen unterbleiben mußten. Während also bei der Einnahme Roms im 364. Jahre, als bereits 152573 freie Leute einregi-

---

[1] Derselbe erschlug nämlich (361 v. Chr.) einen Gallier im Zweikampf, nahm ihm eine goldene Halskette (torques) ab und erhielt davon jenen Beinamen. Sein eigentlicher Name war Titus Manlius Imperiosus.

striert waren, höchstens 2000 Pfund Gold sich daselbst befanden, betrug 307 Jahre später die Goldmenge schon so viel, daß der jüngere C. Marius bei einer Feuersbrunst 14 000 Pfund aus dem Kapitol und den übrigen Tempeln nach Praeneste bringen konnte, welche später Sulla unter denselben Wertangaben nebst 6000 Pfund Silber im Triumphe zurückführte. Ebenderselbe Sulla hatte tags zuvor von allen seinen übrigen Siegen 15 000 Pfund Gold und 115 000 Pfund Silber mitgebracht.

Von den Decurien der Richter.

Die Ringe unterschieden, sobald sie einmal häufiger wurden, den zweiten Stand von dem gemeinen Volke, sowie nach den Ringen die Tunica nur den Senat, jedoch dies auch nur erst ziemlich spät; ich finde, daß auch die Herolde eine purpurverbrämte Tunica trugen, wie z. B. der Vater des Lucius Aelius Stilo, der deshalb den Beinamen Praeconinus führte. Die Ringe haben aber den zweiten und dritten Stand zwischen das Volk und den Senat eingeschaltet, und während sie früher nach ihren Kriegspferden benannt wurden, gibt ihnen jetzt das Geld[1] den Rang. Diese Einrichtung besteht aber nicht sehr lange. Als der Kaiser Augustus die Decurien[2] ins Leben rief, trugen die meisten Richter nur eiserne Ringe, und sie wurden nicht Ritter, sondern Richter genannt; den Namen Ritter behielt man nur bei den Schwadronen[3] der öffentlichen Reiterei bei. Richter

[1] Wer Ritter werden wollte, mußte 400 000 Sesterzen zahlen.
[2] Abteilung von 10 Personen.
[3] turmae, Abteilung von 30 Reitern.

gab es anfangs nicht mehr als vier Decurien, und ihre Zahl ist kaum auf tausend herangewachsen, denn auf die eroberten Provinzen dehnte man diese Einrichtung nicht aus, und so hält man es auch noch heutigen Tages, damit kein neuer Bürger dort das Richteramt üben könne. Auch hat man die Decurien selbst durch zahlreiche Namen unterschieden, z. B. Decurien der Löhnungstribunen, der Auserwählten, der Richter. Außerdem gab es noch die sogenannten Neunhundert, welche aus allen gewählt wurden und die zur Aufnahme der Wahlzettel bestimmten Kästen bei den Volksversammlungen bewachen mußten. Und dieser so zerteilte Stand bildete sich gleichfalls nicht wenig auf die beigelegten Namen ein, denn der eine nannte sich einen Neunhunderten, der andere einen Auserwählten, der dritte einen Tribun usw.

Vom Ritterstande.

Erst im neunten Jahre der Regierung des Tiberius, unter den Consuln C. Asinius Pollio und C. Antistius Vetus, im 775. Jahre nach Erbauung Roms, gelangte der *Ritterstand* zur Einigkeit und wählte als äußeres Abzeichen die Ringe, aber der Anlaß dazu war bemerkenswerterweise ein fast läppischer (unwürdiger). Als nämlich C. Sulpicius Galba, der noch im jugendlichen Alter bei einem der ersten Speisewirte Dienste genommen und allerlei Unannehmlichkeiten zu erdulden hatte, sich beim Senate beklagte, daß Leute, die sich solche Vexationen erlaubten, meistens durch ihre Ringe geschützt würden, wurde beschlossen, niemand hätte zu solcher Oberherrschaft ein Recht als der, welcher selbst, dessen Vater und Großvater väterlicher Seite frei geboren sei, ein Vermögen von 400 000 Sesterzen besäße und nach dem julischen Theatergesetze in der vierzehnten Logenreihe seinen Sitz habe. Es dauerte nun nicht lange, daß man scharenweise sich beeiferte, diese Bedingungen zu erfüllen, um der davon abhängigen Auszeichnung teilhaftig zu werden. Aus diesem Grunde fügte der Prinz Cajus noch eine fünfte Decurie hinzu, und der Hochmut stieg so sehr, daß die Decurien, welche unter der Regierung des Kaisers Augustus nicht vollzählig gemacht werden konnten, den Ritterstand nicht mehr zu fassen vermochten; selbst Leute, welche eben aus der Sklaverei entlassen waren, drängten sich dazu, was früher niemals vorgekommen, denn man erkannte die Ritter und Richter an ihrem eisernen Ringe, und zuletzt griff diese Sucht so allgemein um sich, daß beim Kaiser Claudius während seines Zensoramts 400 Personen von dem Ritter Flavius Proculus deshalb angeklagt wurden. So trennt sich dieser Stand von den Freigeborenen und macht mit den Sklaven gemeinschaftliche Sache. Unter dem Namen Richter versuchten zuerst die Gracchen, um sich durch Zwietracht zum Nachteile des Senats beim Volke in Gunst zu setzen, jenen Stand abzusondern; diese Demonstration wurde aber bald unterdrückt, das Ansehn des Namens erhielt sich im Verlaufe verschiedener Aufstände abwechselnden Ausganges bei den Generalpächtern, und eine Zeitlang bestand die Zahl der Mitglieder zum dritten Teile aus jenen Pächtern. M. Cicero befestigte endlich während seines Konsulats, zur Zeit der Verschwörung des Catilina, den Namen Ritter dadurch, daß er sich rühmte, aus diesem Stande entsprossen zu sein, und auf die populärste Weise bemüht war, dessen Ansehn zu heben. Seitdem repräsentiert der Ritterstand den dritten Körper im Staate, während die andern beiden der Senat und das römische Volk sind, wird aber, weil er der jüngst entstandene ist, auch noch jetzt dem Volke nachgesetzt.

Vom übrigen Gebrauche des Goldes bei den Frauen.

Zur Ehre der Götter machte man bei den Opfern keinen andern *Gebrauch vom Golde*, als daß man den Opfertieren, aber nur den größeren, die Hörner vergoldete. Dagegen stieg dieser Luxus im Kriegswesen so hoch, daß, wie die in den philippischen Feldern vorgefundenen Briefe des M. Brutus voll Unwillen berichten, die Feldobersten goldene Spangen trugen. Aber ach, du Brutus hast verschwiegen, daß die *Weiber* Gold an den Füßen tragen. Dieses Lasters beschuldigen wir nicht den, der zuerst dem Golde durch die Ringe Ansehn verlieh, denn die Männer tragen schon lange Gold an den Oberarmen, welche Sitte von den Dardanern herstammt, daher auch ein solcher Schmuck ein dardanischer genannt wird. Die keltischen Armbänder heißen Viriolae, die keltiberischen Viriae. Mögen die Weiber das Gold an Armbändern, an allen Fingern, am Halse, in den Ohren und an Kinnladen haben, mögen die Ketten rund um ihren Leib gehen und eingefaßte Perlenlasten an goldenen Schnüren vom Halse mächtiger Frauen herabhängen, damit sie auch im Schlafe dieses Prunks bewußt bleiben; ist es aber wohl zu entschuldigen, wenn es auch an den Füßen sitzt und zwischen der

Stola[1] und dem Volke einen mittleren weiblichen Ritterstand schafft? Wir Männer überlassen dergleichen Tand
schicklicher den Erziehungsanstalten und richten die
Aufmerksamkeit der Gäste in den öffentlichen Bädern
nur auf die reiche Kleidung der Kinder. Doch es fangen
auch jetzt schon die Männer an, den Harpocrates[2] und
andere ägyptische Gottheiten an den Fingern zu tragen.
Während der Regierung des Kaisers Claudius entstand
noch der übermütige Gebrauch, daß diejenigen, welche
das Recht des freien Zutritts zu demselben erhalten
hatten, dessen Bild aus Gold in einem Ringe trugen;
hieraus entsprangen viele Nichtswürdigkeiten, deren
Fortsetzung aber der heilsame Regierungsantritt des
Kaisers Vespasianus ein Ende machte. So viel von den
goldenen Ringen und ihrem Gebrauche.

Von den Goldmünzen.

Das zweite Verbrechen beging der, welcher zuerst
einen Denar aus *Gold prägte,* aber auch hier ist der
Urheber unbekannt geblieben. Das römische Volk hatte
vor der Überwindung des Königs Pyrrhus nicht einmal
Silbermünzen. Die pfundschweren Asse (woher die noch
jetzt gebräuchlichen Namen Libella und Dupondius
stammen) wurden ausgewogen. Daher drückte man die
Strafen nach Kupfergewicht aus, und noch jetzt sagt
man, die Ausgaben in Rechnungen und andere Zahlun-
gen »abwägen«. Ja selbst die Verteiler der Löhnungen,
d. i. des Geldgewichts, an die Soldaten heißen Wäge-

[1] Langes Kleid besonders bei den Frauen der Senatoren.
[2] Ein Sohn der Isis.

meister, und aus gleicher Gewohnheit stellt man noch jetzt beim Kauf solcher Dinge, die man als völliges Eigentum ersteht, eine Waage auf. Der König Servius prägte zuerst *Kupfer.* Vorher bediente man sich, wie Timaeus berichtet, zu Rom des ungeprägten Kupfers. Das Gepräge selbst stellte ein Tier dar, und hieraus entstand der Name Pecunia. Die höchste Vermögensschätzung unter jenem Könige betrug 120 000 Aß, und dies was daher die erste Klasse. Im 485. Jahre Roms, unter den Konsuln Q. Ogulnius und C. Fabius, fünf Jahre vor dem punischen Kriege, prägte man zuerst Silber, und man setzte den Silberdenar im Werte gleich zehn Aß oder zehn Pfund Kupfer, den Quinar gleich 5 Aß, die Sesterze gleich zwei und einen halben Aß. Aber das Pfundgewicht des Kupfers wurde im ersten punischen Kriege vermindert, weil der Staat die Ausgaben nicht mehr bestreiten konnte, und man beschloß, den Aß auf den sechsten Teil seines früheren Wertes herabzusetzen. So gewann man fünf Sechstel und bezahlte damit die gemachten Schulden. Das Gepräge des Kupfergeldes stellte auf der einen Seite den zweiköpfigen Janus, auf der andern einen Schiffsschnabel, bei dem Drittelaß und Viertelaß[1] aber ein Fahrzeug dar. Der Viertelaß hieß früher Teruncius, weil er drei Unzen betrug. Als später unter dem Diktator Q. Fabius Maximus der Feldherr Hannibal den Staat hart bedrängte, wurden Asse von einer Unze geprägt, man setzte den Denar gleich sechzehn, den Quinar gleich acht, die Sesterze gleich vier solcher Asse oder Unzen, und der Staat gewann also dabei die Hälfte. Den Soldaten wurde aber als Löhnung stets ein Denar für zehn Aß ausge-

[1] Triens und quadrans.

zahlt. Das Gepräge auf den Silbermünzen war ein zwei-
und vierspänniger Wagen, und davon hießen dieselben
zwei- und vierspännige. Bald darauf entstanden in Folge
des papirischen Gesetzes halbunzenschwere Asse. Livius
Drusus versetzte während seines Amtes als Volkstribun
das Silber mit dem achten Teile Kupfer. Die Münze,
welche jetzt nach der darauf befindlichen Siegesgöttin
Victoriatus genannt wird, prägt man nach dem clodi-
schen Gesetze; früher brachte man sie als einen Han-
delsartikel aus Illyrien. Goldmünzen entstanden erst 62
Jahre später als Silbermünzen, und zwar galt ein Scrupel
20 Sesterzen, was auf ein Pfund 900 damaliger Sesterzen ausmacht. Später prägte man aus einem Pfunde
Gold 40 Denare, allmählich verminderten die Regenten
das Gewicht derselben, und in neuester Zeit ließ Nero
45 Denare aus 1 Pfunde prägen.

Über die Sucht nach Gold.

Aber das Geld war die erste Quelle der Habsucht, des
raffinierten Wuchers und des Strebens, durch Faul-
heit reich zu werden; doch bald artete dies noch weiter
aus, es entstand wahre *Raserei und Heißhunger nach
Gold.* So hieb Septimulejus, ein Freund des C. Gracchus, dessen Haupt ab, weil man ihm versprochen hatte,
es mit Gold aufzuwägen, goß aber, bevor er es zum
Opimius trug, demselben Blei in den Mund und betrog
bei diesem Freundesmorde auch noch den Staat. Nicht
bloß den römischen Bürgern, sondern allem, was rö-
misch heißt, gereicht es zur Schande, daß der König
Mithridates dem gefangenen Feldherrn Aquilius Gold

in den Mund goß. Das sind die Früchte der Habsucht! Ich schäme mich schon, wenn ich nur die Namen ansehe, welche häufig in griechischer Sprache neu ausgedacht und auf silbernen Gefäßen in Gold erhaben oder vertieft angebracht werden; wenn ich sehe, welche Lokkungen man gebraucht, um vergoldete oder goldene Gefäße zu verkaufen, während bekanntlich Spartacus die Verordnung erließ, niemand in seinem Lager solle Gold oder Silber bei sich tragen. Um so viel mehr rechtlichen Sinn hatten unsere entlaufenen Sklaven. Der Redner Messala erzählt, der Triumvir Antonius habe sich bei Verrichtung seiner Notdurft stets goldener Geschirre bedient, ein Verbrechen, dessen sich selbst eine Cleopatra hätte schämen sollen. Bei den Ausländern galt es für den größten Luxus, daß der König Philipp auf einem Polster, unter welchem sich ein goldener Becher befand, zu schlafen pflegte, und daß Agno Tejus, ein Oberster des großen Alexanders, unter seinen Schuhen goldene Nägel trug. Antonius unter uns schätzte der Natur zum Hohne das Gold gering, es war aber selbst der Achtserklärung eines Spartacus würdig.

Warum das Gold den Vorzug vor allen anderen Metallen hat.

Die Entdecker des Goldes und fast aller übrigen Metalle habe ich im siebenten Buche genannt. Wie mir scheint, liegt die *Vorliebe zum Golde* nicht in seiner Farbe, denn diese ist beim Silber noch viel heller und mehr dem Tage gleich, daher letzteres auch zu Feldzeichen häufiger gebraucht wird, denn es verbreitet seinen

Glanz viel weiter. Offenbar sind also diejenigen im Irrtum, welche glauben, man liebe das Gold, weil es die Farbe der Gestirne repräsentiere, denn auch an Edelsteinen und anderen Dingen ist diese Farbe nicht besonders hervorstechend. Auch das Gewicht oder die Leichtigkeit in der Bearbeitung verleiht ihm keineswegs den Vorzug vor allen übrigen Metallen, denn in beiden Beziehungen steht es dem Bleie nach[1], sondern sein höherer Wert liegt darin, daß ihm im Feuer nichts abgeht, daß es bei Feuersbrünsten wie auf Scheiterhaufen unversehrt bleibt. Je öfter man es glüht, um so mehr gewinnt es an Güte; das Feuer dient selbst als Goldprobe, denn es muß darin eine dem Feuer ähnliche Farbe annehmen, und dies Verfahren wird daher die Feuerprobe des Goldes[2] genannt. Das erste Kennzeichen seiner Güte ist, daß es schwer ins Glühen kommt; merkwürdigerweise aber wirkt selbst das heftigste Kohlenfeuer nicht darauf ein, während es durch Spreu sehr schnell glühend wird, und ebenso bemerkenswert erscheint die Tatsache, daß es sich durch den Gebrauch am wenigsten abnutzt, während Silber, Kupfer, Blei beim Streichen auf einem andern Gegenstande Linien geben, die Hände beschmutzen und von ihrer Masse etwas verlieren. Kein Metall läßt sich auch weiter ausdehnen und feiner zerteilen als das Gold, denn aus einer Unze kann man 750 und mehr Bleche, jedes von 4 Quadratzoll Größe, fertigen. Die dicksten solcher Bleche heißen noch jetzt pränestinische, weil sich dort eine damit aufs genaueste überzogene Statue der Fortuna befindet. Die dann folgende Sorte Goldblech heißt die quästorische. In Spanien nennt man gewisse kleine Teil-

[1] Worin Plinius irrt.
[2] Obrussa.

chen Gold, welche dort vorzugsweise rein in kleineren und größeren Massen gefunden werden, Strigiles[1]; dasselbe bedarf keiner weiteren Behandlung, während sonst das in den Bergwerken vorkommende Gold erst durch Feuer geläutert werden muß. Hier haben wir also das Beispiel eines natürlich gereinigten Goldes, von der künstlichen oder gewaltsamen Reinigung werde ich später handeln. Außerdem bildet sich auf dem Golde weder Rost noch Grünspan, noch sonst etwas, das seiner Güte schadete oder sein Gewicht verminderte. Es widersteht der fressenden Kraft des Salzes und Essigs; vor allem merkwürdig ist aber seine Eigenschaft, sich nach Art der Wolle und ohne Wolle spinnen und weben zu lassen. Nach Verrius[2] hielt Tarquinius Priscus seinen Triumpheinzug in einer goldenen Tunica. Ich habe, als Claudius das Schauspiel eines Seetreffens gab, dessen Gemahlin Agrippina in einem aus reinem Golde gewebten Oberkleide bei ihm sitzen sehen. In attalische Stoffe wird es schon seit lange eingewebt, was eine Erfindung asiatischer Könige ist.

Vom Vergolden.

Marmor und andere Gegenstände, welche nicht glühend gemacht werden können, *vergoldet* man auf die Weise, daß man das Gold mittels Eiweiß darauf befestigt; auf Holz trägt man das Gold mit Hilfe einer leimartigen Komposition, welche Leucophoron heißt. Was dies ist und wie es bereitet wird, werde ich gehöri-

[1] Gediegen Gold.
[2] Wahrscheinlich der schon öfter vorgekommene Verrius Flaccus.

gen Orts näher erörtern. Kupfer mit Hilfe von natürlichem oder künstlich gewonnenem Quecksilber zu vergolden war gesetzlich; daraus entstand aber ein Betrug, worüber ich bei Beschreibung dieser Metalle mehr sagen werde. Das Kupfer wird zuerst heftig geglüht, dann in einem Gemisch von Salz, Essig und Alaun abgelöscht, hierauf mit Sand abgescheuert; bekommt es dadurch einen ausgezeichneten Glanz, so war es hinreichend geglüht; man trägt nun eine Mischung von Goldblättchen, Bimsstein, Alaun und Quecksilber auf und setzt es abermals dem Feuer aus. Der Alaun besitzt ähnliche reinigende Kräfte wie das Blei.

Vom Auffinden und Fördern des Goldes.

Wenn wir auch von dem Golde, welches die Ameisen in Indien oder die Greife in Scythien aufscharren, absehen, so wird dieses Metall doch in unserm ganzen Erdteile *gefunden*, und zwar auf dreifache Weise. Erstens als Körner in Flüssen, wie im Tagus in Spanien, im Padus in Italien, im Hebrus in Thracien, im Paktolus in Asien, im Ganges in Indien, und dieses ist zugleich das reinste, denn durch den Lauf und die fortwährende Reibung wird es vollständig gesäubert. Zweitens durch Graben in brunnenähnlichen Schächten oder drittens in eingestürzten Bergen, und diese beiden *Ausbringungsarten* will ich jetzt näher beschreiben.

Leute, welche nach Gold suchen, entfernen vor allem das Segullum[1], d. h. das Kennzeichen (daß die Erde

[1] Die oberste Erdart über den Goldminen heißt noch jetzt in Spanien Segullo.

Gold bei sich habe), waschen dann den unterliegenden Sand und erkennen aus dem, was sich daraus absetzt, ob und inwiefern die Arbeit sich verlohnt. Zuweilen trifft man das Gold schon zu Tage oder in der obersten Erdschicht an; solche Glücksfälle aber, wie z. B. in Dalmatien unter der Regierung Neros, wo man täglich 50 Pfund gewonnen, sind selten. Oben auf dem Rasen findet sich eine Art Gummi, welches, wenn goldhaltige Erde darunter liegt, Talutium genannt wird. Die sonst trocknen, unfruchtbaren und nichts hervorbringenden Berge Spaniens weiß man in bezug auf Goldgewinnung fruchtbar zu machen. Was in Schächten gegraben wird, heißt Minengold[1]; es hängt an Marmorkies, nicht wie im Oriente und im Thebischen am Saphir und anderen Edelsteinen als kleine Punkte, sondern umgibt die glänzenden Geschiebe des Marmors. Diese Gänge und Adern streichen durch die Wände der Schächte bald hier- bald dahin, daher sie auch ihren Namen[2] haben, und die Erde unterstützt man mit hölzernem Gebälke. Das Ausgegrabene wird gepocht, geschlämmt, geröstet, fein gemahlen und heißt dann Apitascudis, das Silber, was aus dem Ofen hervorgeht, heißt Schweiß, die Unreinigkeit, welche von dem Ofen ausgeworfen wird, bei jedem Metalle Schlacke. Vom Golde wird letztere gepocht und noch einmal geschmolzen. Die Schmelztiegel macht man aus taskonischer Erde, welche weiß, dem Ton ähnlich ist und besser als alle anderen Erden das Gebläse und das Schmelzen der Metallmassen aushält.

Die dritte Ausbringungsweise des Goldes übersteigt fast die Werke der Giganten. Man treibt nämlich erst Stollen und höhlt dann die Berge beim Scheine der

[1] Canalicium oder Canaliense.
[2] Venae.

Lampen überall weit aus. Die Arbeitszeit wird nach der Brennzeit der Lampen bestimmt, denn die Arbeiter kommen während mehrerer Monate nicht ans Tageslicht. Man nennt diese Art Baue Arrugiae; sie stürzen oft plötzlich zusammen und vergraben die Arbeiter, daher es schon weniger verwegen erscheint, aus der Tiefe des Meeres Perlen zu holen als solchen Bergbau zu betreiben, denn hierdurch machen wir die Erde zu einem noch weit schädlicheren Elemente. Um dergleichen Unfällen möglichst vorzubeugen, bringt man in den Bergen häufig Gewölbe an. — Bei beiden Arten des Bergbaues begegnet man dem Kiesel[1], der durch Feuer und Essig zersprengt wird; da aber der sich dabei entwickelnde Dampf und Rauch in den Gruben leicht die Arbeiter erstickt, hauen sie den Kies lieber aus, und zwar in etwa 150 Pfund schweren Stücken, und fördern dieselben auf die Weise heraus, daß sie sie auf ihren Schultern in der Finsternis dem nächsten zureichen; auf diese Weise sehen erst die letzten von ihnen das Tageslicht. Zieht sich der Kiesel ziemlich weit hin, so schlägt man einen Seitenstollen ein und umgeht ihn. Doch hält man die Arbeit in diesem festen Gestein noch für leichter als in einer gewissen Tonart, welche mit weißem Kies[2] untermischt ist, Gangadia heißt und fast nicht zu durchbohren ist. Man bedient sich daher bei derselben eiserner Keile und eiserner Hämmer; man hält sie für die härteste und schlimmste Materie, aber das hartnäckigste und schwerste Übel ist unbezweifelt der Golddurst. Nach vollbrachter Arbeit haut man die Kämme der Gewölbe von hinten zu ein; währenddem paßt ein auf der Spitze des Berges beständig Wache Haltender genau auf, wenn

[1] Silex.
[2] Glarea.

der Berg dem Einsturze nahe ist, und sowie dieser Zeitpunkt eingetreten ist, läßt er die Arbeiter durch Ruf und Wink herausrufen und eilt zugleich selbst vom Berge herab. Der Einsturz des Berges in sich selbst erfolgt mit einem unglaublichen, lange anhaltenden Gekrache und Getöse, und die Sieger sehen den Ruin der Natur vor sich. Aber noch ist kein Gold da, auch wußten die Bergleute während des Grabens noch nicht, ob dergleichen vorhanden sein werde, und doch scheut man, in der Hoffnung, das zu erhalten, was man wünscht, so große Gefahren und Kosten nicht. Noch steht indessen eine andere Arbeit bevor, die sogar mühseliger ist, nämlich Flüsse zum Waschen eines solchen eingestürzten Berges oft 20 Meilensteine weit von den Gipfeln der Gebirge herzuleiten. Man nennt dergleichen Kanäle Corrugae, wahrscheinlich wegen der Zusammenleitung mehrerer Bäche in dieselben; auch diese Zusammenleitung erfordert Tausende von Arbeitern. Man muß vorher mit der Wasserwaage die Berechnung anstellen, denn das Wasser soll mehr herabstürzen als fließen, weshalb es auch von möglichst hoch gelegenen Punkten hergeleitet wird. Täler und Tiefen zwischen Bergen werden dabei überbrückt. An einigen Stellen haut man Felsen, die sonst nicht zugänglich sind, ein, höhlt sie aus und benutzt die ausgehöhlten Teile zur Unterlage von Balken; der hiermit beschäftigte Arbeiter hängt an Seilen und erscheint dem, der ihn sieht, wegen der großen Entfernung nicht als ein wildes Tier, sondern als ein Vogel. Die hängenden Arbeiter berechnen in der Regel den Fall des Wassers und zeichnen dem Wasser den zu nehmenden Weg vor; sie leiten aber den Strom dahin, wo kein Mensch hinkommen kann. Ein Nachteil für den Waschprozeß besteht darin, wenn das Wasser eine Art

schlammiger Erde, welche man Urium nennt, mit sich
führt, und um dies zu vermeiden, leitet man es durch
Kiesel und andere Gesteine. An der Spitze des Wasser-
falls, an dem oberen Rande der Berge, gräbt man Teiche, zweihundert Fuß im Quadrat und zehn Fuß tief,
bringt in jedem fünf Ausgänge von je drei Fuß im
Quadrat an und schließt dieselben mit Schleusen; ist der
Teich voll Wasser gelaufen, so zieht man die Schleusen
auf, wo dann das Ausströmen mit solcher Gewalt erfolgt,
daß Felsblöcke mit fortgewälzt werden. Endlich bleibt
noch etwas zu tun übrig, und zwar in der Ebene. Man
zieht sogenannte Agogae, d. h. Gräben, in welchen das
Wasser abfließen soll, und kleidet sie der Sohle entlang
stufenweise mit Ulex[1], einem dem Rosmarin ähnlichen
Strauche, aus, welcher wegen seiner Rauhigkeit das
Gold zurückhält; die Seitenwände bedeckt man mit
senkrecht herabgehenden Brettern, welche oben befestigt werden. So gelangt denn die Erde durch den Kanal
allmählich ins Meer, und der eingestürzte Berg wird
gleichsam aufgelöst; Spanien hat auf diesem Wege
schon ganze Distrikte ins Meer entsendet. Bei der obenerwähnten zweiten Ausbringungsweise des Goldes muß
das Wasser mit ungeheuern Anstrengungen ausge-
schöpft werden, damit die Schächte nicht ersaufen, während hier das Wasser zugeführt wird. Das in den Gräben
aufgelesene Gold bedarf des Ausschmelzens nicht, denn
es ist schon rein. Mitunter findet man, selbst in Schächten, Klumpen von mehr als zehn Pfund an Gewicht;
diese heißen Palagae oder auch Palacurnae, die kleineren Stücke aber Balux. Den Ulex verbrennt man, laugt
die Asche aus und gewinnt das darin steckende Gold

---

[1] Ist nicht unser Ulex europaeus, sondern Anthyllis Hermanniae L.

durch Schlämmen. In Asturien, Gallaecien und Lusita-
nien sollen auf diese Weise jährlich 20 000 Pfund, doch
in Asturien verhältnismäßig am meisten gewonnen werden. Kein anderes Land zeigt so viele Jahrhunderte
hindurch eine ähnliche Ergiebigkeit. Gemäß eines alten, von mir früher erwähnten Verbots des Senats darf in
Italien nicht auf Gold gebaut werden; denn sonst würde
man hier gewiß mehr Metall finden als anderswo. Es
existiert noch ein Zensorgesetz über die im Vercellensi-
schen Gebiete liegende Goldgrube der Victumuler,
worin es heißt, die Pächter dürften nicht mehr als 5000
Arbeiter darin beschäftigen.

Acht Arzneien vom Golde.

Das *Gold* wirkt in vielen Fällen als ein kräftiges
Arzneimittel. Man hängt es Verwundeten und Kindern an, um giftige und zauberische Mittel unwirksam
zu machen. Es übt aber auch eine schädliche Kraft aus,
wenn man es plötzlich herzubringt, so auf das Eierlegen
der Hühner und auf die Vermehrung des Viehs; doch
kann man die Gefahr abwenden, wenn man das herge-
brachte Gold abwäscht und die Tiere mit Wasser be-
sprengt. Man röstet es auch mit dem doppelten Gewichte Salz, dem dreifachen Gewichte Misy[1], wiederum
mit zwei Teilen Salz und mit einem Teile Schieferstein;
dadurch verliert es seinen Giftstoff, trägt ihn auf die in
einem irdenen Gefäße damit gebrannten Stoffe über
und geht rein und unversehrt hervor. Die dabei fallende

---

[1] Siehe XXXIV. Buch, 31. Kap.

Asche hebt man in einem irdenen Geschirre als ein Mittel gegen Flechten im Gesichte auf; will man Gebrauch davon machen, so legt man sie mit Asche auf und wäscht später das Gesicht mit Lomentum.[1] Sie heilt auch Fisteln und Hämorrhoiden. Mit zerriebenem Bimsstein versetzt, heilt das Gold faulige und stinkende Geschwüre; mit Honig und Melanthium gekocht und das Ganze auf den Nabel gelegt, bewirkt es gelinde Öffnung. Nach M. Varro lassen sich durch Gold die Warzen vertreiben.

Vom Eisen.

Wir wollen nun von dem *Eisen*, diesem für die Menschheit schätzbarsten, aber auch zugleich schlimmsten Metalle handeln. Mit dessen Hilfe spalten wir nämlich das Erdreich, legen Baumschulen an, beschneiden die Bäume, nehmen den Weinstöcken ihre unnützen Teile und zwingen sie, sich jedes Jahr zu verjüngen, erbauen Häuser, hauen Steine usw.; aber dieses Metall dient auch zu Krieg, Mord, Raub und nicht bloß in der Nähe (Mann gegen Mann), sondern auch durch Werfen und Fliegen, indem es bald durch Wurfmaschinen, bald durch die Kraft der Arme, ja selbst gefiedert fortgeschleudert wird, und dies ist es, was ich für die strafwürdigste Ausgeburt des menschlichen Geistes halte. Damit der Tod um so viel schneller zum Menschen gelange, setzen wir ihm Flügel an und bekleiden das Eisen mit Federn, folglich trifft uns, nicht die Natur, die Schuld. Einige Beispiele liefern den Be-

---

[1] Eine aus Bohnenmehl und Reis zusammengeknetete Masse zur Glättung der Haut.

weis, daß das Eisen in der Tat nur ein unschuldiges Metall sein könne; so wurde in dem Bündnisse, welches, nach Vertreibung der Könige Porsenna mit dem römischen Volke abschloß, namentlich festgesetzt, das Eisen sollte zu nichts anderem als zum Ackerbaue gebraucht werden. Auch mit einem eisernen Griffel zu schreiben ist unsicher, wie schon die ältesten Schriftsteller bemerkt haben. Von dem großen Pompejus kennt man noch einen Erlaß während seines dritten Konsulats, als über den Mord des Clodius ein Aufruhr entstand, niemand in Rom solle irgend eine Waffe haben.

Statuen und getriebene Arbeit aus Eisen.

Doch man verfehlte auch nicht, selbst dem Eisen eine unschuldigere Ehre zu erweisen. Als der Künstler Aristonidas darstellen wollte, wie sich die Wut des Athamas, nachdem derselbe seinen Sohn Learchus herabgestürzt hatte, legte und in Reue verwandelte, versetzte er Erz mit Eisen, damit der Rost des letzteren durch das glänzende Erz hindurchspiele und so die Schamröte desselben ausdrücke. Diese Statue findet sich noch auf Rhodus. In derselben Stadt ist auch ein eiserner Herkules, den Alcon aus Ehrfurcht vor den von diesem Gotte verrichteten Arbeiten goß. Zu Rom im Tempel des rächenden Mars finden sich eiserne Trinkbecher. Doch die gütige Natur widersetzt sich dieser Anwendung des Eisens, zieht dasselbe durch seinen eigenen Rost zur Strafe und macht gerade das, was dem Menschen am gefährlichsten ist, auch am vergänglichsten.

Der Unterschied des Eisens und seine Mischung.

Eisenerze finden sich fast allenthalben, sogar auf der italienischen Insel Elba, und ihre Aufsuchung bietet nicht die geringste Schwierigkeit dar, denn die Farbe der Erde deutet sie schon an. Das Verfahren der Ausschmelzung ist immer dasselbe. In bezug auf Cappadocien entsteht nur die Frage, ob man das Eisen dem Wasser oder der Erde zu verdanken habe, denn das dortige Gestein liefert nur dann, wenn es von einem gewissen Flusse durchtränkt ist, bei der Behandlung in den Öfen Eisen. Von diesem Metalle gibt es zahlreiche Verschiedenheiten. Die erste beruht auf der Beschaffenheit der Erde und des Klimas. Einige Erdarten geben nur weiches, dem Bleie sich näherndes, andere sprödes, unreines, zur Anwendung für Räder und Nägel vor allen zu vermeidendes Eisen, zu welchen Zwecken sich hingegen die erste Art eignet; manches wird wegen seiner Kürze zu Schuhnägeln gesucht, manches rostet schneller. Man nennt alle diese verschiedenen Modifikationen, welche bei den übrigen Eisenerzen nicht vorkommen, Stricturae, weil sie die Schneide der Werkzeuge bald stumpf machen. Auch bei der Bearbeitung in den Öfen finden bedeutende Unterschiede statt; in ihnen schmilzt man den Stahl zur Härtung der Schneide, andere Arten bloß so weit, um Ambosse oder spitzige Hämmer zu erhalten. Der wichtigste Unterschied beruht in dem Wasser, in welches man das glühende Eisen oft taucht; es ist bald hier, bald da besser und hat manche Orte durch ihr vorzügliches Eisen berühmt gemacht, z. B. Bilbilis in Spanien und Turiasso, Comum in Italien, obgleich an diesen Orten keine Eisenbergwerke sind.

Das beste von allen Sorten Eisen ist aber das serische, welches uns die Serer mit ihren Kleidern und Pelzen schicken; die zweite Sorte das parthische. Nur diese beiden Sorten werden aus reinem Harteisen bereitet, die übrigen enthalten Beimischungen von weichem Eisen. In unserm Weltteile bedingt an dem einen Orte das Eisenerz selbst die Güte des Eisens wie z. B. in Noricum, an dem andern die Behandlung, z. B. zu Sulmo das Wasser; sogar beim Schärfen des Eisens kommt es darauf an, ob die Schleifsteine mit Öl oder mit Wasser bestrichen sind, denn Öl macht die Schneide feiner. Merkwürdig ist, daß, während das Eisen beim Ausschmelzen wie Wasser fließt, es nachher in schwammige Stücke zerbricht. Zartere Eisengeräte werden gewöhnlich in Öl abgelöscht, denn durch Wasser bekommen sie eine solche Härte, daß sie leicht zerbrechen. An dem Eisen rächt sich das menschliche Blut, denn wenn es damit in Berührung kommt, rostet es weit schneller (als durch Wasser).

Von dem sogenannten lebendigen (magnetisch gemachten) Eisen.

Von dem Magneteisensteine und dessen Eintracht mit dem Eisen werde ich gehörigen Orts handeln.[1] Es ist die einzige Substanz, welche von jenem Steine Kräfte annimmt, diese längere Zeit behält und selbst anderes Eisen anzieht, so daß man zuweilen eine ganze Kette auf diese Weise vereinigter Ringe sehen kann, was

[1] XXXVI. Buch, 25. Kap.

das unerfahrene Volk *lebendiges Eisen* nennt. Wunden werden durch Berührung mit solchem Eisen gefährlicher. Jener Stein findet sich auch in Cantabrien, aber nicht in ganz kompakten Massen wie der eigentliche, sondern mit sogenannten Blasenräumen durchsetzt; ob er zum Glasschmelzen sich ebensogut eignet, weiß ich nicht, denn bis jetzt hat noch niemand den Versuch gemacht; jedoch verleiht er dem Eisen ebenfalls die magnetische Kraft. Der Baumeister Dinochares hatte angefangen, den Tempel der Arsinoë in Alexandrien mit Magneteisenstein zu wölben, um ihr aus Eisen gefertigtes Standbild gleichsam in der Luft aufzuhängen; allein sein und des Ptolemaeus, welcher jenen Bau seiner Schwester zu Ehren angeordnet hatte, Tod verhinderte die Vollendung.

Schutzmittel gegen das Rosten des Eisens.

Unter allen Metallen kommen die Eisenerze am reichlichsten vor. An der vom Ozean bespülten Küste Cantabriens ist ein sehr hoher Berg, welcher, was unglaublich scheint, ganz aus Eisenerz besteht, wie ich bei der Umfahrt am Ozean angegeben habe. Wenn das Eisen glüht und nicht durch Hämmern behandelt wird, verdirbt es. Im rotglühenden Zustande läßt es sich nicht gut hämmern, sondern erst in anfangender Weißglühhitze. Durch Bestreichen mit Essig und Alaun bekommt es ein kupferähnliches Ansehn. Vor dem *Rosten* schützt man es durch Bleiweiß, Gips und Teer, und diese Mischung heißt in bezug auf das Eisen bei den Griechen die Antipathie. Einige geben an, dem Rosten liege auch eine gewisse religiöse Ursache zu Grunde. Neben dem Flusse Euphrat in der Stadt Zeugma soll sich noch eine Kette befinden, womit Alexander der Große daselbst eine Brücke befestigt hatte, an welcher die neueingesetzten Ringe rostig, die ältern dagegen frei davon sind.

Sieben Arzneien vom Eisen.

In der *Arzneikunde* hat *das Eisen* noch andere Anwendungen als zum Schneiden. Zieht man um Erwachsene oder Kinder einen Kreis mit einem spitzen Eisen oder trägt man dasselbe dreimal um sie herum, so bleiben sie vor Zaubereien geschützt. Gegen nächtliche Erscheinungen hilft das Einschlagen von Nägeln, welche aus einem Grabmale gerissen sind, in die Türschwelle. Um plötzlich eintretende und mit Stechen verbundene Seiten- und Brustschmerzen zu beseitigen, soll man sich mit einer eisernen Spitze, womit ein Mensch verwundet war, behutsam stechen. Einige Übel, namentlich die Bisse toller Hunde, werden durch Brennen mit einem glühenden Eisen geheilt, und dieses Mittel hilft selbst dann noch, wenn die Krankheit schon bis zur Wasserscheu vorangeschritten ist. Gegen viele Krankheiten, besonders gegen Dysenterie, verordnet man Wasser, welches durch glühendes Eisen heiß gemacht ist, als Getränk.

Vierzehn Arzneien vom Eisenroste.

Auch der Rost ist ein Heilmittel; wie berichtet wird, heilte Achilles damit den Telephus, sei es nun, daß er solchen von Erz oder von Eisen anwandte, wenigstens wird er mit dem Abkratzen des Rostes von seinem Schwerte abgebildet. Der *Eisenrost* wird von alten Nägeln mit Hilfe eines feuchten eisernen Instruments abgeschabt. Er wirkt bindend, trocknend, anhaltend; ruft auf Glatzen die Haare wieder hervor; heilt mit Wachs und Myrtenöl Rauhheit der Wangen und Blattern am ganzen Körper; mit Essig die Rose; in Leinwand aufgelegt, Krätze und Nagelgeschwüre; stillt, in Wolle aufgelegt, die Blutflüsse der Frauen; heilt, mit Wein und Myrrhe versetzt, frische Wunden; mit Essig Aftergeschwüre und mildert aufgelegt die Gichtschmerzen.

Vom Eisenhammerschlag.

Der *Eisenhammerschlag* von der Schneide und den Spitzen hat fast dieselbe Anwendung wie der Eisenrost, ist aber heftiger in seiner Wirkung, wird daher mit gegen die Augenflüsse angewendet. Er stillt das Blut, besonders solcher Wunden, welche durch Eisen entstanden sind, die Blutflüsse der Frauen, wird gegen Milzleiden aufgelegt, hält die Hämorrhoiden und die um sich fressenden Geschwüre zurück, dient auch, in geringer Menge aufgestreuet, für die Wangen. Besonders aber empfiehlt er sich zu dem sogenannten *flüssigen Pflaster*, welches zum Reinigen der Wunden und Fisteln, Wegbeizen aller schwieligen Teile und auf entblößte

Knochen zur Wiedererzeugung des Fleisches gelegt wird. Man bereitet dasselbe aus 6 Obolen Pech, 6 Drachmen cimolischer Kreide, 2 Drachmen Kupfer, ebensoviel Eisenhammerschlag, 6 Drachmen Wachs und einem Sextar Öl. Um Wunden zu reinigen und auszufüllen, setzt man dieser Mischung noch Wachssalbe hinzu.

VON DER MALEREI
UND DEN FARBEN.

Ehre der Malerei.

Nachdem ich von den Metallen, welche den Reichtum bedingen, und den damit zusammen vorkommenden Stoffen gehandelt habe, wobei ich mich, wegen so inniger Verknüpfung der Gegenstände untereinander, gleichzeitig auch genötigt sah, die daraus entspringende unermeßliche Zahl von Arzneimitteln, die dunkeln Räume der Werkstätten und die fast eigensinnige Genauigkeit in Formen, Gießen und Färben des Erzes zu berühren – bleiben mir nun noch die Erden und Steine selbst übrig, welche eine weit größere Anzahl begreifen und namentlich von den Griechen in sehr vielen Schriften bearbeitet worden sind. Ich werde mich bei ihrer Besprechung einer zweckmäßigen Kürze befleißigen, ohne etwas Notwendiges oder zur Sache Gehöriges zu übergehen.

Zuerst will ich von dem reden, was wir noch von der *Malerei* besitzen, dieser vormals so geachteten, von Königen und Völkern gesuchten Kunst, welche die von ihr zur Überlieferung auf die Nachwelt würdig Befundenen berühmt machte, jetzt aber gänzlich von dem Marmor, ja selbst von dem Golde verdrängt ist; denn nicht nur bedeckt man ganze Wände hiermit, sondern man meißelt den Marmor hier und da aus und bringt daran in bunten, nach lebenden und leblosen Dingen gebildeten

Formen Goldrinden[1] an. Schon gefallen uns die Prunktische und die in den Schlafgemächern aufgehäuften
Berge nicht mehr; wir bemalen bereits sogar die Steine,
ein Verfahren, welches unter der Regierung des Claudius aufkam. Unter Nero fing man, um die Einförmig-
keit zu stören, an, Flecke, welche nicht vorhanden waren, durch eingelegte Stücke zu ergänzen, so daß der
numidische Marmor eiförmige, der synnadische purpurfarbige Zeichnungen haben mußte, wie es eben die
Üppigkeit wünschte, daß dieselben von Natur gebildet
sein sollten. Die Berge erfüllen diese Wünsche nicht[2],
aber der Luxus ruht nicht, sie zu erreichen, damit er
durch Feuersbrünste nur recht viel verliere.

Ehre der Gemälde.

Durch die Bilder-Malerei wurden die Gestalten auf
das ähnlichste der Nachwelt überliefert, diese
Kunst ist aber gänzlich verlorengegangen. Jetzt stellt
man eherne Brustbilder, silberne Gesichter mit unmerk-
lichem Unterschiede der Form auf und verwechselt die
Köpfe der Bildsäulen, worüber man sich schon in bei-
ßenden Spottgedichten ausgesprochen hat. Die Menschen wollen lieber, daß man auf den teuern Stoff sehe,
als daß man sie erkenne. Inzwischen füllen sie Galerien
mit alten Gemälden an, schätzen fremde Bilder um so
höher, je teurer sie zu stehen kommen, und wofür das

---

[1] Crustae, eingelegte Stücke, Bilder, die man abnehmen konnte;
Crustorius ein solcher Künstler.

[2] D. h. solche bunten Marmorarten, wie man sie sich wünscht,
kommen nicht vor.

alles? Damit der Erbe sie zerbreche oder die Schlinge des Diebes sie wegziehe. So sind denn die Gemälde der Vernichtung oder dem Gelde preisgegeben, und die Besitzer hinterlassen nicht einmal ihr eigenes Ebenbild. Ebendieselben Menschen zieren die Ringschulen und ihre Salbenzimmer mit den Bildern der Kämpfer, tragen das Gesicht Epikurs in ihren Schlafzimmern und sonst überall mit sich umher, opfern an dessen Geburtstage, dem zwanzigsten Tag nach Neumond, und beobachten – und das sind namentlich solche, welche nicht einmal bei Lebzeiten gekannt sein wollen – diese mit dem Namen Icaden bezeichnete Feier jeden Monat. Ja wahrlich, so ist es, der Müßiggang hat die Künste zu Grunde gerichtet, und da es an geistigen Vorbildern fehlt, vernachlässigt man auch die bildliche Darstellung des Körpers. Ganz anders war es bei unsern Vorfahren; in ihren Vorsälen erblickte man keine Arbeiten fremder Künstler, weder in Erz noch in Marmor, die in Wachs ausgedrückten Gesichtszüge standen einzeln auf den Schränken, um die dahingeschiedenen Verwandten zu begleiten, und stets war, wenn jemand gestorben, die ganze Schar der früheren Glieder der Familie zugegen. Kränze liefen in Streifen von einem Gemälde zum andern; die Bildersäle[1] waren mit Schriften und Denkmälern, welche sich auf die in ihren öffentlichen Ämtern verrichteten Handlungen bezogen, angefüllt. Außerhalb und um die Türschwellen herum befanden sich andere sinnbildliche Darstellungen ausgezeichneter Talente, hier waren die den Feinden abgenommenen Waffen angeheftet, welche auch kein Käufer wegnehmen durfte, daher die Häuser selbst nach dem Wechsel des Besitzers diese

---

[1] Tablina.

Siegeszeichen noch zur Schau trugen, und dies war ein starker Sporn zur Nacheiferung, denn die Häuser machten dem neuen Herrn gleichsam den Vorwurf, ein Schwächling dränge sich täglich in fremdes Verdienst. Man kennt noch die unwillige Äußerung des Redners Messala, womit er die Einführung eines fremden Bildes der Leviner in seine Familie zurückwies. Eine ähnliche Ursache veranlaßte den alten Messala[1] zur Abfassung der Schriften über die Familien; er hatte nämlich beim Durchschreiten des Vorsaals des Scipio Pomponianus bemerkt, daß, zum Schimpfe der Afrikaner, vermöge einer letztwillig verfügten Annahme an Kindes Statt der Name eines Savitto (dies war der Zuname des Adoptierten) sich bei dem der Scipionen eingeschlichen hatte. Aber die Messaler[2] mögen mir die Bemerkung erlauben, daß es doch von einer gewissen Liebe zu Tugenden zeugt, wenn man sich die Bilder berühmter Männer fälschlich zueignet, und daß ein solches Verfahren immer noch ehrenvoller ist, als sich so zu betragen, daß niemand die seinigen zu haben wünscht. Noch eine neue Einrichtung will ich nicht unerwähnt lassen. In den Büchersälen stellt man nämlich die goldenen, silbernen oder doch wenigstens ehernen Bildnisse derjenigen Männer auf, deren unsterbliche Geister an diesen Orten reden; aber unter diesen Männern bemerken wir

[1] Siehe XXXIV. Buch, 38. Kap.

[2] Diese Stelle scheint anzudeuten, daß der Redner Messala und der alte Messala zwei verschiedene Personen waren, allein man weiß bestimmt, daß die oben angedeutete Schrift über die Familien von dem Redner Messala im hohen Greisenalter verfaßt wurde. Plinius will also durch den Plural wohl nur andeuten, daß die Ansicht des alten M. der Ausdruck der Gesinnung seiner ganzen Familie war; und wir brauchen hier nicht zu dem bequemen Hilfsmittel, obige Stelle sei durch die Abschreiber verdorben worden, unsere Zuflucht zu nehmen.

selbst solche, deren Gesichtszüge uns nicht überliefert sind, wie z. B. den Homer, die wir aber doch auch in effigie zu haben wünschen und daher mit Hilfe unserer Einbildungskraft bildlich darstellen. Und meiner Ansicht nach gibt es keinen größern Beweis der Glückseligkeit eines Menschen, als wenn man zu allen Zeiten wissen möchte, wie derselbe ausgesehen hat; dies ist eine Erfindung des Asinius Pollio, welcher zuerst in Rom bei Errichtung einer Bibliothek gleichzeitig eine derartige große Sammlung von ausgezeichneten Männern ins Leben rief. Ob er hierin von den Königen zu Alexandrien und Pergamus, welche mit großem Wetteifer Bibliotheken anlegten, Vorgänger hatte, vermag ich nicht zu entscheiden. Daß es vormals enthusiastische Verehrer von Bildern gegeben, beweisen Atticus, jener treue Freund Ciceros, der darüber ein Buch schrieb, und M. Varro, welcher die nette Einrichtung traf, seinen zahlreichen Schriften nicht nur die Namen von 700 berühmten Personen sondern auch ihre Bildnisse einzuverleiben und dadurch verhinderte, daß ihre Gestalten verlorengingen oder der Zahn der Zeit seine Wirkung auf die Menschen ausübte. Varro hinterließ uns dadurch ein selbst von den Göttern zu beneidendes Geschenk, denn er machte jene Personen nicht bloß unsterblich, sondern gab auch die Möglichkeit an die Hand, sie in alle Länder zu versenden, damit sie überall gegenwärtig sein und auch verschlossen werden könnten.

Vom Ursprunge der Malerei.

Der *Ursprung der Malerei* ist in Dunkel gehüllt, die Untersuchung darüber gehört auch nicht hierher. Die Ägypter behaupten, die Malerei sei 6000 Jahre früher, als sie zu den Griechen gekommen, bei ihnen erfunden worden, was offenbar eine leere Prahlerei ist. Einige Griechen schreiben die Erfindung den Sicyonern, andere den Korinthern zu, alle aber sagen, man habe anfangs den Schatten eines Menschen mit Linien umzogen, der zweite Schritt sei dadurch geschehen, daß man nur jedesmal *eine Farbe* angewandt habe, dies Verfahren sei, nachdem es mehr ausgebildet worden, die Monochromatik genannt, und ebendieser Kunstzweig besteht noch bis auf den heutigen Tag. Die Linienmalerei soll von dem Ägypter Philocles oder dem Korinther Cleanthes erfunden sein; sie wurde zuerst von dem Korinther Aridices und den Sicyoner Telephanes ausgeübt, aber noch ohne Farbe (obgleich sie schon im Innern des Bildes Schattierungen durch Linien darstellten), daher diese Künstler auch die Namen der von ihnen Gemalten daneben schrieben. Der erste, welcher mit Farben, man sagt mit zerriebenen Scherben, malte, war der Korinther Ecphantus. Ich werde bald zeigen, daß dieser oder ein anderer desselben Namens es war, von welchem Corn. Nepos erzählt, er sei dem Damaratus, dem Vater des römischen Königs Tarquinius Priscus, bei dessen Flucht vor den Nachstellungen des Tyrannen Cypselus von Korinth nach Italien gefolgt.

Damals hatte die *Malerei in Italien* bereits ihren Höhepunkt erreicht. Noch jetzt existieren Gemälde, älter als Rom, in den Tempeln zu Ardea, welche, obgleich ungeschätzt, sich merkwürdigerweise vor allen andern so gut erhalten haben, daß sie wie neu aussehen; ferner zu Lanuvium, wo Atalanta und Helena in Lebensgröße nackt und von herrlichster Form, die eine aber als Jungfrau, von dem obenerwähnten Künstler abgebildet sind, und diese Gemälde haben nicht einmal durch den Einsturz des Tempels gelitten. Der Kaiser Cajus versuchte, von Geilheit entbrannt, sie herauszunehmen, allein das Tünchwerk vereitelte diesen Plan. Zu Caere befinden sich noch ältere Gemälde. Ein jeder, der diese Werke aufmerksam betrachtet, muß gestehen, daß keine Kunst sich schneller vervollkommnet hat, wenn er bedenkt, daß sie zur Zeit des trojanischen Krieges noch nicht existierte.

Von den römischen Malern.

Bei den *Römern* gelangte diese Kunst auch bald zu Ehre und Ansehn. Das berühmte Geschlecht der Fabier legte sich davon den Beinamen Pictor zu; der hervorragendste unter ihnen, selbst Fabius Pictor genannt, malte im 450. Jahre Roms den Tempel der Wohlfahrt aus, und die Malerei erhielt sich bis zu meiner Zeit, wo unter der Regierung des Claudius das Gebäude abbrannte. Nächstdem erwarb sich die Arbeit des Pacu-

vius im Tempel des Herkules auf dem Viehmarkte großen Ruf; Pacuvius war ein Sohn der Schwester des
Ennius und erwarb dieser Kunst zu Rom noch mehr
Ruhm, als es die Schaubühne vermocht hatte. Später
wurde sie nicht mehr von Meisterhänden geübt, man
müßte denn den römischen Ritter Turpilius aus Venedig
zu unserer Zeit hierherrechnen, dessen schöne Arbeiten
sich in Verona befinden; er malte, was man von keinem
seiner Vorgänger berichtete, mit der linken Hand. Seiner kleinen Tafeln rühmte sich der vor kurzem in hohem
Alter verstorbene Titidius Labeo, welcher Prätor und in
der narbonensischen Provinz Prokonsul gewesen war;
aber diese Richtung der Kunst hielt man für lächerlich
und schimpflich.

Ich darf auch hier das berühmte Urteil der vornehmsten Personen über die Malerei nicht unberührt lassen.
Einen gewissen Q. Pedius, Enkel des Q. Pedius, welcher
Konsul gewesen, einen Triumph gehalten hatte und vom
Diktator Caesar dem Augustus zum Miterben beigesetzt
war, bestimmte der Redner Messala, aus dessen Familie die Großmutter jenes Knaben stammte, zur Erlernung der Malerei, weil er von Natur stumm war, und
Augustus billigte diese Ansicht; der junge Mann starb
schon früh, hatte aber bereits große Fortschritte in der
Kunst gemacht. Die größte Achtung zu Rom zollte
aber (wie mir scheint) M. Valerius Max. Messala der
Malerei; er stellte nämlich im 490. Jahre Roms an der
Wand des hostilischen Rathauses zuerst ein Schlacht-
gemälde auf, welches seinen Sieg über die Carthage-
nienser und den Hiero in Sizilien darstellte. Dasselbe
tat L. Scipio im Kapitole zum Andenken an seinen Sieg
in Asien; dies soll aber seinen Bruder Africanus ver-
drossen haben, und nicht mit Unrecht, denn in jener

Schlacht war sein[1] Sohn in Gefangenschaft geraten. In ähnlicher Weise ließ Aemilianus seinen Unwillen den Lucius Hostilius Mancinus fühlen, welch letzterer zuerst in Karthago eingefallen war, die Lage dieser Stadt und die dabei gemachten Erstürmungen durch ein Gemälde hatte versinnlichen und auf dem Forum aufhängen lassen, dem zur Besichtigung desselben herbeigeströmten Volke alles selbst erklärte und in Folge dieser Zuvorkommenheit bei der nächsten Volksversammlung zum Konsul gewählt wurde. Auch die Schaubühne in den Spielen des Claudius Pulcher erregte große Bewunderung in bezug auf Malerei, denn die Raben kamen, durch die täuschende Ähnlichkeit der gemalten Ziegel angelockt, herbeigeflogen.

Wann die fremde Malerei zuerst in Rom gewürdigt ist.

Auswärtigen *Gemälden* verschaffte in Rom zuerst Lucius Mummius, der seines Sieges wegen den Beinamen »der achäische« erhielt, Ansehn. Als nämlich bei der Versteigerung der Beute der König Attalus ein Gemälde des Aristides, den Bacchus vorstellend, für 6000 Denare gekauft hatte, wunderte sich M. über diesen hohen Preis, forderte es, argwöhnend, daß dasselbe einen ihm unbekannten Vorzug habe, und ungeachtet Attalus sich sehr darüber beklagte, wieder zurück und stellte es im Heiligtum der Ceres auf. Ich halte dieses für das erste fremde, zu Rom öffentlich aufgestellte Bild.

---

[1] Des Afrikanus.

Später hing man deren häufig auf dem Forum auf; hierauf bezieht sich jene witzige Antwort des Redners Crassus unter dem alten Rathause, als ein von ihm angeklagter Zeuge immer bei der Frage »Sage mir, Crassus, wofür hältst du mich?« blieb; er entgegnete ihm nämlich: »für einen solchen« und zeigte dabei auf einen schlecht gemalten Hahn, der die Zunge herausstreckte. Auf dem Forum stand auch jenes Bild eines alten Hirten mit dem Stabe, worüber ein Gesandter der Teutonen, den man fragte, wie hoch er es schätze, die Antwort gab, er möge einen solchen nicht lebendig geschenkt haben.

Wann und durch welche Männer
die Malerei zuerst in Rom öffentlich
gewürdigt ist.

Aber eine ganz vorzügliche öffentliche Bedeutung erhielten die Gemälde durch den Diktator Caesar, welcher den Ajax und die Medea vor dem Tempel der Venus Genetrix aufstellen ließ. Ihm folgte in dieser Beziehung M. Agrippa, der sonst mehr dem gewöhnlichen Landleben als den feinen Genüssen der Stadt zugetan war, nach, denn von ihm hat man noch eine vortreffliche und des größten Bürgers würdige Rede, worin der Wunsch ausgedrückt ist, man möge alle Gemälde und Bildsäulen der Öffentlichkeit übergeben; und es wäre allerdings besser, man befolgte seinen Rat, als daß man sie in einsame Landhäuser steckt. Ja ebenderselbe rauhe Mann kaufte einen Ajax und eine Venus von den Cyzicenern um 12 000 Sesterzen, hatte auch in der heißesten Abteilung seiner Bäder kleine gemalte Tafeln in den Marmor einsetzen lassen, die jedoch bei der vor kurzem erfolgten Ausbesserung der Bäder hinweggenommen worden sind.

Welche Personen ihre Siege in Gemälden aufgestellt haben.

Über alle andern Gemälde setzte der Kaiser Augustus zwei, die er an dem berühmtesten Punkte seines Forums aufstellen ließ und die einen Krieg und einen Triumph darstellen. Einen Castor und Pollux sowie eine Victoria und noch mehrere andere Gemälde, von denen bei Erwähnung der Künstler die Rede sein wird, hing er im Tempel seines Vaters Caesar auf. In dem von ihm auf dem Volksversammlungsplatze gebauten Rathause ließ er zwei Gemälde in der Wand anbringen, von denen das eine die Nemea darstellt, wie sie auf einem Löwen sitzt und in der Hand einen Palmzweig trägt, neben ihr steht ein Greis mit einem Stocke, über dessen Kopfe das Bild eines Zweigespanns hängt. Die Unterschrift lautet: »Nicias hat es eingebrannt«, dies ist nämlich der von dem Künstler gebrauchte Ausdruck. Das andere Gemälde verdient deshalb Bewunderung, weil darauf ein mannbarer Sohn seinem Vater bis auf das verschiedene Alter vollkommen gleich ist, über ihnen befindet sich ein fliegender Adler, der einen Drachen in den Klauen hält. Nach Philochares eigener Aussage ist dies sein Werk. Wenn man auch nur dieses eine Gemälde in Betracht zieht, so muß man doch vor der ungeheuern Macht der Kunst erstaunen, denn vor Philochares schätzten der Senat und das römische Volk viele Jahrhunderte lang sonst sehr mittelmäßige Künstler, z. B. den Glaucio und dessen Sohn Aristippus, hoch. Der sonst nicht sehr menschenfreundliche Kaiser Tiberius stellte doch auch im Tempel des Augustus einige Gemälde auf, auf die ich später zurückkomme.

Von der Art zu malen.

Soweit von der Würdigung einer untergehenden Kunst. Mit was für Farben die ersten Künstler malten, ist von mir mitgeteilt worden, als bei den Metallen von den betreffenden Pigmenten die Rede war. Von welchen Malern der Ausdruck neogrammatische Malerei ausgeht, welche Maler dann gelebt, was sie erfunden und zu welchen Zeiten sie ihre Erfindungen gemacht haben, alles dies werde ich bei der Aufzählung der Künstler sagen, denn die Beschaffenheit meines Werkes erfordert es, zuerst von den Farben zu handeln. Endlich hat sich die Kunst selbst entschieden, Schatten und Licht erfunden und sich wechselweise zur Ermittelung der verschiedenen Farben ermuntert. Später kam noch ein anderer Glanz als das Licht hinzu, der wegen seines Standes zwischen Licht und Schatten den Namen Ton erhielt, während mit dem Namen Harmoge[1] die Verknüpfung der Farben untereinander und der Übergang von der einen zur andern bezeichnet wurde.

[1] Fuge.

E s gibt ernste (matte, dunkle) und lebhafte (hervor-
stechende) Farben. Beide Arten finden sich natürlich oder werden durch Mischung hergestellt. Lebhafte,
die der Herr dem Maler liefert, sind Minium, armenische Farbe, Cinnabaris, Chrysocolla, Indigo und Purpurfarbe; die übrigen sind ernste, von beiden Arten
kommen aber einige natürlich vor, andere werden erst
zubereitet. Natürliche Farben sind: Sinopische Erde,
Rötel, parätonische, melische, eretrische Erde und Auri-
pigmentum. Die übrigen werden dargestellt, zunächst
die bei den Metallen genannten, dann von den ordinären Sorten der Ocker, gebranntes Bleiweiß, Sandarak,
Sandyx, Syrische Erde und Atrament.

Von der sinopischen Erde.

D ie *sinopische Erde* wurde im Pontus in der Nähe der
Stadt Sinope (daher ihr Name) entdeckt, findet sich
aber auch in Ägypten, den balearischen Inseln, Afrika,
am besten jedoch in Lemnus und Cappadocien und wird
aus Höhlen gegraben. Die an Steinen festsitzende Erde
wird der losen vorgezogen, die Klöße haben ihre eigene
Farbe und sind außen fleckig. Dieser Erde bedienten
sich die Alten zu dem, was man in der Malerei Glanz
nennt. Es gibt drei Arten sinopische Erde, eine rote,
minder rote und eine, die das Mittel von beiden hält.
Das Pfund von der besten kostet 12 Denare. Man gebraucht sie als Pinselfarbe oder zum Anstreichen des
Holzes. Die afrikanische heißt die kleine Kichererbse

und kostet 8 Aß; je röter sie ist, um so mehr paßt sie für Prunktische. In demselben Preise steht die sogenannte gepreßtere, welche am braunsten aussieht; mit dieser streicht man die Füße der Prunktische an. In der Heilkunde nimmt man sie gern zu Pflastern und erweichenden Umschlägen, denn sie geht leicht in trockne oder flüssige Mischungen ein und wird gegen Geschwüre an feuchten Leibesteilen, wie am Munde und After, gebraucht. Eingespritzt stillt sie den Durchfall und, zu einem Denar schwer eingegeben, die weiblichen Blutflüsse. Gebrannt trocknet sie, namentlich mit Wein angewandt, rauhe Stellen an den Augen.

Vom Rötel und der lemnischen Erde.

Einige verstehen unter der vorhin erwähnten Farbe eine Art *Rötel* zweiten Ranges und unter der *lemnischen Erde* die beste Sorte des Rötels. Letztere steht dem Minium am nächsten und genoß nebst der Insel, auf welcher sie vorkommt, bei den Alten eines bedeutenden Rufs. Sie wird nicht anders als mit einem Siegel bedruckt verkauft, heißt daher auch Siegelerde. Mit ihr vermengt und verfälscht man das Minium. In der Heilkunde wird sie sehr geschätzt; sie lindert nämlich, wenn man sie herumstreicht, die Augengeschwüre und deren Schmerzen, stopft den Fluß der Tränenfisteln, hilft, mit Essig eingenommen, gegen Blutspeien, wird auch gegen Milz- und Nierenleiden, zur Reinigung der Frauen, gegen die giftigen Bisse der Land- und Wasserschlangen verordnet und daher allen Gegengiften zugesetzt.

Von der ägyptischen Erde.

Von den übrigen Rötelarten können die Zimmerleute die ägyptische und afrikanische am besten gebrauchen, während diese Sorten in Gemälden am meisten einziehen.

Vom Ocker.

In den Eisensteingruben findet sich auch der *Ocker*; glühet man denselben in einem neuen verstrichenen Topfe, so erhält man daraus eine rote Farbe. Je länger das Glühen dauert, um so besser wird sie. Aller Rötel aber trocknet, eignet sich daher für Pflaster, auch für die Rose.

Vom Leucophorum.

Durch zwölftägiges Zusammenreiben von ½ Pfund echter sinopischer Erde, 10 Pfund hellem Sil und zwei Pfund griechischem Melinum[1] erhält man das *Leucophorum* oder den Goldleim, womit man (das zu vergoldende) Holz überzieht.

---

[1] Siehe XXXV. Buch, 19. Kap.

Von der parätonischen Erde.

Die *parätonische Erde* hat ihren Namen von einem Orte in Ägypten; sie soll der nach Zusatz von Schlamm eingetrocknete Schaum des Meeres sein und aus diesem Grunde die darin vorkommenden kleinen Muscheln enthalten. Man gewinnt sie auch in Kreta und Cyrene. Zu Rom verfälscht man sie mit abgekochter und eingedickter cimolischer Erde. Das Pfund der besten kostet 50 Denare. Unter den weißen Farben ist sie die fetteste, und wegen ihrer Glätte hält sie am festesten an Decken.

Von der melischen Erde.

Die *melische Erde* ist gleichfalls weiß und findet sich am besten auf Melos; auch auf Samos kommt sie vor, diese wird aber wegen ihrer zu großen Fettigkeit von den Malern nicht angewandt. Dort graben die Leute, welche zwischen dem Gestein nach Erzadern suchen, liegend die Erde hervor. Man gebraucht sie in der Medizin ähnlich wie die eretrische Erde. An die Zunge gebracht, bewirkt sie ein Gefühl von Trockenheit. Sie nimmt die Haare weg und macht die Haut geschmeidig. Das Pfund davon kostet einen Sesterz. – Eine dritte weiße Farbe ist das Bleiweiß, von welchem ich bei den Metallen gehandelt habe[1]. Ehedem hatte man noch eine (weiße) Erde, welche zu Smyrna auf dem Grund und Boden des Theodotus gefunden und von den

---

[1] XXXIV. Buch, 54. Kap.

Alten zum Anstreichen der Schiffe angewandt wurde. Jetzt bereitet man alles Bleiweiß, wie angegeben, aus Blei und Essig.

Von dem gebrannten Bleiweiß.

Durch Zufall, nämlich durch eine Feuersbrunst im piräischen Hafen, wo Bleiweiß in Fässern einer starken Hitze ausgesetzt gewesen war, erfand man die Kunst, *gebranntes Bleiweiß*[1] zu bereiten. Der obengenannte Nicias bediente sich zuerst desselben. Jetzt hält man das asiatische, welches auch das purpurfarbige heißt, für das beste. Das Pfund davon kostet 6 Denare. Man bereitet es in Rom durch Glühen von marmorartigem Sil und Ablöschen in Essig. Gebranntes Bleiweiß wird stets zu Schatten genommen.

Von der eretrischen Erde.

Die *eretrische* Erde führt ihren Namen nach dem Vaterlande. Nicomachus und Parrhasius haben sie gebraucht. Sie kühlt und erweicht, füllt die Wunden aus, wenn man sie zuvor glüht, trocknet gut, erweist sich auch sehr wirksam gegen Kopfweh und zum Einsaugen des Eiters; wenn noch Eiter zugegen ist, so gibt sich dies daran zu erkennen, daß die mit Wasser aufgestrichene Erde nicht trocken wird.

[1] Unsere Mennige.

Vom Sandarak.

Nach *Juba* kommen der *Sandarak* und Ocker auf der Insel Topazus im roten Meere vor, werden aber von dorther nicht zu uns gebracht. Vom Sandarak ist schon früher die Rede gewesen.[1] Man künstelt ihn auch durch Glühen des Bleiweiß in Öfen nach. Der echte muß feuerrot sein; das Pfund davon kostet 5 Aß.

Vom Sandyx.

Wenn man den Sandarak mit gleichen Teilen Rötel vermischt und glüht, so erhält man den *Sandyx*, von welchem Virgil geglaubt hat, es sei ein Kraut, wie aus folgendem Verse hervorgeht:

»Der Sandyx wird von selbst die weidenden Lämmer schmücken.«

Er kostet soviel als der Sandarak. Keine andere Farbe wiegt schwerer als diese beiden.

Von der syrischen Erde.

Die *syrische Erde*, womit, wie früher angegeben, das Minium verfälscht wird, ist ein Kunstprodukt, und zwar eine Mischung von sinopischer Erde und Sandyx.

---

[1] XXXIV. Buch, 55. Kap.

Den *Atrament* müssen wir ebenfalls zu den Kunst-produkten zählen, obwohl er eine Erde doppelten Ursprungs ist, denn entweder sickert er wie eine salzige Materie hervor[1], oder man findet eine schwefelgelbe Erde selbst dazu geeignet. Es gab Maler, welche aus Gräbern kohlige Massen gruben; doch gehört dies zu den unzeitigen Neuerungen, und ebenso verhält es sich mit den verschiedenen *Rußarten*, die man durch Brennen von Harz oder Pech erhält und zu deren Gewinnung man eigene Gebäude errichtet, welche den Rauch nicht auslassen, sondern niederschlagen. Den besten Kienruß liefert die Fichte Taeda. Man verfälscht ihn mit dem Ruß aus Öfen und Badstuben, dessen man sich zum Bücherschreiben bedient. Einige brennen auch die Weinhefen aus und behaupten, wenn sie von einem guten Weine wäre, so zeige die davon erhaltene Schwärze einen Stich ins Indigoblaue. Polygnotus und Micon, zwei sehr berühmte Maler in Athen, bereiteten ihre Schwärze aus Weintrestern und nannten sie Tryginum. Apelles glühte Elfenbein, und diese Schwärze heißt Elefantenschwärze. Auch den *Indigo* bringt man zu uns, seine Darstellungsweise in Indien habe ich aber bis jetzt noch nicht ermitteln können. Bei den Färbern macht man eine Farbe aus dem schwarzen Überzuge, welcher sich an den kupfernen Kesseln außen ansetzt. Ferner brennt man Fichtenholz zu Kohlen und zerreibt diese in Mörsern. Merkwürdigerweise haben die Sepien auch eine schwarze Materie bei sich, doch benutzt man dieselbe nicht. Alle Schwärze aber wird an der Sonne

---

[1] Siehe XXXIV. Buch, 32. Kap.

gezeitigt, die Schreibtinte nach Zusatz von Gummi, die Anstrichtinte nach Zusatz von Leim. Mit Essig versetzte Schwärze läßt sich nur schwierig auswaschen.

Von der Purpurfarbe.

Unter den lebhaften Farben, welche wie gesagt ihres hohen Preises wegen von den Herren geliefert werden, steht die *Purpurfarbe* obenan; man erhält sie durch Tränken der Silberkreide[1] mit Purpur, was gleichzeitig mit dem Färben der Purpurkleider geschieht, und jene Erdart nimmt die Farbe rascher an, als es die Wolle tut. Am besten ist der erste, mit den frischen Materialien erhaltene Sud; nachdem dieser aus dem Kessel genommen ist, gewinnt man durch Eintragen neuer Silberkreide in die Brühe einen zweiten Sud. Man kann noch einen dritten, vierten usw. Sud machen, doch fallen die Produkte in demselben Grade blasser und daher wertloser aus. Die puteolanische Farbe wird höher geschätzt als die tyrische, gätulische oder lakonische, und von dorther kommen auch die kostbarsten Purpurkleider. Jene Farbe ist deshalb besser, weil man meistens mit Hysginum[2] färbt und dadurch den Stoff gleichsam zwingt, das Pigment aufzunehmen. Die schlechteste Farbe liefert Canusium. Das Pfund Purpurfarbe kostet ein bis dreißig Denare. Die Maler machen den Grund mit Sandyx, tragen auf denselben die Purpurfarbe mittels Eiweiß und erhalten so das Feuer des Miniums. Soll der Purpur hervorstechen, so machen sie den Grund

[1] Creta argentaria, zum Polieren des Silbers.
[2] Kermesbeeren.

blau und tragen auf diesen ebenso die Purpurfarbe mit
Eiweiß.

Vom Indigo.

Zum blauen Grunde eignet sich am besten der *Indigo*. Derselbe kommt aus Indien und setzt sich dort
als ein Schlamm an den Schaum der Rohrstengel; zerrieben sieht er schwarz aus, aber aufgelöst zeigt er eine
wunderbare Mischung von Purpur und Blau. Eine andere Art desselben findet man in den Purpurfärbereien
in den Kesseln obenauf schwimmend, und dies ist der
Schaum des Purpurs. Man verfälscht diese Farbe auf die
Weise, daß man Taubenmist mit echtem Indigo oder
selinuische sowie Ring-Kreide mit Waid[1] färbt. Man
prüft den Indigo auf Kohlen; der reine brennt darauf mit
schöner Purpurflamme, und der aufsteigende Rauch
verbreitet einen Seegeruch, daher auch einige glauben,
man sammle ihn von Klippen im Meere. Das Pfund
kostet zwanzig Denare. Seine arzneilichen Kräfte sind,
Frost- und Fieberanfälle zu stillen und Geschwüre zu
trocknen.

[1] Vitrum.

Von der armenischen Farbe.

Woher die *armenische Farbe* kommt, sagt schon ihr Name. Es ist ein nach Art der Chrysocolla gefärbter Stein und wird dann am meisten geschätzt, wenn er der (grünen) Farbe der letztern am nächsten steht und ein wenig ins Blaue nuanciert. Das Pfund kostete durchschnittlich dreißig Sesterzen; in Spanien fand man aber einen Sand, der ähnliche Dienste tut und den Preis auf sechs Denare herabdrückte. Dieser Sand unterscheidet sich von der ersten Farbe durch einen Stich ins Weiße und macht dieselbe zarter. In der Heilkunde bedient man sich ihr zur Kräftigung des Haarwuchses, namentlich der Augenbrauen.

Vom appischen Grün.

Es gibt noch zwei neue Farben, die aber zu den schlechtesten Sorten gehören; die eine ist *grün*, heißt die *appische* und ähnelt der Chrysocolla, als ob es noch nicht genug falsche Chrysocolla-Arten gäbe. Man macht sie auch aus grüner Kreide und verkauft das Pfund zu einem Sesterz.

Von der Ringfarbe.

Die sogenannte *Ringfarbe* ist weiß und dient zur Beleuchtung weiblicher Gemälde. Man macht sie auch aus Creta[1], welche man mit den Glassteinen aus den Ringen des gemeinen Volks versetzt, und diesem Zusatze verdankt das Präparat seinen Namen.

Welche Farben nicht naß aufgetragen werden.

Unter allen Farben sind es der Purpur, Indigo, das Blau, die melische, appische Farbe, das Auripigment und Bleiweiß, welche sich gern mit Ton[2] verbinden und *nicht auf nassen Grund* tragen lassen. Mit denselben Farben versetzt man das zu den eingebrannten Gemälden dienende Wachs, Wände bemalt man nicht damit, Kriegsschiffe aber sehr allgemein, ja selbst schon Frachtschiffe; wir bemalen also auch unsere Gefahren, und man darf sich daher nicht wundern, daß den Scheiterhaufen gleichfalls die Farben dienstbar sind. Man liebt es, daß die, welche bis zum Tode oder wenigstens bis zum Blutvergießen kämpfen sollen, prächtig dahergefahren kommen. – Bei der Betrachtung so vieler verschiedener Farben kann ich nicht umhin, die Vorzeit zu bewundern.

---

[1] Nicht unsere Kreide, sondern ein weißer Ton.
[2] Cretula.

Mit welchen Farben die Alten gemalt haben.

Nur allein mit Hilfe von vier Farben, der melischen unter den weißen, der attischen unter den gelben, der sinopischen vom Pontus unter den roten und dem Atrament[1] unter den schwarzen Farben, fertigten die hochberühmten Maler Apelles, Echion, Melanthius und Nicomachus jene unsterblichen Werke, welche einzeln für das Vermögen ganzer Städte verkauft wurden. Jetzt, wo der Purpur die Wände einnimmt, wo Indien uns den Schlamm seiner Flüsse, das Blut der Drachen und Elefanten sendet, ist der Ruhm der Malerei erloschen. Damals also, wo man weniger hatte, war alles besser, und der Verfall der Kunst liegt darin, daß man jetzt nicht mehr auf den Wert des Geistes, sondern nur auf den des Materials sieht.

Wann zuerst die Kämpfe der Fechter
bildlich dargestellt sind.

Auch die unsinnige Richtung unseres Zeitalters hinsichtlich der *Malerei* will ich nicht unerwähnt lassen. Der Kaiser Nero ließ sich in Riesengröße, 120 Fuß hoch, auf Leinwand malen; etwas Derartiges war bis dahin noch nicht vorgekommen. Als dies Gemälde in den majanischen Gärten vollendet war, wurde es durch einen Blitzstrahl entzündet und verbrannte samt dem schönsten Teile dieser Gartenanlagen. Als ein Freigelas-

---

[1] Offenbar meint hier Plinius nicht den eigentlichen Atrament (siehe XXXIV. Buch, 32. Kap.), sondern Rußarten, von denen schon im 25. Kap. dieses Buches die Rede war.

sener desselben zu Antium ein Fechterspiel gab, kleidete er, wie bekannt, die öffentlichen Säulengänge mit einem Gemälde, worauf alle Fechter und Diener getreu abgebildet waren. Diese Art Malereien steht schon seit vielen Jahrhunderten im größten Flore. C. Terentius Lucanus machte aber den Anfang, *Fechterspiele* bildlich darstellen zu lassen und öffentlich aufzustellen; zu Ehren seines Großvaters, von welchem er an Kindes Statt angenommen war, ließ er dreißig Paare auf dem Forum drei Tage hintereinander auftreten und die Abbildung dieses Festes im Haine der Diana aufstellen.

VOM MARMOR
UND DER BILDHAUEREI.

Von der Verschwendung in Marmor.

Von den abzuhandelnden Gegenständen sind noch die Steine übrig, diese triftigsten Beweise unserer wahnsinnigen Sittenverderbnis, nicht zu gedenken der Edelsteine samt Bernstein, kristallenen und murrhinischen Gefäßen. Alles nämlich, was ich bis zu diesem Buche besprochen habe, kann als um der Menschen willen vorhanden angesehen werden; die Berge dagegen schuf die Natur zu ihren eigenen Zwecken, um die im Innern der Erde verdickte Materie als zusammengefügte Massen auftreten zu lassen, um die Gewalt der Ströme zu zähmen, die Fluten zu brechen und durch ihren härtesten Stoff die unruhigsten Teile in Schranken zu halten. Diese (Berge) hauen und schöpfen wir aus keiner andern Ursache, als unserm Hange zum Luxus zu fröhnen, aus, während es schon ein Wunder war, sie zu übersteigen. Wenigstens sahen es unsere Vorfahren als ein Wunder an, daß Hannibal und später die Cimbern die Alpen erstiegen hatten; jetzt zerhaut man diese Gebirge in tausend Arten *Marmor*, öffnet dem Meere die Vorgebirge und ebnet die ganze Natur. Wir schleppen das weg, was als Grenzscheide der Völker errichtet war, bauen Schiffe des Marmors wegen und fahren die Bergspitzen durch die Fluten, diesen wildesten Teil der Naturdinge, bald hier-, bald dahin; gewiß ein noch größerer Unsinn, als wenn man in die Wolken hinaufsteigt, um ein Geschirr zu kühlenden Getränken zu holen und dem Himmel naheliegende Felsen aushöhlt, um aus Kristall zu trinken. Möge doch ein jeder, wenn er die Preise dieser Dinge vernimmt, wenn er diese Lasten fahren und schleppen sieht, bedenken, wie vieler Menschen Leben ohne dergleichen viel glücklicher wäre, wie viele Unglücksfälle dadurch veranlaßt werden und daß die Menschen alles dieses (richtiger gesagt) erdulden, ohne einen andern Nutzen, ein anderes Vergnügen davon zu haben, als zwischen buntgefleckten Steinen zu liegen; als ob nicht die Finsternis der Nächte der Hälfte unseres Lebens die Freuden raubte!

Wer zuerst in öffentlichen Gebäuden Marmor angebracht hat.

Wer alles dieses in Erwägung zieht, muß selbst für das Altertum stark erröten. Man kennt noch Gesetze der Zensoren, welche verbieten, bei Mahlzeiten Schweinehälse[1], Siebenschläfer[2] und noch geringere Speisen aufzutragen; aber kein Gesetz wurde gegeben, welches untersagte, Marmor einzuführen und dieserhalb die Meere zu durchschiffen. Man möchte vielleicht einwenden, damals sei noch kein Marmor zu uns gebracht worden, doch hierin irrt man. Während M. Scaurus Aedil war, schaffte man 360 Säulen zu der Bühne eines Theaters, welches nur einen Monat stehen bleiben sollte, herbei, ohne daß hierbei ein Gesetz hindernd eingegriffen hätte, offenbar, wie man einwenden

[1] Glandia.
[2] Glires, welche noch in Italien gegessen werden.

338

könnte, um den Volksbelustigungen keinerlei Schranken zu setzen. Aber warum dies? Auf welchem Wege brechen die Laster mehr herein als auf dem öffentlichen? Auf welche andere Weise haben sich Elfenbein, Gold, Edelsteine in das Privatleben eingenistet? Was lassen wir überhaupt noch den Göttern übrig? Aber angenommen auch, die Gesetze hätten bei den öffentlichen Vergnügungen durch die Finger gesehen, warum schwiegen sie dann, als die größte jener Säulen, eine 38 Fuß hohe von lucullischem Marmor, in dem Vorhofe des Scaurus aufgestellt wurde? Denn dies geschah doch nicht heimlich und im verborgenen. Als die Säulen auf den palatinischen Berg geschafft wurden, drang der Pächter der Kloaken auf Vergütung des dadurch entstandenen Schadens. Wäre es nun bei einem so bösen Beispiele für die Sitten nicht besser gewesen, auf der Hut zu sein? Aber man schwieg und ließ es geschehen, daß in Privathäuser, deren Giebel schon mit tönernen Götterbildern besetzt waren, solche Lasten Steine gezogen wurden.

Berühmte Werke und Künstler in Marmor.

In *der Bearbeitung des Marmors* machten sich zuerst Dipoenus und Scyllis aus Creta zur Zeit der 50. Olympiade, als die Meder noch am Ruder waren und die Herrschaft des Cyrus in Persien noch nicht begonnen hatte, berühmt. Sie begaben sich nach Sicyon, welches lange das Vaterland aller Metallwerkstätten war, und fingen daselbst einige Götterstatuen, welche die Sicyoner auf öffentliche Kosten bei ihnen bestellt hatten, an, zogen aber, weil man sie ehrenrührig behandelt hatte, vor deren Vollendung wieder ab und nach Ätolien. Alsbald entstand zu Sicyon Hungersnot, Mißwuchs und in Folge davon Kummer und Betrübnis. Auf Befragen des pythischen Apollo erhielten die Sicyoner zur Antwort, diese Übel würden verschwinden, wenn Dipoenus und Scyllis die Bildnisse der Götter fertig hätten. Sie erreichten ihren Zweck denn auch durch viele Bitten und reichliche Geldspenden. Es waren aber die Statuen des Apollo, Herkules, der Diana und Minerva, welche letztere später vom Blitze getroffen wurde.

Schon vor dieser Periode lebten auf der Insel Chios der Bildhauer Melas, dann sein Sohn Micciades und sein Enkel Archermus, dessen Söhne Bupalus und Athenis zur Zeit des Dichters Hipponax, der sicher in der 60. Olympiade lebte, in dieser Kunst zu großem Ruhme gelangten. Führt man den Stammbaum dieser Künstler bis zu ihrem Urgroßvater zurück, so wird man finden, daß der Anfang der Bildhauerei mit dem der Olympiaden zusammenfällt. Hipponax hatte ein sehr häßliches Gesicht, jene Künstler fertigten daher sein Bildnis an und zeigten es zu Spott und Gelächter in Gesellschaften vor; dies veranlaßte den gekränkten Hipponax zu Spottgedichten, die so beißend waren, daß, wie einige angeben, die Künstler sich aus Verzweiflung darüber erhängt hätten. Doch ist letztere Angabe irrig, denn sie machten später auf den benachbarten Inseln, z. B. auf Delos, noch mehrere Bildnisse, unter welche sie die Worte setzten: Man schätze Chios nicht bloß wegen seines Weines, sondern auch wegen der Werke der Söhne des Archermus. Auch die Lasier zeigen eine von ihnen gemachte Diana. Auf Chios selbst spricht man viel von einem Kopfe der Diana von ihrer Hand, welcher (im Tempel) auf einer Erhöhung steht und dessen Gesicht den Eintretenden traurig, den Weggehenden aber heiter vorkommt. Zu Rom befinden sich ihre Arbeiten am Giebel des palatinischen Tempels des Apollo und fast auf allen vom Kaiser Augustus errichteten Gebäuden. Auch von ihrem Vater befanden sich Arbeiten auf Delos und Lesbos, von Dipoenus aber viele zu Ambracia, Argos und Cleone. Alle diese Künstler bedienten sich nur des weißen Marmors von der Insel Paros, der nach der Angabe M. Varros später Lampenstein[1] genannt wurde, weil man ihn in den Brüchen beim Scheine der Lampen aushaut. Später fand man noch viel weißere Arten, so vor kurzem auch in den Brüchen der Lunensier. Von dem parischen Marmor erzählt man die Seltsamkeit, beim Spalten eines Steinblocks mit Hilfe der Keile habe man einmal inwendig das Bildnis des Silenus gefunden. – Man darf nicht übersehen, daß die Bildhauerkunst weit älter ist als die Bildgießerei und Malerei, welche beide etwa 300 Jahre später, in der 83. Olympiade, mit Phidias ins Leben traten. Phidias selbst soll auch Marmor bearbeitet haben und von ihm die in der Galerie der Octavia zu Rom befindliche sehr schöne Venus sein. Soviel wenigstens ist gewiß, daß er der Lehrer des berühmten Atheners Alcmenes war, von dem sich zu Athen in den Tempeln viele Arbeiten und vor der Stadt eine herrliche Venus, welche den Namen »Aphrodite in den Gärten« führt, befinden. An letztere soll Phidias die letzte Hand gelegt haben. Ein anderer Schüler des Phidias war Agoracritus von Paros, den er auch seines Alters wegen liebhatte, und viele seiner eigenen Arbeiten soll er die Beisetzung von dessen Namen vergönnt

[1] Lychnites.

haben. Beide Schüler hielten auch einen Wettstreit in Verfertigung der Venus; Alcmenes siegte, aber nicht durch seine Arbeit, sondern durch die Stimmgebenden der Athenienser, welche für ihn gegen den Fremden Partei nahmen. Deshalb soll Agoracritus seine Statue, damit sie nicht in Athen bliebe, verkauft und Nemesis genannt haben; sie wurde in Rhamnus, einem attischen Flecken, aufgestellt, und nach der Ansicht M. Varros ist sie die ausgezeichnetste aller Statuen. In demselben Orte im Tempel der Cybele befindet sich noch ein Werk des Agoracritus.

Niemand wird zweifeln, daß Phidias der vorzüglichste aller Bildhauer war, wenn er den von ihm verfertigten Jupiter Olympius zu beurteilen versteht; damit aber auch diejenigen, welche nichts von ihm gesehen, innewerden, daß er das ihm erteilte Lob mit Recht verdient, wollen wir einige wenn auch nur kleine Beweise seines Genies mitteilen. Diese Beweise sollen also nicht der Schönheit seines olympischen Jupiters, nicht der Größe seiner Minerva zu Athen (sie mißt 26 Ellen und besteht aus Elfenbein und Gold), sondern nur dem Schilde der letztern entnommen werden. Auf dem erhöhten Rande desselben meißelte er die Schlacht der Amazonen, in der Mitte den Kampf der Götter und Giganten, am Fuße desselben aber den der Lapithen und Centauren ein und vereinigte somit alle Teile der Kunst auf ihm. Was er an dem Sockel der Statue anbrachte, nannte er die Ausgeburt der Pandora; 20 Gottheiten sind es, deren Geburt hier dargestellt ist, und unter ihnen bewundert man am meisten die Victoria. Kenner bewundern auch die Schlange und unter dem Spieße selbst die erzene Sphinx. Diese wenigen Andeutungen mögen genügen und zugleich dartun, daß dieser nie genug zu lobende

Künstler auch in Nebendingen seine Vortrefflichkeit bewährt hat.

Das Zeitalter des Praxiteles, der sich in Marmorarbeiten selbst übertraf, habe ich bei den Bildgießern angeführt. Seine Werke befinden sich zu Athen auf dem Töpferplatze; unter allen seinen, ja unter allen ähnlichen Arbeiten in der ganzen Welt steht aber seine Venus obenan, um derentwillen viele Menschen nach Gnidus reisten. Er hatte nämlich zwei Exemplare gemacht und verkaufte sie zugleich, die eine, verhüllte, an die Coer, welche sie der andern, die ihnen um denselben Preis zu Gebote stand, vorzogen und dadurch zu erkennen geben wollten, ihre Wahl sei von Strenge und Zucht diktiert gewesen; die andere, verworfene, an die Gnidier, aber wie unendlich berühmter wurde diese letztere! Später wollte sie der König Nicomedes den Gnidiern abkaufen und erbot sich, alle Schulden der Stadt – und diese waren sehr bedeutend – zu bezahlen; allein sie wiesen seinen Antrag zurück, wollten lieber alles ertragen als die Venus missen und taten daran nicht unrecht, denn dieses Werk des Praxiteles hat Gnidus berühmt gemacht. Die Kapelle, worin die Göttin steht, wird rundum geöffnet, damit man ihre Gestalt vollkommen sehen kann, und man glaubt, sie selbst finde Gefallen daran. Von welcher Seite man sie auch betrachtet, überall erfüllt den Beobachter Bewunderung. Man erzählt, jemand sei von Liebe zu dieser Statue so entbrannt worden, daß er sich nachts bei derselben versteckt gehalten, sie umfaßt und die Beweise seiner Geilheit durch noch vorhandene Flecken zurückgelassen habe. Zu Gnidus befinden sich noch andere Marmorstatuen berühmter Künstler, wie ein Bacchus von Bryaxis, ein Bacchus und eine Minerva von Scopas; aber von allen diesen ist, der

Venus des Praxiteles gegenüber, gar keine Rede, und das erscheint wohl als der beste Beweis für den unendlich höhern künstlerischen Wert der letztern. Von Praxiteles ist auch ein Cupido vorhanden, um dessentwillen Verres Thespiae besuchte (was ihm Cicero zum Vorwurfe machte) und der sich jetzt in der Galerie der Octavia befindet. Ein anderer, nackter Cupido desselben in der Kolonie Parium im Propontis hat mit der gnidischen Venus dieselbe Berühmtheit und Beschmutzung gemein; der Rhodier Alcetas war es nämlich, welcher an diesem die Spuren seiner Geilheit zurückließ. Von Praxiteles befinden sich folgende Werke in Rom: Flora, Triptolemus, Ceres in den Gärten des Servilius, der gute Ausgang und das gute Glück auf dem Kapitole, desgleichen die Maenaden, die sogenannten Thyaden und Caryatiden. Die Silenen in den Denkmälern des Asinius Pollio; Apollo und Neptun.

Cephisodotus, der Sohn des Praxiteles, war auch der Erbe seiner Kunst. Bemerkenswert ist seine Gruppe mehrerer Personen[1] zu Pergamus, wo die Finger eher in dem Körper als in dem Marmor zu stecken scheinen. Rom besitzt von ihm: Latona in der Kapelle des Kapitols, Venus in den Denkmälern des Asinius Pollio und innerhalb der gewölbten Gänge der Octavia im Tempel der Juno: Aesculap und Diana. Mit den Werken der beiden vorigen Meister wetteifern die des Scopas. Von ihm hat man eine Venus und einen Pothos, die zu Samothracien mit den größten Feierlichkeiten verehrt werden, ferner einen Apollo im Palatium, in den servilischen Gärten eine ausgezeichnete sitzende Vesta und um ihr zwei Leuchten, deren gleiche sich nebst der Korbträgerin

---

[1] Symplegma.

desselben Künstlers in den Denkmälern des Asinius Pollio befinden. Doch seine besten Arbeiten sind im Tempel des Cn. Domitius beim flaminischen Zirkus, nämlich Neptun, Thetis, Achilles und die Nereiden auf Delphinen, Walfischen und Seepferden sitzend, ferner Tritonen, das Gefolge des Phorcus, Sägefische und viele andere Seegeschöpfe, alle von derselben Hand und eine vortreffliche Schöpfung, wenn sie auch sein ganzes Leben in Anspruch genommen hätte. Außer diesen und den mir nicht bekannten Arbeiten des Scopas sind noch zu erwähnen: ein kolossaler sitzender Mars im Tempel des Brutus Callaicus bei ebendemselben Zirkus auf dem Wege nach dem labicanischen Tore, eine nackte Venus ebendaselbst, welche selbst die des Praxiteles übertrifft und auch jeden andern Ort zieren würde. Zu Rom zwar übersieht man sie über der Masse anderer Kunstwerke, die meisten Menschen werden durch Geschäfte und mancherlei andere Obliegenheiten von der Betrachtung solcher Dinge abgehalten, denn eine solche läßt sich nur dann mit Erfolg anstellen, wenn Zeit und ein ruhiger, vom Geräusche der Stadt nicht berührter Ort zu Gebote stehen. Aus diesem Grunde kennt man auch den Künstler jener Venus, welche der Kaiser Vespasianus den Sammlungen seines Friedenstempels einverleibt hat und die des Rufes der Alten würdig ist, nicht. Ebenso weiß man nicht, ob die sterbenden Kinder der Niobe im Tempel des Apollo Sosianus von Scopas oder von Praxiteles sind; ferner, wer von ihnen den Vater Janus gemacht hat, der von Ägypten kam, von Augustus in seinem Tempel aufgestellt wurde, jetzt aber auch schon mit Gold überdeckt ist. Ebenso ungewiß ist es, von wem der den Blitzstrahl haltende Cupido im Rathause der Octavia stammt. Endlich wird versichert, daß in jenem Zeitalter Alcibiades der schönste Mann von Gestalt gewesen sei.

Viele geschätzte Arbeiten sind aus dieser Schule hervorgegangen, von denen man die Verfertiger nicht kennt. Vier Satyrn, von denen der erste den in einen Mantel gehüllten Bacchus im Arme, der zweite die Gemahlin des Bacchus[1] trägt, der dritte ein weinendes Kind beschwichtigt und der aus dem Becher eines andern seinen Durst stillt, und zwei Luftgestalten, welche in ihren Kleidern dahinsegeln. In den Schranken des Volksversammlungsplatzes der Olympius, Pan, Chiron und Achilles, deren Wert man einer Bürgschaft auf Leib und Leben gleichsetzt.

Nebenbuhler des Scopas waren Bryaxis, Timotheus und Leochares, deren ich ebenfalls hier gedenken muß, da sie alle vier gleichzeitig an dem Mausoleum gearbeitet haben. Dieses *Mausoleum* ist ein Grabmal, welches Artemisia ihrem Gemahle, einem kleinen Könige in *Carien*, der im zweiten Jahre der 107. Olympiade starb, errichten ließ. Daß dasselbe zu den sieben Wunderwerken der Welt gezählt worden, verdankt man besonders diesen Künstlern. Es ist von Süden nach Norden 63 Fuß lang, in entgegengesetzter Richtung etwas kürzer, 25 Ellen hoch, sein Umfang beträgt 440 Fuß, und 36 Säulen umschließen es. Man hat ihm den Namen Pteron gegeben. An der Ostseite arbeitete Scopas, an der Nordseite Bryaxis, an der Südseite Timotheus und an der Westseite Leochares. Die Königin starb zwar, noch ehe sie fertig waren, allein sie ließen die Arbeit nicht liegen, denn sie betrachteten das Grabmal zugleich auch als ein Denkmal ihrer eigenen Kunst. Noch heute ist

[1] Libera.

man unentschieden darüber, wem von ihnen der Vorzug an diesem Werke gebührt. Es kam übrigens noch ein fünfter Künstler hinzu. Über der Zinne des Mausoleums erhebt sich nämlich, von gleicher Höhe als dieses selbst, eine Pyramide, welche, 24 Stufen bildend, in eine kleine Fläche endigt, und oben auf derselben steht ein marmornes Viergespann von der Hand des Pythis. Mit diesem beträgt die Höhe des ganzen Werks 140 Fuß.

Von Timotheus befindet sich zu Rom auf dem palatinischen Berge im Tempel des Apollo eine Diana, an der Avianius Evander den Kopf restauriert hat. Sehr bewundert wird auch sein Herkules zu Menestratus, seine Hecate zu Ephesus im Tempel der Diana hinter dem Heiligtum, bei deren Beschauung die Tempeldiener erinnern, man möge die Augen schonen, denn der Marmor glänzt überaus stark. Die Grazien im Propyläum zu Athen von Socrates, einem von dem Maler gleichen Namens verschiedenem, nach anderen aber damit identischem Künstler, werden gleichfalls sehr gerühmt; ferner ein betrunkenes altes Weib zu Smyrna von jenem Myron, der sich auch in Erzarbeiten einen Namen erwarb. Asinius Pollio, ein Mann von leidenschaftlichem Temperamente, wollte auch *seinen* Sammlungen Berühmtheit verschaffen, und so findet man denn darin: die Nymphen tragenden Centauren des Arcesilas, die Thespiaden des Cleomenes, den Oceanus und Jupiter des Henisochus, die Appiaden des Stephanus, die Hermeroten des Tauriscus, aber nicht des Ziseleurs, sondern des Trallianers; den die Gastfreundschaft schützenden Jupiter des Papylus, eines Schülers des Praxiteles, ferner den Zethus, Amphion, die Dirce, den Stier und die Fessel, alles aus *einem* Steine von Apollonius und Tauriscus gehauen und von Rhodus hergeholt.

Diese veranlaßten einen Streit der Eltern über sich, sie sagten nämlich, Menecrates scheine, Artemidorus aber sei natürlich. Ebendaselbst befindet sich auch ein berühmter Bacchus des Eutychides; neben dem Porticus der Octavia des Rhodiers Philiscus Apollo in seinem Heiligtume, ferner Latona, Diana, die neun Musen und noch ein anderer, unbekleideter Apollo. Denjenigen in demselben Tempel, welcher eine Zither hält, machte Timarchides; innerhalb des Porticus der Octavia, im Tempel der Juno, findet man eine Juno von Dionysius, noch eine andere Juno von Polycles, eine Venus von Philiscus, die übrigen Bildsäulen sind von Praxiteles, Polycles und Dionysius. Der Sohn des Timarchides machte den Jupiter, welcher in dem nächsten Tempel steht, Heliodorus den *Pan* und Olympus miteinander ringend, welches Stück die zweite berühmte Gruppe ist, Polycharmus eine badende und eine stehende *Venus*.

Daß des Lysias Werk zu den sehr geschätzten gehört, ergibt sich aus dem Umstande, daß es der Kaiser Augustus seinem Vater Octavius zu Ehren im Palatium über dem Bogen aufstellte und mit einem kleinen Tempel auf Säulen zierte; es ist dies nämlich ein Viergespann mit Wagen, Apollo und Diana aus einem einzigen Steine. Bemerkenswerte Arbeiten in den servilischen Gärten sind: ein Apollo von jenem Erzkünstler Calamis, Faustkämpfer von Dercylides, der Geschichtsschreiber Callisthenes von Amphistratus. – Der Ruf vieler andern Kunstwerke liegt mehr im dunkeln, denn bei manchen sehr ausgezeichneten Werken wird der Ruhm einiger Meister durch die Anzahl der Künstler selbst (denen man das betreffende Werk zuschreibt oder die zugleich daran gearbeitet haben) in Frage gestellt; einer also nimmt nicht den ganzen Ruhm in Anspruch, und mehrere gleichzeitig namentlich aufzuführen, ist doch auch nicht zulässig. So geht es unter andern mit dem Laokoon im Hause des Kaiser Titus, einem Werke, welches über allen Schöpfungen der Malerei und Bildgießerei steht, ihn samt seinen Kindern von Drachen wunderbar durchschlungen aus einem einzigen Steine gemeißelt darstellt, und nach dem Resultate einer darüber gehaltenen Beratung von den ausgezeichneten rhodischen Künstlern Agesander, Polydorus und Athenodorus ausgearbeitet ist. So stehen in den kaiserlichen Häusern auf dem palatinischen Berge eine Menge der vorzüglichsten Statuen von Craterus mit Pythodorus, von Polydeuces mit Hermolaus, von einem andern Pythodorus mit Artemon, ferner vom Trallianer Aphrodisius allein[1].

Das Pantheum des Agrippa zierte Diogenes von Athen aus, seine Caryatiden an den Säulen dieses Tempels werden von wenigen Kunstwerken erreicht; dieselbe Vorzüglichkeit muß den auf dem Giebel stehenden Bildsäulen zuerkannt werden, doch sie sind wegen ihrer Entfernung von der Erde weniger bekannt. Der Herkules, bei welchem die Punier jährlich einen Menschen opferten, ist ehrlos, steht daher in keinem Tempel, sondern an der Erde vor dem Eingange in den Säulengang »Zu den Nationen«. Auch die Thespiaden, von denen, wie M. Varro erzählt, der römische Ritter Junius Pisciculus eine liebte, standen beim Tempel des Glücks. Ferner hat sich Pasiteles, der an der griechischen Küste von Italien geboren und mit jenen Städten zur Würde eines römischen Bürgers gelangt war, um die Kunst verdient gemacht, unter andern durch die Verfassung von fünf

---

[1] singularis, d. h. der gern für sich, nicht gemeinschaftlich mit andern an einem Stücke arbeitete.

Büchern, worin die bessern Kunstwerke auf der ganzen Erde beschrieben sind, ferner durch einen Jupiter von Elfenbein, der in dem Tempel des Metellus auf dem Wege zum Marsfelde steht. Als er einst auf den Schiffswerften[1], wo sich die wilden Tiere aus Afrika befanden, einen Löwen durch die Stäbe des Käfigs betrachtete und mit seiner Nachbildung beschäftigt war, ereignete es sich, daß aus einem anderen Käfige ein Panther hervorbrach, und nur mit genauer Not gelang es dem fleißigen Künstler, der Gefahr zu entrinnen. Er soll sehr viele Stücke verfertigt haben, welche aber, wird nicht gesagt. Auch den Arcesilaus rühmt Varro; er erzählt nämlich, er selbst habe von ihm eine marmorne Löwin und geflügelte Liebesgötter, welche mit ihr spielten und denen einige dieselbe gebunden hielten, andere sie aus einem Horne zu trinken zwangen, noch andere sie mit ihren Schuhen traten, alles aus einem einzigen Steine gemacht, besessen. Derselbe Autor gibt an, die Statuen der 14 Völkerschaften, welche um das Theater des Pompejus stehen, habe Coponius gemacht. Auch Canachus soll ein tüchtiger Bildhauer in Marmor gewesen sein; ferner sind Sauras und Batrachus, Lacedämonier von Geburt, welche die mit Säulengängen eingeschlossenen Tempel der Octavia errichtet haben, nicht mit Stillschweigen zu übergehen. Einige geben an, sie wären sehr reich gewesen und hätten diese Tempel auf ihre Kosten gebaut, in der Hoffnung, daß ihre Namen durch Inschriften verewigt werden würden; als ihnen dies Gesuch abgeschlagen sei, hätten sie sich die Erreichung ihres Wunsches auf andere Weise zu verschaffen gewußt, wenigstens sieht man noch an den Windungen der Säulen statt ihrer

[1] In dem dritten Stadtbezirke.

Namen Sinnbilder derselben, nämlich eine Eidechse und einen Frosch, ausgehauen. Daß im Tempel des Jupiters ein Gemälde und alle übrigen Ausschmückungen weiblicher Arten waren, ist bekannt; als nämlich der Juno ein Tempel gebaut war und die Bildnisse darin aufgestellt werden sollten, sollen sie die Träger verwechselt haben, es sei aber aus religiöser Scheu keine weitere Abänderung getroffen worden, und so hätten die Gottheiten selbst ihren Wohnsitz geteilt. Daher befindet sich alles, was eigentlich in den Tempel des Jupiter gehört, in dem der Juno. Einige Künstler erwarben sich auch durch kleine Marmorarbeiten Ruf, so z. B. Myrmecides durch ein Viergespann mit dem Kutscher, den eine Fliege mit ihren Flügeln bedecken konnte, und Callicrates durch Ameisen, deren Beine und andere feinere Gliedmaßen mit bloßem Auge kaum zu sehen waren.

Wann zuerst der Marmor in Gebäuden in Gebrauch gekommen ist.

Nachdem ich von den Arbeiten und den berühmtesten Künstlern in Marmor gehandelt habe, muß ich noch hinzufügen, daß in der Blütezeit dieser Kunst der gefleckte Marmor noch nicht geschätzt war. Damals bediente man sich (gewöhnlich) des Marmors der Cycladeninsel Thasus, auch desjenigen von Lesbos, doch zieht sich der letztere schon etwas mehr ins Blaugraue. Den Gebrauch des gefleckten Marmors und das ganze Gepränge damit führte zuerst und mit seltenem Erfolg Menander, der fleißigste Beförderer der Üppigkeit, ein. Die Säulen wurden nur in den Tempeln angebracht, aber nicht um damit zu prunken (denn dies verstand man damals noch nicht), sondern weil man sie auf keine andere Weise festzustellen wußte. Auf diese Weise führte man den Bau des Tempels des olympischen Jupiters zu Athen aus, aus welchem Sulla die Säulen zu den capitolischen Tempeln nach Rom brachte. Jedoch unterschied man schon zu Homers Zeiten Marmor vom Steine, denn dieser Dichter spricht von Marmor, der mit Stein durchsetzt sei, aber damals enthielten die Häuser der Könige, wenn auch aufs prächtigste verziert, doch außer Erz, Gold, Elektrum und Silber nur Elfenbein. Wie mir scheint, fand man zuerst in den Steinbrüchen der Chier gefleckten Marmor; sie erbauten damit ihre Mauern und zeigten ihn allen als etwas Prächtiges, was M. Cicero zu dem treffenden Ausspruche veranlaßte: »Ich würde eure Mauern mehr bewundern, wenn ihr sie aus tiburtinischen Steinen gemacht hättet.« Und in der Tat würde die Malerei niemals zu solch hohem Ansehn gelangt sein, wenn der (gefleckte) Marmor damals so berufen gewesen wäre.

Welche zuerst in Marmor geschnitten und wann.

Ob die Kunst, den *Marmor* in dünne Platten zu *schneiden*, eine Erfindung der Carier ist, kann ich nicht entscheiden. Wie ich finde, war das Haus des Mausolus zu Halicarnassus das erste Gebäude, dessen (ziegelsteinerne) Wände mit (proconnesischem) Marmor bekleidet wurden. Mausolus starb aber im zweiten Jahr der 107ten Olympiade, dem 403ten Jahre Roms.

Wer zuerst in Rom die Wände damit überdeckt hat.

Cornelius Nepos erzählt, Mamurra aus Formii, ein römischer Ritter und Feldzeugmeister[1] des C. Caesar in Gallien, habe zuerst alle *Wände* seines Hauses auf dem cälischen Berge *mit Marmorplatten bedecken* lassen. Man nahm keinen Anstoß daran, daß diese Erfindung einen solchen Urheber hatte; dieser *Marmor* ist nämlich derselbe, den der Veroneser Catull in seinen Gedichten so geißelte und von dem sein Haus und dessen Einrichtung klarer als Catull sagte, er hätte alles, was das haarige Gallien besessen habe. Nepos fügt noch hinzu, derselbe habe zuerst in seinem ganzen Hause nur marmorne Säulen, und zwar solche aus einem Stücke aus den carystischen und lunensischen Brüchen gehabt.

Wann die verschiedenen Marmorarten in Rom in Gebrauch gekommen sind.

M Lepidus, des Catulus Mitkonsul im 676sten Jahre Roms, war der erste, welcher in seinem Hause Türschwellen von numidischem Marmor legen ließ, was ihm großen Tadel zuzog. Diese erste Spur eingeführten numidischen Marmors zeigt sich also nicht an Säulen oder Wandplatten, wie bei dem obenerwähnten carystischen, sondern in Massen an den Türschwellen. Vier

---

[1] Praefectus fabrûm.

Jahre nach Lepidus war L. Lucullus Konsul; ihm verdankt offenbar der lucullische Marmor seinen Namen, welchen jener sehr schätzte und zuerst nach Rom brachte. Diese Art ist schwarz, während sich andere Sorten durch ihre Flecken und Farben empfehlen, kommt auf der Insel Melos vor und ist die einzige, welche nach ihrem Liebhaber benannt wurde. Die Schaubühne des M. Scaurus hatte, soviel ich weiß, zuerst marmorne Wände, ob aber nur mit Platten belegt oder aus ganzen Stücken aufgebaut wie jetzt der Tempel des donnernden Jupiters auf dem Kapitole, vermag ich nicht zu unterscheiden; ich finde nämlich aus damaliger Zeit noch keine Spuren von geschnittenem Marmor in Italien.

Wie man Marmor schneidet.

Möge nun der Erfinder heißen, wie er wolle, so war es ein unpassender Gedanke, den *Marmor zu schneiden* und die Üppigkeit zu verteilen. Das Schneiden selbst geschieht *durch Sand* und nur scheinbar durch Eisen, denn die Säge drückt in sehr schmaler Linie auf den Sand, wälzt denselben durch Hin- und Hergehen und schneidet so unmittelbar durch die Bewegung. Der beste Sand zu dieser Operation ist der äthiopische; man muß also nach Äthiopien schicken, um Marmortafeln zu machen, ja selbst nach Indien, dessen Perlen man sogar verschmähte, als die Sitten noch nicht verdorben waren. Der indische Sand steht an Güte dem äthiopischen am nächsten, ist aber etwas weicher; der äthiopische schneidet, ohne rauh zu machen, der indische bekommt diese

Eigenschaften erst, wenn er von den Arbeitern geglüht worden ist. Einen ähnlichen Fehler hat der Sand von Naxos und Coptis, welch letzterer auch ägyptischer heißt. Die soeben genannten Sandarten dienten früher ausschließlich zum Schneiden des Marmors; später entdeckte man noch eine, nicht minder brauchbare Art an einer seichten Stelle des adriatischen Meeres, welche nur bei der Ebbe zum Vorschein kommt und daher der Beobachtung so lange entging. Gegenwärtig verleitet der Hang zum Betruge die Künstler bereits, mit Sand aus allen Flüssen den Marmor zu schneiden, ohne zu bedenken, welcher Schaden ihnen dadurch erwächst; gröberer Sand macht nämlich weitere Spalten, reibt mehr Marmor weg, die Platten werden rauher, erfordern hernach mehr Mühe beim Schleifen und fallen folglich zu dünn aus. Zum Schleifen gebraucht man thebischen Sand und poröses oder bimssteinartiges Gestein.

Von dem naxischen und armenischen Steine.

Zum Polieren der Marmorarbeiten, ja selbst zum Schneiden und Polieren der Edelsteine bediente man sich lange Zeit nur des sogenannten *naxischen Steines*, welcher auf der Insel Zypern vorkommt. Später verdrängte ihn eine Steinart aus *Armenien*.

Die Arten und Farben des Marmors sind so bekannt, daß eine nähere Auseinandersetzung hier unnötig erscheint; auch ist ihre Anzahl so groß, daß die Aufzählung nicht ganz leicht ist; denn welcher Ort hat nicht seine eigene Art Marmor? Die berühmtesten Arten habe ich indessen im geographischen Teile bei den betreffenden Völkerschaften genannt. Nicht aller Marmor findet sich aber in Steinbrüchen[1], sondern vieler auch unter der Erde zerstreut, und solcher gehört oft zu den geschätztesten Arten, wie z. B. der lacedämonische, welcher grün und an lebhaftem Aussehen alle übrigen übertrifft, ferner der augusteische und tiberische, welche resp. unter den Regierungen des Augustus und Tiberius in *Ägypten* entdeckt worden sind. Diese beiden unterscheiden sich vom Ophit, der seinen Namen der schlangenähnlichen Fleckung verdankt, dadurch, daß sie auf verschiedene Weise gefleckt sind, der augusteische hat nämlich wellenförmig krause, in eine Spitze sich vereinigende, der tiberische zerstreute, nicht zusammengewundene graue Streifen. Vom Ophit findet man nur sehr kleine Säulen; er bildet zwei Arten, eine weiße weiche und eine schwarze harte. Beide Arten sollen aufgebunden gegen Kopfschmerzen und Schlangenbisse gut sein; den weißen empfehlen einige, Wahnsinnigen und Schlafsüchtigen aufzubinden. Gegen Schlangen empfiehlt man aber besonders diejenige Art, welche aschgrau aussieht, dieser Farbe wegen den Namen Tephria[2] führt, aber auch nach seinem Fundorte Memphites genannt wird. Man legt ihn als Pulver mit Essig auf

---

[1] d. h. in bedeutenden Massen beieinander.
[2] τεφρα: Asche.

Stellen, welche gebrannt oder geschnitten werden sollen; er bewirkt, daß der Körper unempfindlich wird und bei der Operation keine Schmerzen fühlt.

Ebenfalls in *Ägypten* kommt der rote Porphyrites vor, welcher, wenn er mit weißen Punkten durchsetzt ist, den Beinamen der kleinsteinige bekommt. Seine Brüche gestatten, ihn in beliebig großen Blöcken auszuhauen, Vitrasius Pollio, der Statthalter des Kaisers Claudius, brachte Bildsäulen aus diesem Marmor von Ägypten nach Rom, diese Neuigkeit fand aber keinen Anklang, wenigstens keine Nachahmer. In Äthiopien entdeckten die Ägypter den Basanites, der die Härte und Farbe des Eisens hat und hiernach benannt worden ist. Er hat unter allen Steinarten bis jetzt den größten Block geliefert, welcher verarbeitet von dem Kaiser Vespasianus dem Augustus zu Ehren in den Tempel des Friedens geweiht wurde und den Nil darstellt, um welchen 16 Kinder, als Symbole der höchsten Anschwellung dieses Flusses bis zu 16 Ellen, spielen. Ihnen nicht unähnlich soll der Stein sein, welcher der Bildsäule des Memnon in dem Tempel des Serapis in Ägypten geweiht ist und der alle Tage, wenn ihn die Strahlen der Sonne berühren, ein Geräusch machen soll.

VON DEN EDELSTEINEN.

Ursprung der Edelsteine.

Um mein Werk möglichst vollständig zu machen, bleibt mir noch übrig, von den Edelsteinen und den in einen kleinen Raum vereinigten Herrlichkeiten der Natur, welche von vielen in keinem andern Zweige mehr bewundert wird, zu reden. Man hält so viel von ihrer Mannigfaltigkeit, ihren Farben, ihrer Substanz und ihrer Pracht, daß es manchen eine Sünde scheint, sie durch Bearbeitung zu verletzen; ja gewisse Edelsteine werden so sehr über allen Wert und alle menschlichen Schätze gestellt, daß vielen ein einziger genügt, um darin das Meisterstück der Schöpfung zu erkennen. Was den *Ursprung der Edelsteine* und den Anfang ihrer bis zu einem so hohen Grad gediehenen Bewunderung betrifft, so habe ich gewissermaßen schon beim Golde und den Ringen davon gesprochen. Man geht dabei gewöhnlich auf die Fabel von dem an den Kaukasus gefesselten Prometheus zurück; hier sei zuerst ein Stückchen des Felsens in Eisen eingeschlossen und an den Finger gesteckt worden, hier habe man also gleichzeitig Ring und Edelstein.

Vom Bernsteine. Was die Schriftsteller
Falsches von ihm berichtet haben.

Unter den Luxusartikeln muß ich nun zunächst des *Bernsteins* gedenken, der jedoch bis jetzt nur bei den Frauen Eingang gefunden hat, übrigens aber dieselbe Beachtung verdient wie die Edelsteine, aus gewissen Gründen wenigstens eine größere als die kristallenen und murrhinischen Gefäße, welche beide einen kühlen Trunk geben. Vom Bernsteine hat aber noch nicht einmal die Üppigkeit eine Verwendung ausgedacht. Der Bernstein gibt mir Veranlassung, die Lügenhaftigkeit der Griechen in ihren Mitteilungen zu zeigen. Ich bitte daher die Leser, mir bei der Erzählung über den Ursprung desselben ihre Aufmerksamkeit zu schenken, denn auch dies interessiert den Menschen, und wir mögen erfahren, was alles jene Griechen Wunderbares davon berichtet haben. Ihre meisten Dichter und unter diesen zuerst, wie ich glaube, Aeschylus, Philoxenus[1], Nicander, Euripides, Satyrus[2], sagen nämlich, die Schwestern des vom Blitz erschlagenen Phaëthon seien durch vieles Weinen in Pappelbäume verwandelt worden, und aus ihren Tränen flössen noch alle Jahre neben dem Flusse Eridanus, den wir Padus nennen, der Bernstein, welcher deshalb Electrum heiße, weil die Sonne den Namen Elector führe. Die Unrichtigkeit dieser Angabe ergibt sich aus dem Zeugnisse Italiens selbst. Genauere griechische Schriftsteller behaupten, im adriati-

[1] Aus Cythera, zwischen 438 und 378 v. Chr., lebte meist am Hofe des älteren Dionysios zu Syrakus. Wurde wegen seiner Freimütigkeit von dem Tyrannen ins Gefängnis geworfen.

[2] Berühmter Schauspieler zur Zeit Philipps des Großen, Lehrer des Demosthenes in der Musik und Deklamation.

schen Meere lägen die elektridischen Inseln, wohin sich der Padus ergieße. Nun weiß man aber, daß Inseln dieses Namens dort nie existiert haben, daß dort auch gar keine Inseln sind, welchen der Padus etwas zuführen könnte. Daß ferner Aeschylus sagt, der Eridanus sei in Iberien, d. h. in Spanien, und werde auch Rhodanus genannt, daß hingegen Euripides und Apollonius[1] den Rhodanus und Padus an der Küste des adriatischen Meeres sich vereinigen lassen, beweist nur, wie unwissend diese Autoren in der Kenntnis der Erde waren, und macht es um so verzeihlicher, daß sie vom Bernstein nichts wußten. Andere sind bescheidener, aber gleichfalls im Irrtum, wenn sie sagen, auf den äußersten unzugänglichen Felsen des adriatischen Meerbusens ständen Bäume, welche beim Aufgange des Hundssterns jenes Gummi ausschwitzten. Theophrastus gibt an, er würde in Ligurien gegraben, Chares[2], Phaëthon sei in der äthiopischen Provinz Hammonien gestorben, dort befinde sich sein Tempel, ein Orakel, und es komme Bernstein dort vor. Nach Philemon ist er ein Fossil, wird in Scythien an zwei Stellen gegraben, heißt, wenn er weiß und wachsfarben ist, Electrum, wenn er aber dunkelgelb ist, Subalternicum. Demostratus[3] nennt ihn Lyncurium und läßt ihn aus dem Harne des Luchses entstehen, der vom männlichen Harne sei dunkelgelb und feuerfarben, der vom weiblichen matter und weiß. Andere nennen ihn Langurium und leiten ihn von einem in Italien vorkommenden Tiere namens Languria

[1] Welcher A. hier gemeint ist, läßt sich kaum unterscheiden.

[2] Wahrscheinlich der im Inhaltsverzeichnisse des XII. u. XIII. Buches schon vorgekommene Chares von Mitylene, welcher aber nicht näher bekannt ist.

[3] Unbekannt.

ab; Zenothemis nennt dieses Tier Langa und versetzt dessen Heimat an den Padus. Sudines bezeichnet einen Baum in Ligurien, Lynca genannt, der den Bernstein liefere, und derselben Ansicht ist Metrodorus. Sotacus meint, er fließe in Britannien aus Felsen, die er Electriden nennt. Pytheas erzählt, die Guttonen, ein deutsches Volk, wohnten an einer Lagune des Ozeans, namens Mentonomon, welche 6 000 Stadien groß sei; von dieser liege eine Schiffstagereise entfernt die Insel Abalus, wohin der Bernstein als ein konkreter Abschaum des Meeres im Frühjahre durch die Fluten getrieben werde; die dortigen Bewohner gebrauchten ihn statt Holz zum Brennen und verkauften ihn an die nächstliegenden Teutonen. Dieser Erzählung schenkt auch Timaeus[1] Glauben, doch nennt er die Insel Basilia (Balthea). Philemon sagt, der Bernstein brenne nicht mit Flamme. Nicias[2] nennt ihn einen Saft der Sonnenstrahlen; er meint, dieselben drängen beim Untergange heftiger auf die Erde und hinterließen in der dortigen Gegend des Ozeans einen fetten Schweiß, der im Sommer an die deutsche Küste geworfen werde. Auf dieselbe Weise soll er in Ägypten entstehen und dort den Namen Sacal führen; ferner in Indien, und die Indier sollen ihn dem Weihrauch vorziehen. In Syrien sollen sich die Weiber Spindelwirtel davon machen und ihn den Haken nennen, weil er Blätter, Spreu und Kleiderlappen an sich zieht. Nach Theochrestus[3] wird er vom Ozean durch die Flut an die Vorgebirge der Pyrenäen geworfen; Xenocrates, der jüngst hierüber geschrieben hat, pflichtet ihm

[1] Von Tauromenium in Sicilien.
[2] Welcher?
[3] Unbekannt.

bei. Der noch lebende Asarubas[1] berichtet, neben dem atlantischen Meere liege der See Cephisis, den die Mauren Electrum nennen; dieser entlasse, wenn er von der Sonne erwärmt werde, aus seinem Schlamme einen flüssigen Bernstein. Mnaseas[2] sagt, in Afrika liege der Ort Sicyon, und daneben ströme der Fluß Crathis vorbei, der sich in den Ozean ergieße und aus einem See entspringe, auf welchem Vögel lebten, die er Meleagridae und Penelopae nennt; hier entstehe der Bernstein im Frühjahre auf dieselbe Weise wie oben in dem Electrum-See. Theomenes[3] sagt, neben der großen Syrte liege der Garten der Hesperiden und der Teich Electrum; in diesen falle von den dort stehenden Pappelbäumen der Bernstein herab und werde von den Jungfrauen der Hesperiden gesammelt. Nach Ctesias gibt es in Indien einen Fluß namens Hypobarus, welches Wort anzeigen solle, daß er alles Gute in sich trage; derselbe fließe von Norden her in den östlichen Ozean neben einem bergigen Walde vorbei, dessen Bäume Bernstein trügen, und diese Bäume hießen Siptachorae, was so viel wie äußerst angenehme Süßigkeit bedeute. Mithridates[4] berichtet, an der deutschen Küste sei eine Insel namens Serita, auf welcher Wälder einer Art Zeder wären, woraus der Bernstein auf Felsen herabfließe. Nach Xenocrates soll der Bernstein nicht allein in Italien vorkommen, sondern auch daselbst Thyon, bei den Scythen aber, wo er ebenfalls vorkomme, Sacrium heißen. Andere glauben, er erzeuge sich in Numidien. Alles übersteigt aber die Angaben des tragischen Dichters Sopho-

[1] Unbekannt.
[2] Unbekannt.
[3] Unbekannt.
[4] Der bekannte König in Pontus.

cles, was mich um so mehr wundert, da derselbe sich sonst durch eine so ernste und erhabene Schreibart auszeichnet, außerdem ein so rühmliches Leben führte, aus einem vornehmen atheniensischen Geschlechte stammte, Staatsangelegenheiten leitete und ein Kriegsheer befehligte; er sagt nämlich, der Bernstein fließe hinter Indien aus den Tränen der Vögel des Meleager, die ihren Herrn beweinten. Wer sollte sich nicht darüber wundern, daß er entweder dies geglaubt oder andere dessen überreden zu können gehofft habe? Welcher Knabe kann für so unerfahren gehalten werden, daß er an ein jährliches Weinen der Vögel, an so große Tränen und daran glaube, daß die Vögel aus Griechenland, wo Meleager starb, nach Indien gezogen seien, um zu weinen? Doch wie, erzählen nicht die Dichter noch vieles ebenso Fabelhafte? Daß aber jemand von einer Substanz, welche täglich gefunden wird, im Überflusse vorhanden ist und deshalb Lügen straft, im Ernste dergleichen hat sagen können, zeugt von einer ungeheuern Verachtung der Menschen und unerträglichen Schamlosigkeit im Lügen.

Gewiß ist, daß der Bernstein auf den Inseln des nördlichen Ozeans vorkommt und von den Deutschen *Glessum* genannt wird; als Caesar Germanicus mit seiner Flotte dort war, bezeichnete er eine dieser Inseln, welche bei den Bewohnern Austravia heißt, mit dem Namen Glessaria. Er fließt aber als ein Mark aus Bäumen von dem Geschlechte der Fichten, gleichwie das Gummi aus den Kirschbäumen und das Harz aus den Fichten, und verdichtet sich durch Kälte, laue Witterung oder durch das Meerwasser. Wenn die Flut ihn auch von der Insel wegnimmt, so wird er doch wenigstens wieder an die Küsten geworfen, denn er läßt sich so leicht fortwälzen, daß er auf dem seichten Grunde zu schweben und zu lagern scheint. Schon unsere Vorfahren hielten den Bernstein für den Saft eines Baumes und nannten ihn aus diesem Grunde *Succinum*. Daß aber dieser Baum eine Fichtenart ist, beweist sein Geruch beim Reiben und sein Verhalten beim Brennen. Von Germanien aus gelangt er zunächst nach Pannonien und hierauf zu den Venetianern, welche bei den Griechen Eneter heißen. In Ruf brachten ihn die den Pannoniern zunächst liegenden und am adriatischen Meere Handel treibenden Völker, welche ihn von jenen bekamen. Daß aber der Padus mit in das Märchen geflochten ist, hat offenbar keinen andern Grund, als weil noch heute die Bauernweiber jenseits des Padus den Bernstein in Schnüren um den Hals tragen, allerdings zunächst als Schmuck, aber auch als Medikament, denn er soll gegen geschwollene Mandeln und andere Fehler des Halses, die durch den Genuß des dortigen Wassers leicht herbeigeführt werden, gut sein. Jene Küste Deutschlands, von wo er ausgeführt wird, liegt 600 000 Schritte von Carnuntum in Pannonien entfernt und ist erst vor einiger Zeit durch einen römischen Ritter bekannt geworden, welchen Julianus, der ein Fechterspiel für den Kaiser Nero veranstaltete, zum Einkauf von Bernstein dahin sandte. Dieser bereiste die dortigen Handelsplätze und Küsten und brachte so viel davon mit, daß die Netze, welche zur Abhaltung der wilden Tiere von der kaiserlichen Tribüne[1] angebracht waren, in jedem Knoten ein Stück Bernstein enthielten, die Waffen aber, die Totenbahre und der ganze Festapparat eines Tages von Bernstein strotzte. Das größte Stück wog 13 Pfund. Daß auch in

---

[1] Podium, im Amphitheater, wo der Kaiser und die Vornehmsten saßen.

Indien Bernstein vorkommt, kann nicht bezweifelt werden. Archelaus, der Cappadocien beherrschte, sagt, er werde von dort im rohen Zustande, an Fichtenrinde hängend, hergebracht und durch Kochen mit dem Schmalze einer säugenden Sau blank gemacht. Daß der Bernstein ursprünglich flüssig war, beweisen gewisse darin eingeschlossene Gegenstände wie Ameisen, Mükken, Eidechsen, welche offenbar an dem frischen Safte hängengeblieben und beim Erhärten desselben eingeschlossen sind.

Arten des Bernsteins und sechs Arzneien daraus.

Vom *Bernsteine* gibt es mehrere Arten. Am besten riecht der weiße, aber er sowenig wie der wachsgelbe steht in besonderem Werte, vielmehr ist es der dunkelgelbe, der mehr geschätzt wird, und von diesem hat wieder der durchsichtige den Vorzug, doch darf er auch nicht zu feurig aussehen, denn man liebt an ihm wohl das Feuerähnliche, aber nicht das Feuer selbst. Den ersten Rang behauptet der nach der Farbe eines Weines sogenannte falernische, welcher von mildem Glanze und durchsichtig ist, doch sind auch Stücke von der Farbe des gekochten Honigs beliebt. Übrigens bemerke ich, daß man ihn auch beliebig färben kann, mit Bockstalg, der Wurzel der Anchusa, der Purpurschnecke. Reibt man ihn mit den Fingern, so bekommt er durch die aufgenommene Wärme die Eigenschaft, leichte Gegenstände wie Spreu, trockne Blätter, Bast und, wie der Magnetstein, Eisen anzuziehen. Bernstein brennt, mit Öl versetzt, heller und langsamer als Flachs.

Als Luxusartikel steht er so hoch im Werte, daß ein daraus verfertigtes noch so kleines menschliches Bildnis den Preis lebendiger und gesunder Menschen übertrifft, folglich *eine* Bestrafung dafür nicht ausreicht. An den corinthischen Geschirren schätzt man die Vermischung des Erzes mit Gold und Silber, an den getriebenen die Kunst und den Scharfsinn; ich habe von der Beliebtheit der murrhinischen und kristallenen Geschirre gesprochen, ferner von den Perlen als Kopfschmuck, von den Edelsteinen als Fingerschmuck; kurz bei allen diesen tadelnswerten Neigungen des Menschen hat die Prahlerei und Mode, beim Bernstein dagegen nur das Bewußtsein der Kostbarkeit eine entscheidende Stimme. Domitius Nero hatte unter andern seltsamen Handlungen, wodurch sich sein Leben auszeichnete, auch das Haar seiner Gemalin Poppaea mit dem Bernsteine verknüpft, denn er nannte dasselbe in einem Gedichte Succinum; und da es denn den Lastern niemals an kostbaren Namen fehlt, so bestimmte er die Bernsteinfarbe als dritte Farbe bei den vornehmen Frauen.

Indessen findet der Bernstein doch auch Anwendung in der Medizin, aber eben deshalb gefällt er den Frauen nicht. Kindern nützt er als Amulett angebunden. Callistratus[1] empfiehlt ihn gegen Verrücktheit für Personen jeden Alters, ferner eingenommen und angebunden gegen Harnbeschwerden; derselbe unterscheidet auch eine neue Sorte unter dem Namen Goldbernstein, welche gewissermaßen die Farbe des Goldes hat, frühmorgens am schönsten aussieht, äußerst feuerfänglich ist und schon, wenn er in die Nähe des Feuers kommt, sich rasch entzündet. Derselbe soll, an den Hals gebunden,

---

[1] Unbekannt.

Fieber und andere Krankheiten heilen, mit Honig und Rosenöl abgerieben, für Ohrenübel und, mit attischem Honig abgerieben, auch für trübe Augen gut sein. Gegen Magenbeschwerden nimmt man Bernsteinpulver entweder für sich oder mit Mastix in Wasser ein. Auch dient der Bernstein häufig zur Verfälschung durchsichtiger Edelsteine, namentlich der Amethyste, denn er läßt sich, wie ich angegeben habe, beliebig färben.

Vom Luchssteine.

Die Hartnäckigkeit (der Eigensinn) der Schriftsteller veranlaßt mich, sogleich zu den *Luchssteinen* überzugehen; sie behaupten nämlich, wenn er auch kein Bernstein wäre, so sei er doch ein Edelstein. Er entstehe aus dem Harne des Luchses, das Tier verscharre aber gleich nach der Harnentleerung die Stelle, wohin er geflossen, weil es dem Menschen den Gebrauch desselben nicht gönne. Er habe die Farbe des feurigen Bernsteins und lasse sich bearbeiten; nach Diocles und auf dessen Autorität gestützt Theophrastus zieht er nicht bloß leichte Gegenstände wie Blätter oder Strohhalme, sondern auch Blättchen von Erz und Eisen an. Ich halte alle diese Angaben für falsch, ferner glaube ich nicht, daß in unserem Zeitalter ein Edelstein unter jenem Namen vorgekommen ist, und ebenso muß ich die arzneilichen Wirkungen desselben in Zweifel ziehen; er soll nämlich, wenn man ihn mit Wein einnimmt oder auch nur ansieht, die Blasensteine fortschaffen und die Gelbsucht heilen.

Nun will ich von den anerkannt echten Edelsteinen handeln und bei den vorzüglichsten anfangen, dabei aber auch gleichzeitig, um der Menschheit noch nützlicher zu werden, die ungeheuere Torheit der Magier widerlegen, denn diese Leute erzählen mit lockenden Worten so vieles von den Edelsteinen, was die Wunder ihrer arzneilichen Wirkungen weit überschreitet.

Sechs Arten des Diamants.

Den höchsten Wert nicht bloß unter den Edelsteinen, sondern unter allen den Menschen bekannten Dingen hat der *Diamant*, welcher lange Zeit hindurch nur den Königen und sogar nur wenigen derselben bekannt war und daher den Namen Goldknoten bekam. Er findet sich in Bergwerken, doch selten, ist ein Begleiter des Goldes und scheint nur im Gold zu entstehen. Die Alten glaubten, er finde sich bloß in den Bergwerken Äthiopiens zwischen dem Tempel des Mercur und der Insel Meroë, sei nie größer als Gurkensamen und ungleich in der Farbe. Jetzt kennt man sechs Arten des Diamants. Der indische kommt nicht im Golde, sondern in einer gewissen Verwandtschaft mit dem Kristall vor, denn er ist wie dieser wasserhell, nach zwei entgegengesetzten Richtungen mit sechs glatten Flächen zugespitzt, als wenn zwei Kreisel an ihrer Basis miteinander verbunden sind; seine Größe kommt der eines Haselnußkernes etwa gleich. Der arabische ist ihm zwar ähnlich, aber kleiner, kommt übrigens ebenso vor; die andern

Arten zeigen die blasse Farbe des Silbers und finden sich nur in dem allerbesten Golde. Man prüft dieselben auf dem Amboß, denn die echten widerstehen den Schlägen so sehr, daß der Hammer nach allen Seiten hin zerspringt und selbst der Amboß Risse bekommt. Außer dieser ungeheueren Härte hat der Diamant auch die Eigenschaft, das Feuer zu besiegen, d. h. sich nicht erhitzen zu lassen. Wegen dieser unbesiegbaren Kraft erhielt er den griechischen Namen Adamas. Eine Sorte, welche die Größe der Hirsekörner hat, heißt Cenchrus.[1] Eine andere, der macedonische, findet sich im philippischen Golde und gleicht dem Gurkensamen. Der zyprische kommt aus Zypern, neigt zur Farbe des Kupfers hin, wirkt aber, wie ich unten sagen werde, als Heilmittel am kräftigsten. Der sideritische glänzt wie Eisen, wiegt schwerer als die übrigen, verhält sich aber ganz anders, denn er zerspringt unter dem Hammer, läßt sich auch mit einem andern Diamant durchbohren; letztere Eigenschaft hat auch der zyprische, beide sind also eigentlich unecht, führen aber doch den Namen Diamant und stehen deshalb im Werte.

Kein anderer Körper zeigt das, was ich in mehreren Büchern über die Freundschaft und Zwietracht der Naturdinge, von den Griechen Sympathie und Antipathie genannt, mitgeteilt habe, klarer als der Diamant. Denn diese unüberwindliche Kraft, diese Verächterin zweier der heftigsten Potenzen der Natur, nämlich des Eisens und des Feuers, wird durch Bocksblut, jedoch nur, wenn dies noch frisch und warm ist, zersprengt, doch auch durch anhaltende Schläge, aber selbst im letztern Falle gehen Amboß und Hammer zu Grunde, wenn sie nicht

---

[1] Hirse, κεγχρος.

von vorzüglicher Beschaffenheit sind. Welcher Kopf hat dies erfunden? Welcher Zufall hat uns damit bekannt gemacht? Welche Mutmaßung hat auf ein so unermeßlich wertvolles Faktum und bei einem der stinkendsten Tiere geleitet? Gewiß, alle solche Erfindungen sind ein Geschenk der Götter. Man darf hier niemals die Gründe, sondern nur den Willen der Vorsehung zu erforschen suchen. Wenn es glückt, den Diamant zu sprengen, so zerfällt er in so kleine Blättchen, daß sie mit bloßem Auge kaum zu bemerken sind. Diese Bruchstücke werden von den Steinschneidern gesucht, in Eisen gefaßt und dienen dazu, einen jeden harten Körper mit Leichtigkeit anzubohren. Der Diamant ist so feindselig gegen den Magnetstein, daß er, neben diesem liegend, das Anziehen des Eisens verhindert oder das bereits vom Magnete angezogene Eisen ihm entreißt. Er macht die Gifte unwirksam, vertreibt Wahnsinn, törichte Furcht und wird daher auch von einigen der Bezwinger[1] genannt. Metrodorus von Scepsis sagt, und, soviel ich finde, allein, in Deutschland in der Insel Basilia, welche den Bernstein liefert, finde sich auch Diamant, und dieser sei besser als der arabische. Wer möchte aber wohl an der Irrigkeit dieser Angabe zweifeln?

Von den Smaragden.

Nach dem Diamant stehen bei uns die indischen und arabischen Perlen im höchsten Werte; von diesen

---

[1] Anancites.

habe ich aber bereits im neunten Buche bei den Meeres-
geschöpfen geredet.

Der dritte Rang gebührt aus mehreren Gründen den
Smaragden. Keine Farbe fällt angenehmer in die Augen
als die dieser Edelsteine; wir sehen schon das Grün der
Kräuter und Blätter mit Wohlgefallen an, aber noch
lieber betrachten wir die Smaragde, denn ihr Grün ist
das schönste von allen. Überdies sind sie die einzigen
Edelsteine, welche die Augen erfüllen, ohne sie zu sätti-
gen; ja wenn die Augen durch Anstrengungen anderer
Art geschwächt sind, so werden sie durch das Anschauen
der Smaragde wieder gestärkt, und den Augen der
Steinschneider tut nichts wohler, denn ihr sanftes Grün
vertreibt die Mattigkeit derselben. Dann kommt noch
hinzu, daß sie, aus der Ferne angesehen, größer erscheinen, indem sie die um sie befindliche Luftschicht durch
den Reflex färben, daß sie weder durch die Sonne noch
durch Schatten, noch durch Lampen verändert werden,
stets milde strahlen, das Auge nicht blenden und im
Vergleich zu ihrer Dicke vollkommen durchsichtig sind,
was selbst beim Wasser nicht einmal in dem Grade der
Fall ist. Die Smaragde sind meistens konkav und sammeln daher die Gesichtsstrahlen; aus diesem Grunde
werden sie auch, nach einer gewissen Übereinkunft der
Menschen, nicht geschnitten. Übrigens besitzen die scytischen und ägyptischen eine solche Härte, daß man sie
gar nicht verletzen kann. Die sehr breiten und flachen
geben, wenn sie liegen, wie ein Spiegel die Bilder zurück. Der Kaiser Nero sah die Fechterspiele durch einen
Smaragd an.

Der Beryll scheint in vielen Beziehungen denselben oder doch einen ähnlichen Charakter zu haben wie der Smaragd. Er kommt in Indien, selten in andern Ländern vor. Die Künstler schleifen ihn sechskantig zu, denn wenn seine matte Farbe nicht durch den Reflex der Kanten erhöht wird, so erscheint er ganz blind, und anders geschliffen zeigt er keinen so starken Glanz. Am geschätztesten sind diejenigen Berylle, welche die grüne Farbe des Meeres am deutlichsten zeigen, dann folgt der Chrysoberyll, welcher etwas blasser ist, aber etwas ins Goldfarbige nuanciert. Eine diesem sehr verwandte Art ist blasser und heißt Chrysopras; eine vierte Art heißt der hyacinthfarbige, eine fünfte der luftfarbige, dann kommt der wachsfarbige, ölfarbige, endlich der dem Kristalle fast gleiche, welcher Fäden und unreine Teile enthält, auch verbleicht, was überhaupt eine Untugend aller Berylle ist. Die Indier haben besonders die langen Berylle gern und behaupten, es seien die einzigen Edelsteine, welche nicht gern Gold an sich hätten, daher sie dieselben auch durchbohren und mit Elefantenhaaren anbinden. Andere sind dagegen der Ansicht, man müsse die absolut reinen Berylle nicht durchbohren, weil nur die Enden der Schriftstäbe[1] mit Gold umlegt würden; sie ziehen es vor, statt Schmucksteinen Zylinder daraus zu machen, denn die Berylle werden nach ihrer Länge geschätzt. Einige behaupten, sie kämen schon kantig aus der Erde und gewönnen durch das Durchbohren, denn dadurch würde das weiße Mark entfernt, und durch das Einstecken des Goldes erhielte, der Durch-

---

[1] Umbilici, Stäbe, um welche die Schriften gerollt wurden.

sichtigkeit wegen, die dicke Masse einen Reflex und eine Korrektion. Die *Fehler* bei den Beryllen sind, außer den oben angezeigten, dieselben wie bei den Smaragden, und dann wären noch die nagelförmigen Flecken zu erwähnen. In unserm Weltteile sollen sie zuweilen um den Pontus gefunden werden. Die Indier verstehen andere Edelsteine und besonders die Berylle durch Färben des Kristalls nachzumachen.

Sieben Arten des Opals.

Die *Opale* stehen im Werte nur den Smaragden nach, den Beryllen ziemlich gleich, weichen aber im übrigen bedeutend von diesen ab. Indien ist auch ihr einziges Vaterland. Sie sind gleichsam der Komplex der schätzbaren Eigenschaften der kostbarsten Edelsteine und machen daher die meiste Schwierigkeit.[1] Sie zeigen nämlich gleichzeitig das zarte Feuer des Karbunkels, den glänzenden Purpur des Amethysts und das männliche Grün des Smaragds in einer unglaublich glücklichen Mischung. Einige haben die glänzendsten Opale mit den Farben der Pigmente, andere mit der Flamme des brennenden Schwefels oder des brennenden Öles verglichen. In der Größe kommen sie einer Haselnuß gleich. An diesen Edelstein knüpft sich eine merkwürdige Geschichte, welche sich bei uns zugetragen hat. Es ist nämlich noch jetzt ein Opal vorhanden, um dessentwillen der Senator Nonius, ein Sohn jenes Struma Nonius, den der Dichter Q. Catullus mit Unwillen auf der

[1] um sie richtig zu charakterisieren.

Sella curulis sitzen sah, und Großvater des Servilius Nonianus, der zu meiner Zeit Konsul war, von Antonius in die Acht erklärt wurde. Der Geächtete floh und nahm von all seinem Vermögen nur seinen Ring von Opal mit, der wenigstens 20000 Sesterzen wert war. Man muß sich hierbei über die Tyrannei und Üppigkeit des Antonius wundern, der eines Edelsteins wegen die Acht verfügte, nicht weniger aber auch über den Trotz des Nonius, der seine Achtserklärung gern sah, während doch selbst wilde Tiere Teile ihres Körpers abbeißen und zurücklassen, wenn sie wissen, daß man sie deshalb verfolgt, weil sie sich gleichsam loszukaufen glauben.

Zwölf Arten des Karbunkels.

Einen vorzüglichen Rang nehmen die *Karbunkeln* ein, welche nach der Ähnlichkeit mit dem Feuer benannt sind, während sie selbst davon nicht angegriffen werden und deshalb auch von einigen den Namen »unverbrennliche« bekommen haben. Ihre Arten sind: der indische, garamantische, welcher auch wegen des Reichtums des großen Karthago daran der carchedonische heißt, der äthiopische und alabandische, welcher zu Orthosia in Carien vorkommt, aber von den Alabandern bearbeitet wird. Die stärker funkelnden von jeder Art nennt man die Männchen, die matteren die Weibchen. Bei den Männchen unterscheidet man solche von hellerem, solche von dunklerem Feuer und solche, welche anders und mehr als die übrigen in der Sonne funkeln; die besten sind aber die amethystfarbigen, d. h. die, deren Schimmer am Rande in das Violette des Amethysts ausgeht, und ihnen zunächst stehen die sogenannten syetitischen, deren Feuer federig ausstrahlt. Man soll sie überall, wo die Sonne stark reflektiert wird, finden. Satyrus sagt, die indischen seien nicht klar, meist unrein und stets von widrigem Feuer, die äthiopischen fett, strahlten kein Licht aus sondern spielten mit einem verdickten Feuer. Callistratus meint, der Glanz eines Karbunkels müsse, wenn er liege, weiß und nach längerem Ansehn neblig sein, wenn man ihn aber aufhebe, brennend werden, und deshalb nenne man einen solchen weiß. Diejenigen indischen, welche matter und mehr bläulich glänzen, heißen Lignyzonten; die carchedonischen wären viel kleiner, die indischen aber verarbeite man zu Gefäßen bis zu einem Sextar Inhalt. Nach Archelaus sehen die carchedonischen schwärzer aus, spielen aber am Feuer, an der Sonne und beim Drehen stärker als die übrigen; unter einem schattigen Dache erscheinen sie purpurn, in freier Luft feurig, gegen die Sonne gehalten funkeln sie, und wenn man auch damit an einem finstern Orte siegelt, so schmilzt doch das Wachs. Mehrere andere Schriftsteller sagen, die indischen wären weißer als die carchedonischen und verlören beim Drehen den Glanz, die männlichen carchedonischen funkelten inwendig wie Sterne, und die weiblichen geben einen allgemeinen Glanz von sich. Die alabandinischen sollen schwärzer als die übrigen und rauch sein. Ähnlich gefärbte, aber fast ohne alles Feuer kommen auch bei Milet in der Erde vor. Nach Theophrastus soll man auch zu Orchomenum in Arcadien und auf Chios Karbunkeln finden, jene wären schwärzer und dienten unter andern zu Spiegeln; ferner gäbe es trözenische, welche bunt und weißgefleckt, korinthische, welche bleicher und weiß seien, und selbst von Massilia kämen welche her. Nach Bocchus soll man auch im Olisiponensischen Karbunkeln ausgraben, aber mit vieler Mühe, denn wegen des vorhandenen Tons sei das Erdreich von der Sonne ganz ausgedörrt.

Von plötzlich entstandenen neuen Edelsteinen.

Es entstehen auch *plötzlich neue Edelsteine*, ferner gibt es solche, *die noch gar keinen Namen haben*. So fand man in den Goldbergwerken zu Lampsacus einen, der, wie Theophrast erzählt, seiner Schönheit wegen dem König Alexander zugeschickt wurde. Auch die *Cochliden*, welche jetzt so allgemein sind, werden in der Tat mehr gemacht als daß sie wachsen (natürlich vorkommen); in Arabien soll man nämlich sehr große Erdklöße 7 Tage und Nächte hindurch ununterbrochen mit Honig kochen, hierauf das Erdige und Schmutzige, welches sich ausgeschieden hat, abschaben und die so gereinigten Klöße auf eine künstliche Weise zu aderigen und gefleckten Gebilden, wie es der Geschmack der Käufer erheischt, verarbeiten. Mitunter sollen diese Kunstarbeiten so groß sein, daß sie zu Stirnschmuck und anderm Kopfzierat der Pferde der orientalischen Könige benutzt werden. Überhaupt aber bekommen alle Edelsteine durch Sieden in Honig, besonders corsicanischem, ein glänzenderes Ansehn, während scharfe Materien schädlich auf sie einwirken. Bunte Edelsteine und solche, die es glückt, neu entdeckten gleich zu machen, nennt man, um ihnen keinen schon gebräuchlichen Namen zu erteilen, Physes und verkauft in ihnen gleichsam das Naturwunder selbst. Es gibt ohnehin schon so unendlich viele von den eitlen Griechen erdachte Namen für Edelsteine, welche ich jedoch nicht weiter verfolgen will. Wie ich glaube, genügt es für meinen Zweck, die vornehmsten und unter den ordinären die selteneren erwähnenswerten besprochen zu haben. Noch darf man nicht übersehen, daß, da die Flecken und Warzen oft verschieden eingewachsen sind und vielerlei Züge und Farben der Striche dazwischenkommen, oft ein und derselbe Stein unter mehrern Namen vorkommt.

Von der Gestalt der Edelsteine.

Ich will jetzt mitteilen, was sich im allgemeinen auf die Betrachtung aller *Edelsteine* bezieht, und dabei die Ansichten der Schriftsteller zu Grunde legen. Die konkaven oder konvexen hält man für schlechter als die ebenen. Am beliebtesten ist die längliche Form, dann folgt die linsenartige, dann die flache und runde; die eckigen schätzt man am wenigsten. Echte von unechten zu unterscheiden ist sehr schwierig, zumal da man erfunden hat, echte als falsche in eine andere Art einzuschieben. Sardonyxe werden aus drei verschiedenen Edelsteinen so täuschend zusammengekittet, daß man es nicht entdecken kann; einer muß nämlich das Schwarz, ein anderer das Weiß und ein dritter das Zinnoberrot hergeben, und man wählt diese drei aus den besten ihrer Art. Ja es sind sogar Schriften vorhanden, in die ich aber nicht weiter eingehen werde, welche lehren, wie man aus dem Kristalle Smaragde und andere durchsichtige Edelsteine, aus dem Sarda einen

377

Sardonyx usw. durch Färben machen kann. Keine andere Art von Betrügerei bringt den Menschen mehr Gewinn.

Von der Prüfung der Edelsteine.

Dagegen will ich zeigen, wie man die *falschen Edelsteine erkennen* kann (denn auch den Luxus muß man vor Betrug warnen), wobei ich jedoch das, was ich bei den vorzüglichsten Arten bereits mitgeteilt habe, nicht wiederholen will. Die Durchsichtigen soll man frühmorgens, wenigstens vor der vierten Stunde, nicht später, untersuchen. Zunächst wird das Gewicht berücksichtigt, denn die schwerern sind die echten; dann die Kälte, denn die echten zeigen sich im Munde kälter; dann sieht man auf die Masse selbst, denn bei den künstlichen findet man im Innern kleine Blasen, auf der Oberfläche Rauheiten, den Strahlenwurf unbeständig und den Glanz, noch ehe er zu den Augen gelangt, sich verlierend. Ein Stückchen abzuschlagen, um es auf einem Eisenblech zu reiben, was das beste Prüfungsmittel wäre, erlauben die Edelsteinhändler nicht. Ebenso verweigern sie die Prüfung mit der Feile. Von Splittern des Obsidians dürfen echte Edelsteine nicht geritzt werden. Die künstlichen werden durch Anritzen weiß, und der Unterschied bei ihnen ist so groß, daß einige nicht vom Eisen, andere nur vom stumpfen Eisen, alle aber vom Diamant angegriffen werden. Am wirksamsten sind hierbei heiße Bohrer. Edelsteinführende Flüsse sind der Acesinus und Ganges, unter den Ländern steht aber in dieser Beziehung Indien obenan.

SCHLUSS.

*Vergleichung der Naturdinge nach den Ländern
und nach ihrem Werte.*

Nachdem ich nun alle Schätze der Natur abgehandelt habe, wird es nicht unpassend erscheinen, unter den Naturdingen selbst und den sie erzeugenden Ländern einen gewissen Unterschied geltend zu machen. Da ergibt sich denn, daß auf dem ganzen Erdkreise und so weit das Gewölbe des Himmels reicht, *Italien* das schönste und daher mit recht den obersten Platz alles Erschaffenen behauptende Land ist. Es ist die zweite Regentin und Mutter der Welt durch seine Männer, Frauen, Feldherren, Soldaten, Sklaven, Vortrefflichkeit der Künste, ausgezeichneten Genies, ferner durch seine Lage, sein gesundes und gemäßigtes Klima, seine leichte Zugänglichkeit für alle Völker, häfenreichen Küsten, günstigen Winde (denn hier kommt der günstige Umstand ins Spiel, daß der Wind, auf den passendsten, mitten zwischen Morgen und Abend gelegenen Landstrich stoßend, stehenbleibt), zahlreichen Gewässer, gesunden Wälder, verschieden gegliederten Berge, unschädlichen wilden Tiere, seinen fruchtbaren Boden und Überfluß an Futterkräutern. Es liefert alle Bedürfnisse des Lebens und besser als jedes andere Land, z. B.: Feldfrüchte, Wein, Öl, Wolle, Flachs, Kleider, Rindvieh. Ja ich finde sogar, daß in Rennbahnen keine andern Pferde die unsrigen übertreffen. An Gold,

Silber, Erz, Eisen stand es, solange man die Gruben zu benutzen beliebte, über allen andern Ländern; noch strotzt es davon in seinem Innern und gibt statt klingender Schätze die mannigfaltigsten Säfte, Obst und andere Früchte.

Nächst Italien möchte ich, abgesehen von den fabelhaften Nachrichten über Indien, *Spanien*, soweit es vom Meer umspült wird, für das herrlichste Land halten; teilweise ist es allerdings rauh und unwirtbar, aber da, wo es etwas hervorbringt, reich an Feldfrüchten, Öl, Wein, Pferden, Metallen aller Art, und in letzterer Beziehung steht es mit Gallien auf gleicher Höhe. Seine sonst unfruchtbaren Distrikte zeichnen sich aber durch das dort in so vorzüglicher Güte vorkommende Spartum und den Spiegelstein, ferner durch schöne Farben, durch den Fleiß, die abgehärtete Natur und Herzhaftigkeit seiner Bewohner und durch die gute Manneszucht unter dem Gesinde aus.

Was endlich den *Wert der Naturdinge* selbst betrifft, so steht unter den im Meere vorkommenden derjenige der Perlen obenan; unter den auf der Erde vorkommenden ist der Kristall am kostbarsten; unter denjenigen in der Erde der Diamant, Smaragd, die Edelsteine und murrhinischen Gefäße; unter den aus der Erde hervorwachsenden der Coccus und Laser; unter dem Laubwerk die Narde und die seidenen Kleider; unter den Bäumen der Citrus; unter den Sträuchern das Cinamum, Amomum und die Cassia; unter den Baum- und Strauchsäften der Bernstein, Opobalsam, Weihrauch und die Myrrha; unter den Wurzeln der Costus. Wenden wir uns zu den lebenden Geschöpfen, so finden wir als teuerste Gegenstände von den Landtieren die Zähne der Elefanten, von Seetieren die Schale der Schildkröten, von den langbehaarten Tieren die Felle, welche die Serer färben, und die Haare der Ziegen in Arabien, an welchen das früher erwähnte Ladanum hängt, von den auf dem Lande und im Meere lebenden Conchylien die Purpurschnecke. Von den Vögeln verdient außer den Federn für die Kriegshelme nur das Fett der commagenischen Gänse hervorgehoben zu werden. Auch darf ich nicht übergehen, daß das Gold, wonach doch alle Menschen so gierig sind, im Werte kaum den zehnten Platz einnimmt, das Silber aber nur etwa den zwanzigsten Teil des Wertes des Goldes hat.

Sei mir gegrüßt, Natur, du Mutter aller Dinge, und nimm es gütig auf, daß unter den Quiriten ich allein es bin, der dich in allen deinen Werken verherrlicht hat.

Umrechnungstabellen für römische Maßeinheiten.

Tafel I.
Längenmaße.

Iter unius diei navale	Iter unius diei terrestre	Schoenus	Millipare (Lapis)	Stadium olympic.	Passus	Cubitus	Pes	Palmus	Digitus	Kilomet.	Meter
1	5½	21⅞	87½	700	87 500	291 666⅔	437 500	—	—	129,25	
	1	6¼	25	200	25 000	83 333⅓	125 000	—	—	36,93	
		1	4	32	4 000	13 333⅓	20 000	80 000	320 000	5,98	
			1	8	1 000	3 333⅓	5 000	20 000	80 000	1,50	
				1	125	416⅔	625	2 500	10 000		187,5
					1	3½	5	20	80		1,50
						1	1½	6	24		0,45
							1	4	16		0,30
								1	4		0,075

1 Parasanga ist = 5 Kilometer.   1,4806 Parasanga des Herodot =
1 geogr. Meile = 7,4 Kilometer.   Der römische Fuß (Pes) verhielt
sich zum griechisch-olympischen wie 24:25.   Erathostenes rechnet
den Schœnus zu 40 Stadien (= 7,47 Kilometer).   Vergl. Plin. XII, 14.

Tafel II.
Flächenmaße.

Saltus	Centuria	Haeredium	Jugerum	Actus quadrat. (Acnua)	Versus.	Clima	Actus minimus	Scripulum	Römischer Quadrat-Fuß	Quadrat-Meter
1	4	400	800	1 600	2 400	6 400	48 000	230 400	23,040000	2,205972
	1	100	200	400	600	1 600	12 000	57 600	5,760000	551493
		1	2	4	6	16	120	576	57600	5514
			1	2	3	8	60	288	28800	2757
				1	1½	4	30	144	14400	1378
					1	2⅔	20	96	9600	919
						1	7½	36	3600	344
							1	4⅘	480	46
								1	100	9,6
									1	0,096

Tafel III.
Maße für Getreide und andere trockne Waren.

Quadrantal.	Modius	Sextarius	Hemina	Quartarius	Acetabulum	Cyathus	Ligula	Kubik-Meter oder Ster	Liter.
1	5	48	96	192	384	576	2 304	0,025608	25,608
	1	16	32	64	128	192	768		8,536
		1	2	4	8	12	48		0,534
			1	2	4	6	24		0,267
				1	2	3	12		0,138
					1	1½	6		0,069
						1	4		0,016
							1		0,011

Tafel IV.
Maße für Flüssigkeiten.

Culeus	Cadus	Amphora (Quadrantal.)	Urna	Congius	Sextarius	Hemina	Quartarius (Quadrans)	Acetabulum	Cyathus	Ligula	Liter
1	13½	20	40	160	960	1 920	3 840	7 680	11 520	46 080	512,16
	1	1½	3	12	72	144	288	576	864	3 456	38,412
		1	2	8	48	96	192	384	576	2 304	25,608
			1	4	24	48	96	192	288	1 152	12,804
				1	6	12	24	48	72	288	3,201
					1	2	4	8	12	48	0,533
						1	2	4	6	24	0,266
							1	2	3	12	0,133
								1	1½	6	0,066
									1	4	0,044
										1	0,011

Tafel V.
Gewichte.

Libra (Pondo) As	Uncia	Duella	Sidicus	Sextula	Denarius	Scrupulus	Obolus	Siliqua	Lens	Gramm
1	12	36	48	72	96	288	576	1 728	2 304	345
	1	3	4	6	8	24	48	144	192	28,75
		1	1⅓	2	2⅔	8	16	48	64	9,58
			1	1½	2	6	12	36	48	7,185
				1	1⅓	4	8	24	32	4,79
					1	3	6	18	24	3,59
						1	2	6	8	1,20
							1	3	4	0,60
								1	1⅓	0,20
									1	0,15

Folgende Unterabteilungen des römischen Pfundes wurden mit einem bestimmten Namen bezeichnet:

Sextans	= ⅙ As	= 2 Unzen	Septunx	= 7/12 As	= 7 Unzen
Quadrans	= ¼ As	= 3 Unzen	Bes	= ⅔ As	= 8 Unzen
Triens	= ⅓ As	= 4 Unzen	Dodrans	= ¾ As	= 9 Unzen
Quincunx	= 5/12 As	= 5 Unzen	Dextans	= ⅚ As	= 10 Unzen
Sextunx	= ½ As	= 6 Unzen	Deunx	= 11/12 As	= 11 Unzen
Semisis					

Victoriatus als Gewicht hatte die Schwere eines halben Denars.

Nachwort.

Sei mir gegrüßt, Natur, du Mutter aller Dinge, und nimm es gütig auf, daß unter den Quiriten* ich allein es bin, der dich in allen deinen Werken verherrlicht hat.« Mit diesem stolzen Satz beschließt Plinius die 37 Bücher seiner *Naturgeschichte;* und er war sich durchaus bewußt, daß er damit etwas Außergewöhnliches geschaffen hatte: die damals und für lange Zeit umfassendste Darstellung der Natur in ihrer ganzen Größe und Vielfalt. Noch im 19. Jahrhundert konnte seine *Naturgeschichte* für sich beanspruchen, zu den meistgelesenen Werken der Weltliteratur zu zählen; und noch heute ist sie eine unverzichtbare Quelle für den Historiker, aber auch eine ebenso lehrreiche wie vergnügliche Lektüre für jeden kulturgeschichtlich interessierten Leser.

Das Leben.

Das Leben Plinius des Älteren kennen wir nur in groben Umrissen. Er wurde Ende 23 oder Anfang 24 n. Chr. in Novum Comum (Como) geboren; seine Familie gehörte dem Ritterstand an. Schon in jungen Jahren kam er nach Rom; seine Erziehung erhielt er von dem Dichter und Feldherrn Pomponius Secundus. Einen ersten, nicht durch Bücher vermittelten Kontakt zur

* römische Vollbürger.

Naturgeschichte verdankte er wahrscheinlich einem freigelassenen Sklaven, dem griechischen Arzt Antonius Castor, der in seinem »botanischen Garten« Pflanzen züchtete. Als junger Mann nahm er das Studium der Philosophie und Rhetorik auf. Sein Denken ist nachhaltig geprägt von der stoischen Philosophie seiner Zeit. Die rhetorische Ausbildung gab ihm eine erste Gelegenheit zu beruflicher Betätigung: als Anwalt. Es folgten mehrere Jahre Militärdienst in Germanien. Im Jahre 47 nahm er unter Domitius Corbulo an einem Feldzug gegen die zwischen Ems und Elbe beheimateten Chauken teil; bei einem Feldzug gegen die Chatten in den Jahren 50/51 befehligte er eine Reiterabteilung. Im Jahre 52 kehrte er nach Rom zurück. Unter Nero (54–68) bekleidete er kein öffentliches Amt. Er lebte in Rom und Como, befaßte sich mit grammatischen und rhetorischen Studien und betätigte sich wahrscheinlich als Anwalt. Erst unter Vespasian (69–79), dem er als Berater diente, nahm er seine militärische Karriere wieder auf. Als stellvertretender Kommandeur des in Judäa stationierten Heeres nahm er im Jahre 70 an der Belagerung Jerusalems teil. Anschließend war er Prokurator in Syrien, Kommandeur einer Legion in Ägypten und Prokurator in Spanien. Aus knappen Hinweisen in der *Naturgeschichte* läßt sich schließen, daß er sich zeitweilig auch in Südwestgallien, in Nordafrika und in Belgien aufhielt. Zuletzt war er Befehlshaber der römischen Flotte in Misenum am Golf von Neapel. Am 24. August 79 fand er während des Vesuvausbruchs, der Pompeji und Herkulaneum zerstörte, den Tod, als er versuchte, den Bewohnern des Küstenstreifens am Vesuv mit der Flotte zu Hilfe zu eilen.

Das Werk.

Vom umfangreichen schriftstellerischen Werk Plinius des Älteren sind nur die 37 Bücher seiner *Naturgeschichte* erhalten geblieben. Von den übrigen Werken finden sich nur noch wenige Fragmente als Zitate bei anderen Autoren. Aus einem Brief seines Neffen und späteren Adoptivsohns Gajus Plinius Secundus des Jüngeren an Bäbius Macer kennen wir jedoch die Liste seiner Arbeiten. In der Reihenfolge ihrer Entstehung nennt Plinius der Jüngere dort:

– ein Buch *Über das Schleudern des Wurfspießes vom Pferde aus*, das er während seiner Zeit als Kommandeur einer Reiterschwadron in Germanien verfaßte;

– zwei Bücher *Lebensbeschreibung des Pomponius Secundus*, des zweimaligen Konsuls und Oberbefehlshabers der in Germanien operierenden Legionen, dem er als einem väterlichen Freund sehr zugetan war;

– zwanzig Bücher *Über die Kriege in Germanien* mit einer Beschreibung aller von den Römern in Germanien geführten Kriege, die zu den wichtigsten Quellen für die *Germania* des Tacitus gezählt haben dürfte;

– drei Bücher *Der Lernende*, eine detaillierte Anleitung für die Ausbildung zum Redner;

– acht Bücher *Über zweifelhafte Fälle im Ausdruck*, eine grammatische Studie über Ungewißheiten in Deklination und Konjugation;

– einunddreißig Bücher römische Zeitgeschichte *in Fortsetzung der von Aufidius Bassus begonnenen Geschichte*, die später von Sueton und Plutarch ausgiebig benutzt wurde;

– siebenunddreißig Bücher *Naturgeschichte*, sein letztes Werk.

389

Insgesamt eine außergewöhnliche Leistung, zumal wenn man bedenkt, daß er nur 56 Jahre alt wurde und die meiste Zeit zugleich Ämter bekleidete, die mit erheblichem Arbeitsaufwand und beschwerlichen Reisen verbunden waren. So schildert ihn denn sein Neffe auch als einen Mann, der mit seiner Zeit geizte, einen beträchtlichen Teil der Nachtstunden für seine Studien opferte (»denn nur das Wachen ist Leben«, sagt er selbst in der Widmung seiner *Naturgeschichte*) und die Fähigkeit besaß, seine Zeit mehrfach zu nutzen, etwa wenn er sich noch beim An- und Auskleiden vorlesen ließ oder selbst diktierte. Noch auf seiner letzten Fahrt ließ ihn sein Forscherdrang nicht los: »Er eilt dahin, von wo andere fliehen, steuert geraden Laufs auf die Gefahr los und so unerschrocken, daß er alle Bewegungen und Gestalten jener furchtbaren Erscheinung diktierte und aufzeichnen ließ«, schreibt sein Neffe an Cornelius Tacitus.

Daß sein übriges Werk relativ rasch in Vergessenheit geriet und verloren ging, spricht nicht unbedingt gegen dessen Qualität, zumal Tacitus, Sueton und Plutarch z. T. ausgiebig davon Gebrauch machten.

Die Naturgeschichte.

Das Wesen der Dinge, d. h. ihr Leben, wird darin beschrieben«, so kennzeichnet Plinius der Ältere sein Vorhaben in der Einleitung des 1. Buches, mit der er das Werk dem Titus Vespasianus widmet. Und programmatisch fügt er hinzu: »Ich beabsichtige nun, alles das zu berühren, was nach dem Ausdruck der Griechen in eine ›Enzyklopädie‹ gehört, was entweder noch unbekannt oder noch nicht sicher erforscht ist … Zwanzigtausend merkwürdige Gegenstände, gesammelt durch das Lesen von etwa zweitausend Büchern, unter welchen erst wenige ihres schwierigen Inhalts wegen von den Gelehrten benutzt sind, von Hundert der besten Schriftsteller (nach einer Zählung G. C. Wittsteins waren es 505), habe ich in 36 Bänden zusammengefaßt, dazu aber noch vieles gefügt, wovon entweder unsere Vorfahren nichts wußten oder was das Leben erst später ermittelt hat.« Und ein enzyklopädisches Werk über die Mannigfaltigkeit der Natur, das erste und für lange Zeit einzige, das diese Bezeichnung verdiente, ist ihm in der Tat mit seiner *Naturgeschichte* gelungen. Zwar zweifelt er selbst nicht daran, daß ihm manches entgangen ist (»ich bin ja Mensch, mit Geschäften überhäuft, arbeite an dem Werke nur in meinen Nebenstunden, d. h. des Nachts«); zwar hat er bei der Auswertung seiner Lektüre des öfteren Fehler übernommen oder eigene hinzugefügt; zwar reicht sein Scharfblick nicht an den eines Lukrez oder Aristoteles heran – aber dennoch wiegt solche Kritik nur wenig angesichts der Fülle der Daten und Berichte, der praktischen Anleitungen und verläßlichen Urteile, die uns noch heute einen an Umfang und Vielfalt nicht zu überbietenden Einblick in das Natur- und Menschenbild der römischen Antike bieten.

Der Aufbau des Gesamtwerks folgt in groben Zügen dem Abstieg vom Großen oder Allgemeinen zum Kleinen oder Besonderen. Nach heutigen Begriffen gliedert es sich in ein Buch Kosmologie, vier Bücher Geographie, ein Buch Anthropologie, vier Bücher Zoologie, acht Bücher Botanik, dreizehn Bücher Medizin und Pharmakologie sowie fünf Bücher Metallurgie und Mineralogie.

Doch diese Kategorien treffen den Inhalt der Bücher nur äußerst global. So sind die geographischen Bücher mit zahlreichen »ethnographischen« Hinweisen durchsetzt; die zoologischen Bücher enthalten eine umfangreiche Abhandlung über die Bienenzucht; die botanischen Bücher Abhandlungen über die Papierherstellung, den Weinbau, die Bodendüngung oder die Bestimmung der für Aussaat und Ernte günstigsten Zeiten. Ganz allgemein steht bei Plinius der Bezug zum Menschen im Vordergrund. Das zeigt sich nicht nur in den praktischen und durchaus praktikablen Anleitungen zu Landwirtschaft und Tierhaltung oder in den zahlreichen Büchern zur Arzneimittelkunde; auch bei der Behandlung der Metalle, Steine und Erden gilt sein Interesse in erster Linie Fragen ihrer Gewinnung und ihrer Verwendung in Bildhauerei, Malerei und Baukunst. Im Gegenzug zu dieser Ausrichtung auf die menschliche Nutzung der Natur durchzieht sein Werk ein ausgeprägt moralisches Urteil, das jeglichen Luxus und die damit einhergehende übertriebene Ausbeutung der Natur verdammt.

Ein knapper Überblick über die 37 Bücher mag helfen, die Teile der vorliegenden Auswahl in den Rahmen des Gesamtwerkes zurückzuführen.

Das 1. Buch enthält neben der Widmung eine ausführliche Inhaltsübersicht aller 36 Bücher. Im Anschluß an die Auflistung der einzelnen Abschnitte nennt Plinius jeweils die Anzahl der behandelten Gegenstände, Erzählungen oder Bemerkungen und nennt, nach römischen und fremden Schriftstellern getrennt, die Autoren, auf die er sich gestützt hat.

Im 2. Buch *(Von der Welt und den Elementen)* befaßt Plinius sich mit der Gestalt des Universums, den vier Elementen, aus denen es aufgebaut ist, mit den Göttern und dem Aberglauben, mit den Himmelskörpern und den Himmelserscheinungen, schließlich mit der Erde und ihren atmosphärischen oder geologischen Phänomenen, wie sie in Regen, Wind und Blitz, in Erdbeben und Gezeiten ihren Ausdruck finden. Das 2. Buch ist mit geringen Kürzungen in diese Auswahl aufgenommen.

Die Bücher 3–6 behandeln die Geographie der damals bekannten Welt. Sie tragen sämtlich den Titel: *Von der Lage und Größe der Länder, Meere, Städte, Häfen, Berge, Flüsse und den Völkern, welche noch da sind oder da waren.* Viele der dort umständlich mitgeteilten Informationen ließen sich heute auf Karten sehr viel anschaulicher vermitteln. Die Vielzahl der Namen erschwert die Lektüre beträchtlich (was dem Wert der Bücher natürlich keinen Abbruch tut). Diese Auswahl beschränkt sich daher auf einen kurzen Auszug über Germanien und das damals noch wenig bekannte Nordeuropa.

Im 7. Buch *(Von der Entstehung und Beschaffenheit des Menschen und von der Erfindung der Künste)* wendet Plinius sich dem Menschen zu. »Mit Recht müssen wir mit dem Menschen den Anfang machen, um deswillen die Natur alles andere erschaffen zu haben scheint« – so begründet er seine Entscheidung, den Menschen vor den Tieren, Pflanzen und Mineralien zu behandeln. Seine noch sehr wenig systematisierte Anthropologie kombiniert biologische, psychologische und soziale Aspekte des Lebenszyklus (diese Teile sind in der vorliegenden Auswahl repräsentiert). Sein besonderes Interesse gilt indessen herausragenden Beispielen körperlicher und geistiger Fähigkeiten, die er ausführlich vorstellt. Eine umfangreiche (hier nicht aufgenommene) Liste ausgezeichneter Männer in den Künsten und Wis-

senschaften bietet einen knappen, naturgemäß sehr ein-
geschränkten Überblick über die Geschichte dieser Disziplinen.

Die Bücher 8–11 handeln von den Tieren. Er beginnt
mit den *Landtieren* (8. Buch), die er etwa der Größe
nach abhandelt. Der umfangreichste Abschnitt gilt den
Elefanten. Er wurde in diese Auswahl aufgenommen,
weil darin sehr schön zum Ausdruck kommt, wie vielfäl-
tig (und dabei freilich auch unsystematisch) Plinius
seine Betrachtung anlegt: biologische Aspekte, das So-
zialverhalten, die Bedeutung für den Menschen, die
Geschichte der Nutzung durch den Menschen – so etwa
ließen sich die Perspektiven bezeichnen, unter denen
Plinius die Tiere (und nicht nur diese) vorstellt. Auf die
Landtiere folgen die *Wassertiere* (9. Buch), die *Vögel*
(10. Buch) und die Insekten (11. Buch). Das 11. Buch
enthält eine heute noch praktikable Abhandlung über
die Bienenhaltung und die Honiggewinnung (sie wurde
hier aufgenommen) sowie den Versuch einer umfangreichen vergleichenden Anatomie der Tiere (und des Menschen), in der Plinius sämtliche Körperteile und Organe
vom Kopf bis zu den Füßen in ihren unterschiedlichen
Ausprägungen behandelt.

Die Bücher 12–19 gelten der Botanik und mehr noch
der Landwirtschaft, dem Obst- und dem Gartenbau.
Plinius beginnt auch hier mit den größten Pflanzen, den
Bäumen. Nachdem er zunächst die *fremden Bäume* und
deren Produkte (Salben, Balsame, Papier) behandelt hat
(Bücher 12 und 13), wendet er sich im 14. Buch dem
Weinstock und dem Wein zu. Hier gibt er einen umfäng-
lichen Bericht über die zahlreichen Varietäten und
Weinsorten, er beschreibt den Vorgang der Weinberei-
tung und -veredelung und vergißt auch nicht, seiner

Abneigung gegen übermäßiges Trinken in kräftigen Worten Ausdruck zu verleihen (der ganze Abschnitt wurde mit nur geringen Kürzungen aufgenommen). Buch 15 gilt den wichtigsten *obsttragenden Bäumen*, Buch 16 den *wilden Bäumen* und der Verwendung des Holzes. Das 17. Buch *(Von den angepflanzten Bäumen)* beschließt die Behandlung der Großgewächse (auch Schilfrohr und Efeu etwa werden zu den Bäumen gerechnet) mit einer ausführlichen Anleitung über die Bodenbereitung und -düngung (hier aufgenommen), die Anlage von Baumschulen, die Vermehrung und Veredelung von Nutz- und Obstbäumen sowie die Bekämpfung von Baumkrankheiten. Im 18. Buch betrachtet Plinius den Anbau von Getreide, Rüben und Hülsenfrüchten und gibt eine detaillierte Anweisung zur Bestimmung der für Aussaat und Ernte günstigsten Zeiten (in diese Auswahl aufgenommen). Das 19. Buch gilt dem Anbau der wichtigsten Gemüsearten und den zugehörigen Pflanzenkrankheiten.

Die Bücher 20–32 befassen sich mit der Arzneikunde. Die Anordnung erfolgt in groben Zügen nach dem Ausgangsstoff für die Herstellung der Mittel: Arzneimittel von den Gartengewächsen, von Bäumen, von Kräutern, von Tieren, vom Wasser. In der Regel geht Plinius dabei von den einzelnen Arzneimitteln aus und benennt die Krankheiten, die damit bekämpft werden können. Nur gelegentlich kehrt er das Verfahren um und listet die pharmakologischen Behandlungsmöglichkeiten für einzelne Krankheiten auf. Nicht gerade repräsentativ für diesen umfangreichsten Teil der *Naturgeschichte*, aber für den heutigen Leser von besonderem Interesse sind die eingeschobenen Abschnitte über neue Krankheiten (im 26. Buch), die Geschichte der Heilkunst (im

29. Buch), die Magie (im 30. Buch) und die Balneologie (im 31. Buch); sie wurden in diese Auswahl aufgenommen.

Die letzten Bücher der *Naturgeschichte* (Bücher 33–37) gelten dem dritten Reich der Natur, dem Mineralreich. Das 33. Buch handelt im wesentlichen von Gold und Silber. Die Geschichte des Gebrauchs und Mißbrauchs dieser Metalle gibt Plinius ausführlich Gelegenheit, seiner Abneigung gegen den Luxus Ausdruck zu verleihen. Wie auch im 34. Buch *(Von den Metallen des Erzes)* stehen freilich die Gewinnung und die Verwendung dieser Metalle für Schmuck, Waffen, Bildsäulen und Arzneien im Vordergrund. Die historische und praktische Perspektive dominiert auch im 35. Buch, das die Erden behandelt. Hier gibt Plinius einen kunsthistorisch sehr aufschlußreichen Überblick über die Geschichte der Malerei und die Verwendung von Farben. Ganz ähnlich verfährt er im 36. Buch anläßlich der Behandlung der Steine, die sich uns in erster Linie als eine knappe Geschichte der Bildhauerei und der Verwendung des Marmors in der Baukunst präsentiert. Den Abschluß schließlich bildet ein Buch über Edelsteine; sie werden ausführlich in ihren Eigenschaften beschrieben und nach ihrem Wert geordnet.

Zur Auswahl.

Die *Naturgeschichte* des Plinius ist heute noch unbestritten eine unerschöpfliche Quelle für zahlreiche historische Teildisziplinen – von den diversen Abteilungen der Wissenschafts- und Technikgeschichte über die

Geistes-, Kultur- und Kunstgeschichte bis hin zur politischen Geschichte. Für jede dieser Disziplinen ließe sich eine Auswahl einschlägiger Auszüge erstellen (und im Verlauf des letzten halben Jahrtausends sind in der Tat zahlreiche Auswahlen dieser Art zusammengestellt worden).

Die vorliegende Leseauswahl möchte dagegen einen Querschnitt durch das gesamte Werk bieten, der eine gewisse Repräsentativität für das Spektrum der behandelten Gegenstände, vor allem aber für deren Behandlungsweise besitzt. Es konnte daher nicht darum gehen, Bleibendes von Überholtem, Richtiges von Falschem, Triftiges von bloß Skurilem zu sondern. Vielmehr sollte die *Naturgeschichte* in ihrer ganzen Breite, in ihren Vorzügen und Mängeln, vor allem aber in der Vielfalt ihrer Perspektiven und Gegenstände sichtbar werden. (Bei den einzelnen Auszügen handelt es sich um zusammenhängende Komplexe, die zumeist gar nicht oder nur unwesentlich gekürzt wurden. Sie sind hier in derselben Reihenfolge angeordnet wie im Gesamtwerk. Die Kapitelüberschriften entsprechen in der Regel den Titeln der Bücher, denen die Auszüge entnommen sind. Die Überschriften der Abschnitte stammen durchgehend aus der Inhaltsübersicht des 1. Buches; zur näheren Identifizierung siehe den Nachweis.) Die Gewichte freilich sind deutlich verschoben; vor allem die umfangreiche Abteilung zur Pharmakologie ist in quantitativer Hinsicht unterrepräsentiert. Doch jede Leseauswahl kann letztlich nur hoffen, den Wunsch nach der Lektüre des gesamten Werkes zu wecken.

Michael Bischoff

Literatur.

Textausgaben:

C. Plini Secundi Naturalis historiae libri XXXVII, hg. v. C. Mayhoff, 6 Bde., Leipzig 1892–1909 (Nachdruck Stuttgart 1967–1970).

Die Naturgeschichte des Cajus Plinius Secundus, übers. v. G. C. Wittstein, 6 Bde., Leipzig 1881.

Noch nicht vollständig liegt vor:

C. Plinius Secundus d. Ä., *Naturkunde*, Lateinisch-deutsch, hg. u. übers. v. Roderich König in Zusammenarbeit mit Gerhard Winkler, 37 Bde. (geplant), Reihe Tusculum, 1973 ff.

Sekundärliteratur:

F. Dannemann, *Plinius und seine Naturgeschichte in ihrer Bedeutung für die Gegenwart*, Jena 1921.

D. Detlefsen, *Untersuchungen über den Zusammenhang der Naturgeschichte des Plinius*, Berlin 1899.

Ders., *Die geographischen Bücher der Naturalis Historia*, Berlin 1904.

A. Furtwängler, *Plinius und seine Quellen über die bildenden Künste*, in ders., *Kleine Schriften*, Bd. 2, München 1913.

W. Kroll und J. Vogt, *Die Kosmologie des Plinius*, Breslau 1930.

H. Leitner, *Zoologische Terminologie beim Älteren Plinius*, Hildesheim 1972.

J. Müller, *Der Stil des älteren Plinius*, Innsbruck 1883.

F. Münzer, *Beiträge und Quellenkritik der Naturgeschichte des Plinius*, Berlin 1897.

K. G. Sallmann, *Die Geographie des älteren Plinius in ihrem Verhältnis zu Varro*, Berlin/New York 1971.

E. Schiemann, *Die Entstehung der Kulturpflanzen*, Berlin 1932.

A. Schmidt, *Drogen und Drogenhandel im Altertum*, Leipzig 1924.

A. Steier, *Aristoteles und Plinius. Studien zur Geschichte der Zoologie*, Würzburg 1913.

Ders., *Der Tierbestand in der Naturgeschichte des Plinius*, Würzburg 1913.

Neuere Literaturberichte in *Anzeiger für die Altertumswissenschaft*, 8 (1955), S. 193–218; 31 (1978), S. 129–206.

Nachweis.

Der Text folgt der Ausgabe: *Die Naturgeschichte des Cajus Plinius secundus*, ins Deutsche übersetzt und mit Anmerkungen versehen von G. C. Wittstein, 6 Bde., Leipzig 1881. Die Schreibweise wurde modernisiert.

VON DER WELT UND DEN ELEMENTEN
(Buch II).

VON DER LAGE UND GRÖSSE DER LÄNDER
(Buch III, Einleitung; Buch IV).

VON DER ENTSTEHUNG UND
BESCHAFFENHEIT DES MENSCHEN
(Buch VII).

VON DEN ELEFANTEN (Buch VIII).

Wunderbare Dinge in bezug auf ihre Handlungen (VIII, 4). – *Daß die wilden Tiere wissen, was ihnen Gefahr bringt* (VIII, 5). – *Wann in Italien zuerst Elefanten gewesen sind* (VIII,6). – *Ihre Kämpfe* (VIII, 7). – *Wie sie gefangen werden* (VIII, 8). – *Wie sie gezähmt werden* (VIII, 9). – *Von ihrer Geburt und von ihrer übrigen Beschaffenheit* (VIII, 10). – *Wo sie geboren werden. Von ihrer Feindschaft mit den Schlangen* (VIII, 11).

VON DEN INSEKTEN (Buch XI).

Von ihrer zarten Beschaffenheit (XI, 1). – *Ob sie atmen und ob sie Blut haben* (XI, 2). – *Von ihrem Körper* (XI, 3). – *Von den Bienen* (XI, 4). – *Von der Ordnung in ihren Verrichtungen* (XI, 5). – *Von den Commosis, Pissoceros und Propolis* (XI, 6). – *Von dem Bienenbrot* (XI, 7). – *Aus welchen Blumen sie den Stoff zu ihren Arbeiten nehmen* (XI, 8). – *Welche Personen sich mit Bienenzucht beschäftigt haben* (XI, 9). – *Wie die Bienen ihre Arbeit verrichten* (XI, 10). – *Von den Drohnen* (XI, 11). – *Von der Beschaffung des Honigs* (XI, 12). – *Welcher Honig der beste ist* (XI, 13). – *Von den Arten des Honigs in jeder Gegend* (XI, 14). – *Woran man sie erkennt* (XI, 15). – *Von der Fortpflanzung der Bienen* (XI, 16). – *Von der Beschaffenheit eines Bienenstaat* (XI, 17). – *Daß sie, in Haufen versammelt, zuweilen eine glückliche Vorbedeutung sind* (XI, 18). – *Arten der Bienen* (XI, 19). – *Von ihren Krankheiten* (XI, 20). – *Von ihren Feinden* (XI, 21). – *Von ihrer Erhaltung* (XI, 22). – *Von ihrer Wiederherstellung* (XI, 23).

VOM WEINSTOCK UND DEM WEINE (Buch XIV).

Ohne Titel (XIV, 2). – *Von der Beschaffenheit der Weinstöcke: Sorten* (XIV, 4). – *Von der Beschaffenheit des Weines* (XIV, 7). – *Edle Weinsorten* (XIV, 8). – *Auf welche verschiedene Arten man den Most behandelt* (XIV, 24). – *Von Pech und Harzen* (XIV, 25). – *Von Essig und Hefen* (XIV, 26). – *Von den Gefäßen für den Wein. Von den Kellern* (XIV, 27). – *Von der Trunkenheit* (XIV, 28).

VON DER KULTUR DER BÄUME (Buch XVII).

Von der Einwirkung der Luft auf die Bäume. Nach welcher Himmelsgegend die Weinberge liegen müssen (XVII, 2). – *Welches Erdreich das beste ist* (XVII, 3). – *Von den Erden welche man in Griechenland und Gallien rühmt* (XVII, 4). – *Vom Gebrauche der Asche* (XVII, 5). – *Vom Miste* (XVII, 6). – *Wie Bäume gepflanzt werden* (XVII, 9).

VON DER HEILWIRKUNG DES WASSERS
(Buch XXXI).

VON GOLD UND EISEN
(Bücher XXXIII und XXXIV).

VON DER MALEREI UND DEN FARBEN
(Buch XXXV).

6). – *Von den römischen Malern* (XXXV, 7). – *Wann die fremde Malerei zuerst in Rom gewürdigt ist* (XXXV, 8). – *Wann und durch welche Männer die Malerei zuerst in Rom öffentlich gewürdigt ist* (XXXV, 9). – *Welche Personen ihre Siege in Gemälden aufgestellt haben* (XXXV, 10). – *Von der Art zu malen* (XXXV, 11). – *Von den natürlichen und künstlichen Farben* (XXXV, 12). – *Von der sinopischen Erde* (XXXV, 13). – *Vom Rötel und von der lemnischen Erde* (XXXV, 14). – *Von der ägyptischen Erde* (XXXV, 15). – *Vom Ocker* (XXXV, 16). – *Vom Leucophorum* (XXXV, 17). – *Von der parätonischen Erde* (XXXV, 18). – *Von der melischen Erde* (XXXV, 19). – *Von dem gebrannten Bleiweiß* (XXXV, 20). – *Von der eretrischen Erde* (XXXV, 21). – *Vom Sandarak* (XXXV, 22). – *Vom Sandyx* (XXXV, 23). – *Von der syrischen Erde* (XXXV, 24). – *Von dem Atrament* (XXXV, 25). – *Von der Purpurfarbe* (XXXV, 26). – *Vom Indigo* (XXXV, 27). – *Von der armenischen Farbe* (XXXV, 28). – *Vom appischen Grün* (XXXV, 29). – *Von der Ringfarbe* (XXXV, 30). – *Welche Farben nicht naß aufgetragen werden* (XXXV, 31). – *Mit welchen Farben die Alten gemalt haben* (XXXV, 32). – *Wann zuerst die Kämpfe der Fechter bildlich dargestellt sind* (XXXV, 33).

VOM MARMOR UND DER BILDHAUEREI
(Buch XXXVI).

Von der Verschwendung in Marmor (XXXVI, 1). – *Wer zuerst in öffentlichen Gebäuden Marmor angebracht hat* (XXXVI, 2). – *Berühmte Werke und Künstler in Marmor* (XXXVI, 4). – *Wann zuerst der Marmor in Gebäuden in Gebrauch gekommen ist* (XXXVI, 5). – *Welche zuerst in Marmor geschnitten und wann* (XXXVI, 6). – *Wer zuerst in Rom die Wände damit überdeckt hat* (XXXVI, 7). – *Wann die verschiedenen Marmorarten in Rom in Gebrauch gekommen sind* (XXXVI, 8). – *Wie man Marmor schneidet* (XXXVI, 9). – *Von dem naxischen und armenischen Steine* (XXXVI, 10). – *Vom alexandrischen Marmor* (XXXVI, 11).

VON DEN EDELSTEINEN (Buch XXXVII).

Ursprung der Edelsteine (XXXVII, 1). – *Vom Bernsteine. Was die Schriftsteller Falsches von ihm berichtet haben* (XXXVII, 11). – *Arten des Bernsteins und sechs Arzneien daraus* (XXXVII, 12). – *Vom Luchssteine* (XXXVII, 13). – *Von den Edelsteinen nach ihren Hauptfarben* (XXXVII, 14). – *Sechs Arten des Diamants* (XXXVII, 15). – *Von den Smaragden* (XXXVII, 16). – *Acht Arten des Berylls und ihre Fehler* (XXXVII, 20). –

SCHLUSS.